MECHANICS OF MATERIALS

라이프니쯔의 | 개정판 |

재료역학

조 종 두 지음

도서출판 동화기술

머리말

기계공학, 항공공학, 조선공학, 토목공학 등은 역학(mechanics)이라는 기초 위에서 발전된 현대의 지식분야이다. 지식에는 자연적 지식과 인공적 지식이 있는데 역학은 자연적 지식에 속한다. 자연적 지식이란 자연에서 일상적으로 발견되는 가시적이고 물리적인 법칙을 관찰하고 정리한 지식으로 설명할 수 있다. 따라서 자연적 지식에 기반한 지식분야의 자연적 혹은 인위적 응용의 산물은 그 자체적으로 존재하여 관찰될 수 있으며 자연적 존재를 모방하여 인위적 응용물의 개발에 적용된다. 따라서 자연적 지식의 응용물은 학문적 내용보다 경험적 관찰과 응용이 앞설 수밖에 없으며 학문적인 설명은 경험적 개발품의 일부일 뿐 전체를 아우를 수 없다.

인간을 다른 자연개체와 확연히 분리하는 외연적 기준은 사용목적에 따른 적절한 도구의 창의적 선택, 제작, 그리고 이의 사용능력으로 말할 수 있다. 단일 조각의 도구로부터 수십만 개 이상의 조각(부품)으로 구성된 정밀한 기계에 이르기까지 경험적 직관과 수많은 시행착오를 거친다면 만들지 못할 자연적 지식의 총합체는 없을 것이다. 다만 경험적 지식을 체계화하여 추상적이고 이상적인 요소를 결합한 학문적 지식을 활용하면 계획 초기에 이미 목적 지향 대상을 개발과정에서 발생하는 불확실한 시행착오를 획기적으로 줄이고 제작 전 설계단계에서 최종 대상의 능력과 한계를 높은 신뢰성으로 예측할 수 있게 한다. 다른 말로 부연하면 이론적 지식을 원활히 활용하면 개발대상의 완성까지 소요기간을 단축하고 소요비용을 최소화할 수 있다. 따라서 넓은 범위의 기계공학에 포함되는 개체의 개발과정과 성능을 최적화하려면 반드시 직간접적인 체험적 지식이 바탕이 되어 체계적인 학문적 지식이 적절하게 결합될 때에 기술의 완성도를 언급할 수 있다.

기계공학은 힘(force)이라는 추상적 개념이 가장 핵심이며 이론에서는 힘의 작용에 대한 물체의 반응을 이해하고 예측하는 것이 근간이므로 기계공학은 역학이고 역학은 '힘을 연구하고 다루는 학문'이다. 역학적인 관점으로 가장 획기적인 지식은 뉴턴에 의하여 관찰되고 정리되었으며 기계공학은 뉴턴의 제1법칙, 제2법칙, 제3법칙으로 알려진 이 세 개의 법칙에 기대어 발전되어 왔다. 기계공학의 학문적 지식에는 재료역학, 동역학, 유체역학, 열역학 등이 기본 분야로 많이 언급된다. 이 중에서 열역학을 제외한 나머지 세 개의 학문은 힘의 작용과 직결된 분야이다. 재료역학은 고체역학과 동일한 의미로 많이 사용되며 구조역학과도 유사한 학문적 범위를 공유하는 역학분야의 뿌리가 되는 분야이다.

뉴턴의 역학법칙이 체계적이고 분석적으로 현대의 기계공학에 뿌리를 제공하고 있지만 뉴턴과 동시대의 학문적 초기시절 프랑스와 독일을 비롯한 유럽대륙에서는 분석적 보다는 통합적 통찰로 역학법칙을 설명하는 노력이 있었다. 당시에 설명한 개념은 용어가 설정되지 않은 추상적 물리량으로 '활력'으로 번역될 수 있지만 라이프니츠는 이것이 물질의 본질적인 특성으로 꿰뚫어 보았다. 이를 다시 근대의 용어로 보면 이 물리량은 '에너지'이다. 즉 뉴턴이 분석적이고 미분적인 접근 방법을 제시한다면 이 에너지 접근 방법은 통합적이고 적분적인 접근 방법이다. 이 방법의 통찰력과 간략성 때문에 몇몇 공학적 방법이 뉴턴방식에 기타 추가적 지위로 혹은 별도 해법으로 산재되어 언급되어 있지만 최근 50년간 발달한 컴퓨터 계산방법이 촉발점이 되어 이 통합적 사고방식은 과거 어느 때보다도 그 우수성과 효용성이 제고되고 있다.

본 서적은 기계공학계열에서 기초 재료역학에 대한 지식을 가지고 있는 독자를 대상으로 저술하였다. 특히 2장에는 에너지 관점의 초중급 방법을 소개하였다. 개념적으로 볼 때 라이프니쯔는 이 에너지 관점의 개발에 가장 큰 시발점을 제고한 철학가로 볼 수 있으며 라이프니쯔에 대한 저자의 개인적인 존경심의 발로에서 본 책자의 제목을 통상적인 '중급 재료역학(Intermediate Mechanics of Materials)' 대신 '라이프니쯔의 재료역학(Leifniz's Mechanics of Materials)'으로 명명하였다. 제1판은 강의노트를 묶은 것이어서 많은 부분에 미비한 점이 있지만 에너지 관점의 이론을 추가한 수정 증보판을 통하여 보다 완전한 교재로 발전시킬 것을 다짐해 본다. 본 책이 만들어지기까지 원고정리에 많은 도움을 준 연구실의 하미현 씨와 대학원 과정의 박성수 군 그리고 출판사에서 담당하시는 박준영 씨의 적극적인 지원에도 감사의 말을 전한다. 끝으로 부족한 나에게도 끊임없는 사랑으로 동행하는 가족에게 작은 결실을 헌정한다.

제2판에 붙여

지난해 초판을 발간하면서 준비를 소홀히 한 탓에 내용에 적지 않은 오타와 잘못이 많이 있었다. 이에 2판을 준비하면서 새로운 내용을 보완하고 일부 연습문제를 재편집하면서 철저한 교정을 하였다. 최선을 다해 노력하였지만 내용 중에 아직도 거슬리는 문장 및 오타가 있을 것으로 생각한다. 현재의 내용에 계획에 비하여 정리하지 못한 주제 및 문제를 가지고 추후 보강할 기회를 보아 좀 더 완전한 내용이 될 수 있도록 노력할 것이다.

조종두

목 차

서 론

공학 분야 중에서 기계공학, 항공공학, 조선공학, 토목공학 등의 학문분야는 뉴턴의 업적으로부터 진화된 고전역학의 결정체다. 고전역학의 한정된 개념범주에서 모든 물체의 운동은 관성의 법칙, 힘과 가속도의 법칙, 작용과 반작용 법칙에 의하여 지배되어 이론적으로 모든 물체의 미래 운동 상태는 정확하게 예측될 수 있다. 즉 위에 언급된 분야에서 공학설계는 뉴턴의 세 가지 운동법칙을 바탕으로 관심 있는 구조요소 및 시스템의 해석을 수행하며 해석대상의 물리적 특성에 따라서 고체역학, 유체역학, 동역학 등으로 구분하여 문제를 다루는 것이 일반적이다.

고체역학을 비롯한 고전역학의 기초해석단계에서는 고려하는 대상을 이상화(단순화)시키는 것이 좋다. 이상화된 해석대상과 주어진 물체의 구속조건 및 힘 등 역학적 조건들은 간략한 그림으로 표현되는데 우리는 이 그림을 '자유물체도'라고 부른다.

우리가 물체를 구속하는 방법에는 못으로 판재를 박는 행위, 볼트와 너트를 이용하여 죄는 행위, 리베팅, 용접, 바퀴를 장착시키는 행위 등을 생각할 수 있다. 이들 방법들은 크게 세 가지로 구분해 볼 수 있는데 첫째는 못이나 리베팅, 볼트와 너트 등을 이용하는 경우 구속된 물체는 좌우 혹은 상하방향으로 자유롭게 이동할 수 없지만 여전히 구속된 위치를 중심으로 회전은 자유롭게 허용된다. 앞으로 이 책에서는 특별히 언급되지 않는 한 마찰은 없는 것으로 고려한다. 이와 같은 구속조건을 '경첩구속(힌지구속)' 또는 '핀구속'으로 부른다. 둘째로 물체에 바퀴를 한 개 장착하는 경우를 생각해 보자. 서커스의 외발자전거를 생각할 수 있겠다. 이 경우 바퀴의 축주위로 물체(사람)는 자유롭게 회전할 수 있으며 바닥위로 저항 없이 굴러다닐 수도 있다. 이러한 구속은 '구름지지'라고 불린다. 구름지지(roller support)에서 2차원의 세 방향 자유도(d.o.f: degree of freedom) 중 바닥에 수직인 방향의 자유도만 구속되므로 이 구속의 자유도는 '2'가 된다. 만약 다수의 구름지지가 장착된 자동차의 바퀴나 롤러블레이드의 경우처럼 구속된 물체(자동차 혹은 사람)는 다시 회전자유도를 추가로 잃으므로 자유도가 '1'로 된다. 한편, 앞의 힌지구속의 경우엔 회전만 자유로우므로 자유도 '1'이다.

정리하면, 평형상태에 있는 강체에 작용하는 미지의 힘과 모멘트를 결정하기 위하여 평형방정식이 필요하며 이것은 적절한 자유물체도에 근거하여 구성되어야 한다. 힘을 받는 강체에서 자유물체도를 그리는 과정을 순서대로 열거하면 다음과 같다. 그림 1.1과 그림 1.2에는 자유물체도의 작성 시 유용하게 사용될 수 있는 다수의 경우가 예시되어 있다.

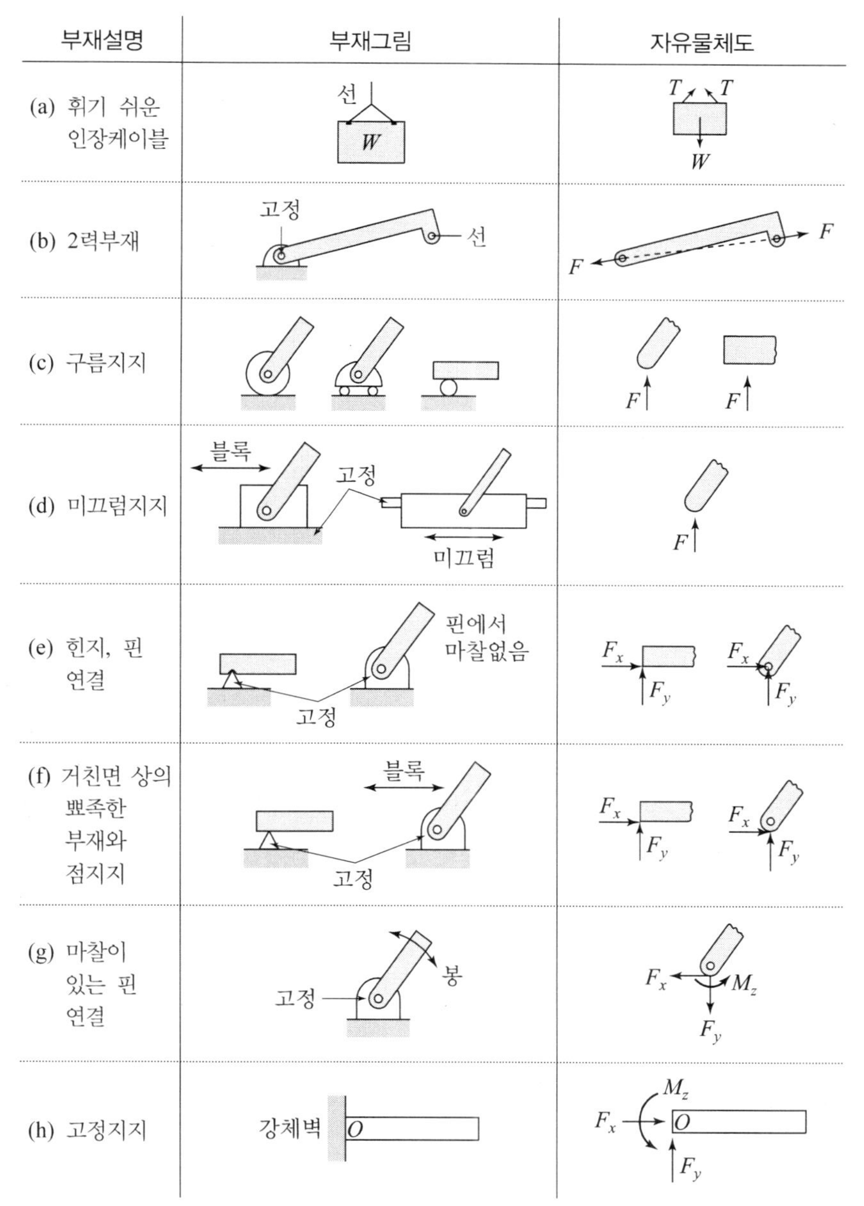

그림 1.1 2차원 물체에 대한 힘, 지지력과 자유물체도 구성방법.

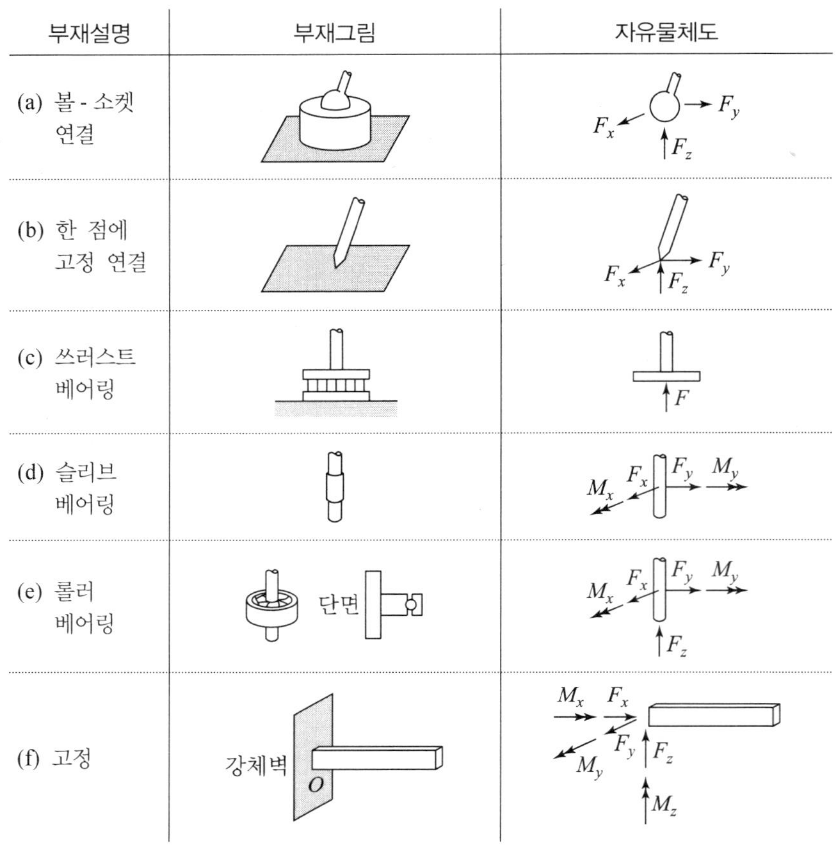

그림 1.2 3차원 물체에 대한 힘, 지지력과 자유물체도 구성방법.

(1) 문제에 관련된 부분을 인접한 접촉된 물체로부터 고립시킨다.

(2) 이 고립된 부분에 적용하는 모든 힘과 반력 성분들을 빠짐없이 기입해야 하며, 이때 힘의 모멘트 등을 계산하는데 쓰이는 치수(dimension)를 포함시켜야 한다.

(3) 이들 작용력, 반력, 치수 중에서 이미 알고 있는 값들은 그 크기와 방향을 있는 그대로 기입해야 한다. 또한 모르는 값들의 크기는 영문자 등을 사용하여 표기하고 그 방향은 임의로 가정하여 화살표로 표시해 둔다. 모르는 값에 대한 평형방정식을 풀고 나면 가정된 화살표 방향은 그 정확성 여부가 결과의 부호(+ 혹은 −)로 검증된다.

과학은 물론 특히 공학을 적절하게 수행하기 위한 첫 번째 필수공부 중 빼놓을 수 없는 것이 단위이다. 현장에서는 일의 종류에 따라 많은 경우 사회적 문화와 일의 종류에 따라서 적절한 이유 없이 관습적으로 사용되는 단위가 있다. 그리고 우리가 참여하는 모든 공학적 일에 상호간에 정확한 정보를 교환하고 직감적으로 요소의 시각화를 따라잡기 위하여 서로 다른 단위계간의 변환보다 사용하는 단위의 규모에 대한 물질적 느낌이 필수적이다.

원칙적인 측면에서 가장 과학적인 공통단위는 MKS이다. M은 길이의 단위로 미터(meter)를, K는 질량의 단위로 킬로그램(kg)을, 그리고 S는 시간의 단위로는 초(sec)를 사용하는 것을 의미한다. 반면에 우리의 고전단위를 보면 길이에는 한 자, 두 자 등에 사용하는 '자(尺)'가 일반적이고, 고기 등의 무게에서 흔히 보듯이 한 근, 두 근 등에서 보이는 '근(斤)'이 많이 쓰이며, 시간으로는 한 점, 두 점 등이 쓰이는 것을 들어본 기억이 있을 것이다. 이는 동양적 단위이고 공학은 산업혁명 이후 서양에서 급격히 발전했으므로 서양의 방식을 따르게 되었다. 서양의 고전적 단위로는 길이는 '푸트(foot, ft로 약함)'가 기본인데 더 작은 길이로 '인치(inch, in)' 단위는 12 in가 1 ft이고 야드(yard, yd)의 경우 3 ft = 1 yd가 되어 1피트의 크기는 우리의 1자의 길이와 비슷하다. 한편 무게로는 '파운드(pound, lb로 약함)'가 있어 이를 'ft-lb' 단위계라고 부른다. 현재 미국이 'ft-lb' 단위계를 사용하고 있으며 미국 이외의 다른 국가들에서는 모두 MKS를 표준단위로 사용하고 있다.

무게는 질량을 가진 물체가 주어진 중력과 같은 가속도계에 위치할 때 측정되는 힘을 의미한다. MKS에서 질량은 kg이고 가속도 즉, 단위시간(s)당 속력(m/s)의 변화량이므로 가속도의 복합단위는 $m/s/s = m/s^2$이다. 따라서 이 단위계에서 1 kg의 질량을 가진 물체에 1 m/s^2의 가속도를 만들 수 있는 힘의 크기는 1 $kg \cdot m/s^2$이 될 것이다. 이 힘의 크기를 간단히 '뉴턴(Newton, N으로 약함)'이라고 하여 앞의 1 $kg \cdot m/s^2$는 1 N으로 표시해도 마찬가지 이다. 미국에서는 1파운드 단위의 무게가 기본적으로 통용되므로 1파운드를 MKS로 나타내면 0.46 kg_f와 비슷한 것으로 기억하면 된다. 여기서 0.46 kg_f는 0.46 kg의 질량을 가진 물체가 지구상에 있어서 중력가속도 9.8 m/s^2을 받게 될 때 힘의 크기로 우리말로는 0.46 kg중으로 읽으며 저울 등을 이용하여 측정할 수 있다. 빠른 암산을 위하여 지구상의 중력가속도는 약 10 m/s^2으로 취급하면 1 kg중의 무게는 대략 10 N의 힘의 크기로 볼 수 있으므로 1파운드의 힘은 약 4 N으로 생각할 수 있다. 이는 우리의 1근의 무게와 대강 유사한데 패스트푸드 햄버거집에서 시판하는 어린이용 작은 햄버거의 무게가 약 1 N 정도인 것을 안다면 이 햄버거는 'ft-lb'로 약 1/4 파운드(a quarter pound)가 되므로 1파운드는 햄버거 4개 정도의 무게로 감을 잡을 수 있다.

한편 압력은 단위면적당 작용하는 힘의 크기로 MKS에서 면적의 크기는 m^2로 표현하므로 N/m^2가 압력의 단위가 될 것이다. 이 압력 단위는 간단히 '파스칼(Pascal, Pa로 약함)'로 표현하며 1 N/m^2와 1 Pa은 같은 압력의 크기이다. 우리가 흔히 일상생활에서 듣는 기압도 압력 단위의 일종이다. 1기압 즉 1 atm은 지구 표면에서 측정되는 압력의 크기로 이는 단위면적 위에 놓여 있는 지상에서 성층권 끝 사이에 존재하는 공기 기둥의 무게인 것이다. 이 무게는 대략 100,000 N 즉, 10,000 kg중이므로 10 t의 무게나 된다. 우리를 비롯한 육지의 모든 생물은 이 압력을 견디고 있는 셈이니 지상에 살고 있는 우리가 얼마나 지독한지 상상할 수 있을 것이다. 어쨌든 이로서 1기압의 압력은 MKS로 100,000 N/m^2가 되니 100,000 Pa의 크기가 된다. 공학에서 다루는 숫자의 크기는 읽고 쓰기에 적합지 않을 정도로 크거나 작아서 각 단위에 크기를 나타내는 접두문자를 사용하여 줄여 쓴다. 10배는 '데시(d)', 1,000배는 '킬로(k)', 1,000,000배는 '메가(M)', 그리고 1,000,000,000배는 '기가(G)'를 붙여 자릿수를 생략할 수 있다. 즉 앞의 1기압은 100 kPa 혹은 0.1 MPa로 표현할 수 있다는 말이다. 반대로 매우 작은 숫자의 경우를 위하여 1,000분의 1배에는 '밀리(milli, m)', 1,000,000분의 1배에는 '마이크로(micro, μ)', 1,000,000,000분의 1배는 '나노(nano, n)'를, 그리고 1,000,000,000,000분의 1배는 '피코(pico, p)'를 사용한다.

실제의 재료에서 변형체의 서로 다른 질점에서 각각 미소면적을 고려할 때 부분마다 재료성질이 다르다. 그러나 우리의 일상생활에서 경험하는 크기를 기준으로 하면 원자 등의 미소구조는 일반 재료실험의 스케일에서 의미를 주지 못하므로 일반적으로 공학재료의 성질은 거시적인 재료실험의 특성이 시편의 크기와 관계없이 일정하다고 가정한다. 이러한 이상화된 재료를 '연속체'라고 하며, 결과적으로 연속체(continuum)의 가정 하에서 재료의 성질은 어느 부분이나 재료성질이 같다.

재료역학에서 가장 많이 인용하는 재료의 기계적 성질은 '탄성계수(modulus of elasticity)' E로서 '영의 계수(Young's modulus)'라고도 한다. 이 계수는 스프링에서 스프링 상수의 물리적 의미와 유사하게 이해해도 좋다. E의 값이 작을수록 동일한 하중 하에서 재료는 더 잘 늘어난다. 단위는 압력의 단위와 같은 차원을 가지는데 일상 주위의 구조재료의 경우 GPa의 단위를 사용하면 편리하다. 강(steel)의 경우 대략 200 GPa 정도이다.

재료의 기계적 성질이 질점의 샘플링 위치에 따라서 바뀌지 않고 일정하다면 우리는 재료가 균질(homogeneous)하다고 말한다. 그렇지 않은 경우엔 비균질 재료라고 한다. 한편 균질하더라도 같은 질점의 위치에서 샘플링의 방향에 따라 재료의 성질이 다르다면 비등방성(anisotropic) 재료라고 하며 같은 질점에서 재료의 성질이 모든 방향으로 동일한 경우는 등방성(isotropic) 재료라고 한다.

요약하면 균질한 재료는 재료상수가 위치에 따라 일정하다. 등방성 재료는 시편의 방향에 관계없이 재료상수가 같다. 이 책에서 우리가 다루는 재료는 균질등방성 재료를 일반적으로 취급하지만 이 재료도 고려하는 구조의 관심 규모(scale)에 따라 변할 수 있다. 공학용 재료 중에서 가장 많은 재료상수의 개수는 81개이다. 이 중 균질등방성 재료이면 독립상수는 2개가 된다.

재료의 외력(F)에 대한 길이의 변화량(δ)는 '후크의 법칙(Hooke's law)'으로 $F = k\delta$ 관계를 가진다. 이 관계식에서 k는 '스프링 상수'이고 외력과 변형량을 각각 단위면적당 힘(응력 σ)과 단위길이당 변화량(ϵ)으로 바꾸어 표현하는 경우 이때 비례상수는 '탄성계수'라고 부른다.

탄성계수 E는 스프링 상수의 유추로 개념을 생각할 수 있다. 물리적으로 탄성계수는 재료를 구성하는 최소단위의 원자 간에 작용하는 힘(inter-atomic force)이 원인이 된다. 원자사이의 거리는 그림 1.3의 우측에 그려져 있는 퍼텐셜 곡선에 의하여 계산될 수 있다. 이 곡선의 기울기 값에 부호를 바꾸면 두 원자 간에 작용하는 힘의 크기가 되는데 그림에서 보듯이 이 곡선에는 기울기가 0이 되는 두 원자사이의 중립거리(r_o)가 있다. 이 거리보다 두 원자 간의 거리가 가까우면 원자 사이에는 반발력이 작용하고 거리가 더 멀어지면 반대로 인장력이 작용한다. 탄성계수는 중립위치에서 곡선의 곡률이 물리적 이론값이다. 재료를 열처리하면 약간의 불순물을 기본 원자배열에 많아야 수% 포함시키는 것이므로 전체적으로 재료의 탄성계수는 열처리 등에 의한 불순물의 존재에 거의 영향을 받지 않는다고 생각할 수 있다.

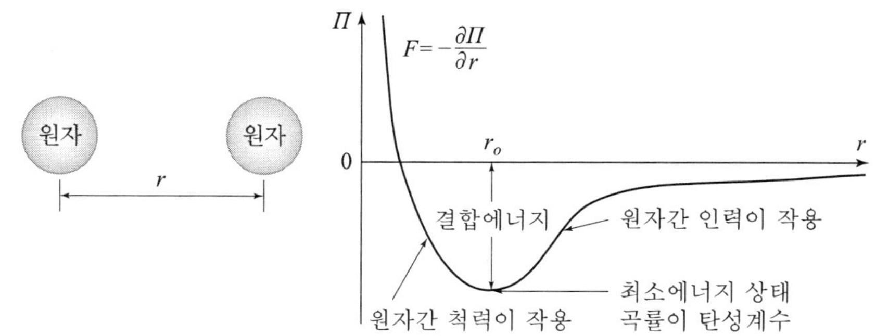

그림 1.3 원자간 퍼텐셜에너지 곡선과 재료의 탄성계수 관계.

재료역학을 비롯한 역학지식의 뿌리는 뉴턴의 법칙에 있다. 재료역학에서는 문제를 해석하기에 적절한 변형체의 부분을 선택하고 자유물체도를 그린 후 뉴턴의 법칙을 만족하는 방정식을 세움으로써 문제를 해결하는 것이 일반적인 접근방법이다. 자유물체도를 그리는 것은 문제를 세밀할 부분으로 재해석하여 각 부분에 대한 지배방정식을 얻을 수 있는 체계적인 방법으로 결과적으로 미분형태의 지배방정식을 풀어야 한다. 반면 문제를 통합적으로 접근하면 뉴턴적인 방법에서 해결이 곤란한 문제를 쉽게 이해하고 해석할 수 있는 경우가 있다. 이는 적분적 지배방정식과 관련이 있다. 물리적으로 구분하자면 재료역학에서 뉴턴적 사고방식은 힘의 개념을 근간으로 하는 반면 적분적 사고방식은 에너지 개념을 근간으로 한다. 근래 컴퓨터 해석방법의 약진에 따라서 적분적 사고방식은 많은 이점을 제공하므로 과거에 비하여 중요한 개념으로 부상하였다. 미분적 사고방식은 뉴턴 등 영국에 발전의 뿌리를 찾아볼 수 있지만, 적분적 사고방식은 프랑스, 독일 등 대륙에서 주로 발전한 개념으로 주장할 수 있다. 여기엔 라이프니쯔, 데카르트, 라플라스, 해밀턴 등을 비롯해 많은 학자가 기여하였다. 이중 라이프니쯔는 개념의 제안측면에서 근간을 이루는 인물이라고 생각된다. 라이프니쯔의 간략한 공학적 공적은 다음에 요약되었다.

고트프리트 빌헬름 라이프니쯔(Gottfried Wilhelm Leibniz, 1646~1716)는 그의 당대에는 물론 현대에 이르기까지 공학과 과학에 학문적으로 그리고 산업적으로 큰 영향을 주었다. 라이프니쯔는 독일의 수학자이자 철학자이며 중국의 주역과 이진법적 개념에도 관심이 많았다. 라이프니쯔는 당시 초창기 학문이었던 정역학과 동역학에 깊은 관심을 가지고 연구하였으며, 때로는 데카르트와 뉴턴의 개념과 대립했다. 뉴턴이 공간을 절대적으로 생각했던 반면에, 라이프니쯔는 공간을 상대적이라고 생각하고 운동에너지와 위치에너지를 기반으로 하여 운동에 관한 그의 개념을 전개하여 발표했다. 그는 절대공간과 절대시간 개념을 주장했던 뉴턴과의 논쟁에서 공간은 물론 시간과 물체의 운동이 상대적이라고 말함으로써 먼 훗날 아인슈타인의 이론과 상통하는 주장을 했다.

라이프니쯔가 제안한 '활력(vis viva)'이라는 물리량은 현대의 운동에너지의 2배인 mv^2이었다. 그는 특정한 역학계에서 에너지의 총량이 보존된다고 생각했고, 이것을 물리적 현상의 일반적인 특성이라고 주장했다. 활력 개념은 영국의 뉴턴과 프랑스의 데카르트가 옹호하는 운동량 보존과 함께 당시 이론의 정립단계에서 경쟁 관계였다. 현대의 물리학에 의하면, 에너지와 운동량 모두 보존되며, 물리현상의 설명에서 두 방식 모두 유효하다. 라이프니쯔는 '실천을 가진 이론(theoria cum praxis)'이라는 좌우명을 따르며, 이론을 실생활에 적용하고자 노력했다. 응용과학을 중시한 라이프니쯔는 바람을 동력으로 하는 프로펠러, 물 펌프, 채광 기계, 수압 프레스, 등불, 잠수함, 시계 등을 설계했다. 또한 파핀과 함께 증기기관도 만들었다. 심지어 그의 발명에는 바닷물을 담수화하는 방법도 있다. 라이프니쯔는 1679년에 펀치 카드의 초기 형태인 작은 돌로 이진수를 표현하는 방식의 기계를 고안했다, 현대 컴퓨터는 라이프니쯔의 방식에서 중력에 의해 움직이는 돌을 레지스터와 전위차에 의해 생기는 전자의 흐름으로 바뀌었을 뿐, 작동하는 방식은 라이프니쯔의 방식과 유사하다.

그림 1.4 **고트프리트 빌헬름 라이프니쯔(1646~1716).**

출처: [철학사09] 라이프니츠(Gottfried Wilhelm Leibniz), http://www.epicurus.kr/.

2
CHAPTER

에너지 방법

고체(solid 또는 body)는 가해지는 자극에 반응하여 상응하는 모양이 변한다. 이때 가해지는 자극은 기계적인 힘 이외에도 열 및 전자기장의 변화 그리고 화학적 작용 등 모든 경우가 포함되는데 이들을 통틀어서 '하중(load)'이라고 통칭한다. 또한 모양의 변화는 '변형(deformation)'이라는 표현을 보통 사용한다. 하중의 크기와 고체의 재료특성(material property)에 따라서 고체의 변형과정에 필요한 에너지로 필요한 하중에 의한 일은 외부 하중이 제거된 후에도 외부로 환원되지 않고 고체의 엔트로피를 증가시키고 영구적 변형에 필요한 에너지로 소모되는 경우가 있는데 이 경우 고체에는 재료의 '소성변형(plastic deformation)'이 일어났다고 하는데 이때 소모된 에너지의 양을 '소성에너지(plastic energy)'라고 한다. 반면에 외부 하중이 제거되면 다시 환원되는 에너지는 '탄성에너지(elastic energy)'로 불리운다. 따라서 외부 하중에 의해서 고체에 존재하는 총 에너지의 크기 U는 소성에너지 U_p와 탄성에너지 U_e로 다음과 같은 관계를 갖는다.

$$U = U_p + U_e \tag{2.1}$$

2.1 변형에너지(strain energy)

변형에너지 또는 탄성에너지는 고체가 하중을 받아 변형을 일으킬 때 탄성 상태의 고체에 저장되며 가역적(reversible) 양이다. 마찰, 댐핑이나 소성 등에 의한 에너지 손실이 없다면 변형에너지는 외부 하중이 고체에 부과한 일의 양과 동일하다. 변형에너지는 퍼텐셜(potential)에너지의 일종이다. 퍼텐셜에너지는 시스템의 기구학적으로 가능한 형상에 상당하는 변수의 위치에 따라서 결정되므로 '위치에너지'로 흔히 해석되기도 하지만 여기에서는 에너지의 잠재적 능력을 잘 표현하는 '퍼텐셜' 용어를 사용한다.

점하중(point force)은 임의의 위치에 작용하는 단일 집중하중이다. 수식 유도를 위하여 점하중 F를 고려하자. 탄성체에 점하중 F가 작용하면 탄성체의 형체변화로 변형률(ϵ)이 관찰되며 소재는 이에 상응하는 응력(σ)을 받는다.

u를 변위벡터라고 하자. u는 점하중 F와 동일한 작용점 위치의 질점이 이동

하는 거리와 방향으로 관찰된 벡터이다. 탄성체에 힘 F가 수행한 일(work)은 동일한 크기의 변형에너지로 저장된다. 그림으로 말하자면 힘 - 변위 곡선의 아래에 형성된 면적과 동일하다.

$$U_e = \int_0^u F \cdot du \tag{2.2}$$

이 탄성체의 변형에너지는 응력과 변형률의 성분으로 표현하면 다음과 같다.

$$\begin{aligned} U_e &= \int_V \int_0^{\epsilon} \sigma(\epsilon) d\epsilon dv \\ &= \frac{1}{2} \int_V (\sigma_{xx}\epsilon_{xx} + \sigma_{yy}\epsilon_{yy} + \sigma_{zz}\epsilon_{zz} + \sigma_{xy}\gamma_{xy} + \sigma_{xz}\gamma_{xz} + \sigma_{yz}\gamma_{yz}) dv \end{aligned} \tag{2.3}$$

식 (2.3)은 변형에너지 U_e의 일반적인 표현인데 이는 봉(bar), 트러스(truss), 보(beam), 프레임(frame) 등에 적용하기엔 간단한 형태가 아니다.

식 (2.3)에 3차원 후크의 법칙(Hooke's law)을 대입하면 총 변형에너지는 다음의 적분형으로 쓰여질 수 있다.

$$\begin{aligned} U_e = \frac{1}{2E} \int_V \big[&(\sigma_{xx}^2 + \sigma_{yy}^2 + \sigma_{zz}^2 - 2\nu(\sigma_{xx}\sigma_{yy} + \sigma_{yy}\sigma_{zz} + \sigma_{zz}\sigma_{xx}) \\ &+ 2(1+\nu)(\sigma_{yz}^2 + \sigma_{zx}^2 + \sigma_{xy}^2) \big] dv \end{aligned} \tag{2.4}$$

여기서, ν는 '포와송의 비(Poisson's ratio)'로 길이방향의 단위 길이변형률당 측면방향 길이의 변형률의 크기이다.

2.2 일정 퍼텐셜에너지의 원리

탄성계(elastic system)가 취할 수 있는 기구학적으로 가능한 여러 형태 중 특정 형태에서 총 퍼텐셜에너지는 현재 계의 형상으로부터 가능한 형상의 이웃한 변화에도 불구하고 퍼텐셜 값이 일정하게 유지되는 경우(이후 '일정 퍼텐셜에너지'로 명칭)가 있다. 이것은 탄성계가 정적으로 평형상태(equilibrium)에 있기 때문이다. 평형상태에는 계에 임시로 가하는 시험하중에 의한 계의 반응에 따라서 현 형태 유지가 어려운 불안정(unstable) 평형, 형태의 변화가 없는 중립(neutral) 평형, 현 형태로 복귀하는 안정(stable) 평형 등으로 나눌 수 있다.

총 퍼텐셜에너지 Π는 주어진 계에서 회복될 수 있는 기계적 에너지로 이해할 수 있으며 탄성부재에 변형에너지 U로 저장된 에너지와 외력의 퍼텐셜에너지 Ω로 구성되어 있다. 탄성부재의 변형에너지에서 아래첨자는 편의를 위해서 생략했으며 외력에는 일반 하중은 물론 중력과 같은 체적력도 포함된다. 따라서 총 퍼텐셜에너지는 다음과 같이 표현된다.

$$\Pi = U + \Omega \tag{2.5}$$

여기서 퍼텐셜에너지의 아이디어를 임의 방향을 가진 외력 F가 미치는 영향을 고려함으로써 일반화 시킬 수 있다. 이와 같은 한 힘의 퍼텐셜에너지는 다음의 식과 같다.

$$\Omega = -F \cdot u \tag{2.6}$$

여기서 u는 임의의 고정된 기준점으로부터 힘의 작용점의 변위벡터이다. 따라서 Ω는 변형이 일어나는 동안 외력에 저항하여 얻어진 일이다. 이때 운동이 일어나는 동안 힘은 같은 크기로 작용한다고 가정된다. 즉 변형량이 반전되면 이 일의 크기는 회복될 것이므로 퍼텐셜에너지 필요조건을 만족시키기에 적합한 정의가 된다.

다음 그림 2.1에 보여진 예를 통하여 개념의 적용을 살펴보자.

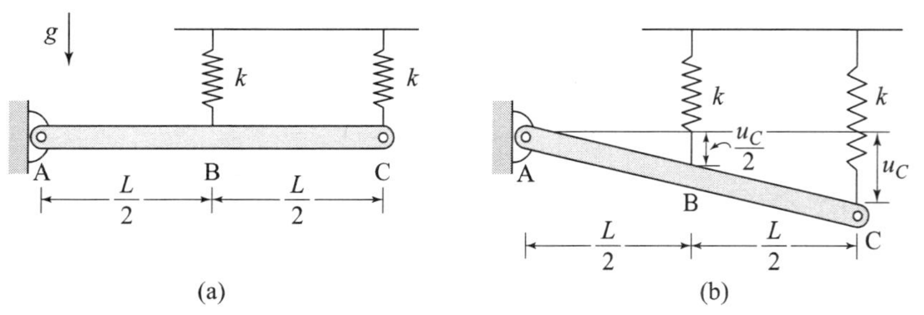

그림 2.1 두 개의 스프링으로 지지된 강체 보. 보에는 중력(g)이 수직 하향 방향으로 작용하고 있으며 보의 질량은 M이다.

그림 2.1은 길이가 L, 질량이 M인 단순한 강체 보 ABC가 왼편 A에는 마찰이 없는 핀으로 강체 벽에 고정되어 있고 스프링 상수가 k인 두 개의 스프링으로 보의 B와 C점에서 연결되어 있다. 우측의 끝점 C에서 수직 하향방향으로 변위의 크기를 구해보자. 보가 수평위치에 있을 때 각 스프링에는 스프링 변형이 없어 힘이 작용하지 않는다. 이때 고려하는 보가 강체이므로 이 요소의 가능한 변위는 벽에 장착된 A위치 힌지 주위로 회전하는 것뿐이다. 따라서 그림 2.1(b)를 참조하면 스프링 B의 변위 u_B는 스프링 C의 변위 u_C의 반이 된다. 즉, $u_B = u_C/2$.

여기에서 외력은 중력에 의한 강체 보의 무게에 의한 하중(Mg)뿐이다. 그림 2.1(b)의 변형이 일어난 형상은 중력에 의한 퍼텐셜에너지와 스프링에 저장된 탄성 변형에너지가 각 구조요소에 표현된 결과이다. 강체 보가 수평의 위치에 있을 때 중력의 퍼텐셜에너지를 Ω_o 그리고 변형 후 보의 중력의 퍼텐셜에너지를 Ω라고 하면 두 퍼텐셜에너지의 차이는 식 (2.7)과 같다.

$$\Omega = \Omega_o - \frac{1}{2}Mgu_C \tag{2.7}$$

이것은 강체 보가 힌지 A주위를 회전하면서 발생한 보의 무게중심 위치가 아래방향으로 이동했기 때문이다. 보의 무게중심은 보의 중심($L/2$)에 있다.

스프링의 변형에너지는 스프링 B와 C에 저장된 양의 합이므로

$$U = \frac{1}{2}k\left(\frac{1}{2}u_C\right)^2 + \frac{1}{2}ku_C^2 = \frac{5}{8}ku_C^2 \tag{2.8}$$

총 퍼텐셜에너지(여기서는 변형에너지와 중력 퍼텐셜에너지의 합; 식 (2.5)를 참조할 것)는

$$\Pi = U + \Omega = \frac{5}{8}ku_C^2 + \Omega_o - \frac{1}{2}Mgu_C \tag{2.9}$$

'일정 퍼텐셜에너지의 원리'로부터 힘의 평형상태에 있는 보의 위치는 Π가 기구학적으로 가능한 형상에 대해서 일부 구간에서 변화가 없는 일정(stationary)한 상태를 찾아서 구한다. 즉,

$$\frac{\partial \Pi}{\partial u_C} = 0 \tag{2.10}$$

식 (2.9)를 식 (2.10)에 넣고 편미분을 수행하면 다음의 식으로 정리된다.

$$\frac{5}{4}ku_C - \frac{1}{2}Mg = 0 \tag{2.11}$$

식 (2.11)을 풀면 평형상태에 있는 보의 위치, u_C는 다음과 같다.

$$u_C = \frac{2Mg}{5k} \tag{2.12}$$

여기서 외력에 의한 퍼텐셜에너지의 기준점을 임의로 정한 보의 수평상태에서 중력 퍼텐셜에너지 Ω_o는 미분을 수행하는 과정에서 없어지므로 임의 기준위치의 퍼텐셜에너지 크기의 선정은 결과에 영향을 주지 않는다는 것을 확인할 수 있다.

또한 편미분을 한 번 더 수행하여 이차미분값을 구함으로써 변형된 형상의 안정성(stability)을 확인해 볼 수 있다. 즉,

$$\frac{\partial^2 \Pi}{\partial u_C^2} = \frac{5k}{4} \tag{2.13}$$

스프링의 계수(k)는 항상 양수이어서 식 (2.13)의 이차미분값은 항상 양수이며, 이는 식 (2.12)의 u_C에서 총 퍼텐셜에너지는 최소(minimum)가 된다는 의미이므로 이 변형된 형상은 안정된 형상(stable configuration)으로 결론지을 수 있다. 안정된 형상이란 외부에서 하중 등 작은 교란에 의해서 보의 위치가 이동하는 경우 교란하중이 제거되면 원래의 위치로 복귀된다는 것을 말한다.

2.3 봉(bar)의 역학

인장 혹은 압축을 받는 임의의 봉에는 내력으로 축력만이 유일하게 작용하는 힘이다.

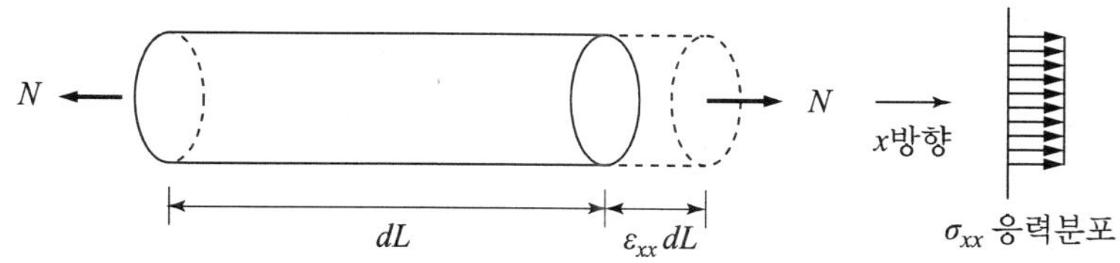

그림 2.2 봉에 작용하는 변형과 힘. 봉 구조의 미소구간 자유물체도.

그림 2.2에 보여진 봉의 미소구간에 대한 자유물체도에서 축의 방향을 x라고 하면 내력은 축력 N이 작용하여 변형 전 기준 길이 dL이 $\epsilon_{xx}dL$만큼 늘어난다. ϵ_{xx}는 수직변형률로 단위길이당 늘어난 길이로 정의된다. 봉의 단면적은 A이므로 이 면적에 작용하는 평균 힘 또는 단위면적당 힘의 크기로 정의되는 수직응력 σ_{xx}는 'N/A'로 정의된다. 봉의 축에는 인장 혹은 압축력만 작용하고 있으므로 축방향의 수직응력 이외 다른 응력요소는 없다. 즉, $\sigma_{yy}=0$, $\sigma_{zz}=0$, $\sigma_{xy}=0$, $\sigma_{yz}=0$, $\sigma_{zx}=0$가 되어 그림 2.2의 경우는 길이방향의 1차원 문제이다. 따라서 봉을 구성하는 재료의 탄성계수 혹은 영의 계수가 E일 때 변형률과 응력의 사이에는 다음과 같이 후크의 법칙이 적용된다.

$$\sigma_{xx}=E\epsilon_{xx} \tag{2.14}$$

이 봉에서 식 (2.4)의 탄성 변형에너지는

$$U=\frac{1}{2}\int_V \sigma_{xx}\epsilon_{xx}dv=\frac{1}{2}\int_0^L\left(\frac{N}{A}\cdot\frac{1}{E}\frac{N}{A}\right)Adx=\frac{1}{2}\int_0^L\frac{N^2}{EA}dx \tag{2.15}$$

여기서 $dv=Adx$를 사용하였으며 길이방향으로 봉의 단면적에 작용하는 내력이 변한다면 $N(x)$, 단면적이 변한다면 $A(x)$, 재료의 성질이 일정하지 않다면 $E(x)$ 등 함수를 대입함으로써 봉의 일반적인 경우를 고려할 수 있다. 그림 2.2와 같이 이러한 변수들이 모두 일정한 값으로 N, A, E를 갖는 경우라면 다음으로 결정된다.

$$U=\frac{1}{2}\frac{N^2L}{EA} \tag{2.16}$$

다른 표현방법으로 만약 변형량이 축방향 변위의 함수 $u(x)$로 주어진다면 변형률과 응력이 각각 $\epsilon_{xx} = \partial u(x)/\partial x$와 $\sigma_{xx} = E\partial u(x)/\partial x$이므로 같은 내용을 식 (2.15)의 첫째 식으로부터 다음과 같이 쓸 수 있다.

$$U = \frac{1}{2}\int_L E(x)A(x)\left(\frac{\partial u(x)}{\partial x}\right)^2 dx \tag{2.17}$$

또한 그림 2.2의 변수가 모두 상수인 경우라면 식 (2.17)에서 $\partial u/\partial x = (u_L - u_0)/L$이므로

$$U = \frac{1}{2}\frac{EA}{L}(u_L - u_0)^2 \tag{2.18}$$

여기서 u_L과 u_0은 $x = L$와 $x = 0$에서 길이방향 변위를 나타낸 것이고 따라서 변형률 ϵ_{xx}는 봉의 임의 위치에서 $\partial u/\partial x = (u_L - u_0)/L$로 일정하다.

2.4 보(beam)의 역학

굽힘 상태에 있는 보의 경우 보의 내력은 굽힘 모멘트 M과 전단력 V으로 표현될 수 있다. 또한 '오일러(Euler)의 보' 즉, 가늘고 긴 형태의 보를 고려한다면 전단변형의 처짐량에 대한 영향은 무시된다.

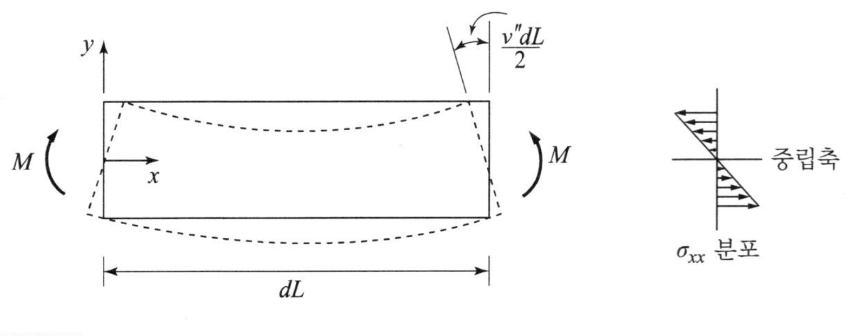

그림 2.3 평면 굽힘상태에 있는 오일러의 보.

축방향 하중을 받는 봉과 같이 그림 2.3에서 고려하는 순수굽힘은 자유도가 한 개인 일차원 문제이다. 보의 축방향을 x축 방향으로 일치시키면 굽힘응력으로 흔히 말하는 σ_{xx} 이외의 모든 응력성분은 없으므로 즉, $\sigma_{yy}=0$, $\sigma_{zz}=0$, $\sigma_{xy}=0$, $\sigma_{yz}=0$, $\sigma_{zx}=0$이며 식 (2.3)의 탄성 변형에너지는 $U=1/2\int \sigma_{xx}\epsilon_{xx}dv$가 된다.

단순굽힘보 이론에서 굽힘응력은 $\sigma_{xx}=-My/I$ 그리고 후크의 법칙으로부터 상응하는 변형량은 $\epsilon_{xx}=-My/EI$이다. 여기서 I는 '단면의 이차 모멘트(second moment of area)'이며 $\int_A y^2 dA = I$으로 정의되었다. 따라서 단순굽힘을 받는 오일러의 보에 대한 탄성 변형에너지는

$$U=\frac{1}{2}\int_L\int_A \frac{M(x)^2y^2}{E(x)I(x)^2}dAdx=\frac{1}{2}\int_L\frac{M(x)^2}{E(x)I(x)}dx \tag{2.19}$$

단순굽힘보는 축방향 임의의 위치에서 변위로 횡방향(y)으로 처짐(v)이 생긴다. 그림 2.3과 같이 설정된 좌표계에서 양의 y방향으로 변위를 v로 놓으면 축상에서 임의의 위치(x)에서 보의 곡률(κ)은 $\kappa \approx \partial^2 v/\partial x^2$이며 변형량과 응력은 순수굽힘을 받는 보의 중립위치($y=0$)에서는 없고 횡방향으로 선형으로 변하므로 다음과 같다.

$$\epsilon(x)=-\kappa y=-y\frac{\partial^2 v(x)}{\partial x^2}$$

$$\text{그리고}\quad \sigma_{xx}(x)=E(x)\epsilon_{xx}=-E(x)\cdot y\frac{\partial^2 v(x)}{\partial x^2} \tag{2.20}$$

따라서 식 (2.20)과 $\epsilon_{xx}=-My/EI$를 상기하면 굽힘모멘트 $M(x)$는 임의의 처짐분포 $v(x)$의 관점에서 다음과 같이 표현된다.

$$M(x)=E(x)I(x)\frac{\partial^2 v(x)}{\partial x^2} \tag{2.21}$$

이제 식 (2.21)을 식 (2.19)에 넣으면

$$U = \frac{1}{2}\int_L\int_A E(x)\left(\frac{\partial^2 v(x)}{\partial x^2}\right)^2 y^2 dA dx \tag{2.22}$$

다시 $\int_A y^2 dA = I$를 이용하여 식 (2.22)를 정리하면 다음을 얻는다.

$$U = \frac{1}{2}\int_L E(x)I(x)\left(\frac{\partial^2 v(x)}{\partial x^2}\right)^2 dx \tag{2.23}$$

식 (2.23)을 식 (2.17)과 비교하면 상호유사성이 있음을 알 수 있다.

2.5 레일리 - 리쯔(Rayleigh-Ritz) 방법

일정 퍼텐셜에너지 원리를 사용하려면 한정된 자유도를 가진 계에서 변형을 기구학적으로 살펴보아야 하는데 이것은 스프링으로 연결된 강체의 계와 같이 제한된 문제에서 실제적으로 유용하다. 이에 반해서 횡방향 하중을 받는 보의 경우와 같이 일반적인 탄성연속체는 무한한 자유도를 갖는데 이는 각 외력에 따라서 변형될 수 있는 조건을 만족하는 형상이 무한히 많기 때문이다.

그러나 엄밀해(exact solution)를 항상 구할 수는 없지만 고려하고 있는 탄성계에 '일정 퍼텐셜에너지 원리'를 응용하면 유한한 자유도의 근사해(approximate solution)를 구할 수 있다. 이를 위해서 엄밀해를 잘 표현할 것으로 믿어지는 근사해의 형식을 직관적으로 가정해서 가장 근사한 결과로 조절해야 하는데 '레일리 - 리쯔 방법'이 가장 효과적으로 쓰이는 방법이다. 레일리 - 리쯔 방법과 같은 근사방법은 근사해를 계의 거동을 표현하기에 충분한 개수의 미지수 $(C_1,\ C_2,\ \cdots,\ C_N)$를 포함하는 식으로 구성하는 방법으로 설명할 수 있다. 여기서 설정된 미지수의 개수가 근사 탄성계의 자유도 크기가 된다. 미지수를 포함한 식 $f(C_1,\ C_2,\ \cdots,\ C_N)$을 총 퍼텐셜에너지 정식에 대입하면 $\Pi(C_1,\ C_2,\ \cdots,\ C_N)$ 형태로 계의 총 퍼텐셜에너지를 표현할 수 있다. '일정 퍼텐셜에너지 원리'를 $\Pi(C_1,\ C_2,\ \cdots,\ C_N)$에 적용하면 최적의 $(C_1,\ C_2,\ \cdots,\ C_N)$ 조합을 결정할 수 있다. 최적화란 몇 개의 데이터 좌표에 가장 근사한 곡선으로 맞추는 과정과 유사하다. 여기에서 가장 근사하게 맞춘다는 의미는 임의의 '오차지표(measure of error)'를 최소화 한다는 것으로 설명할 수 있으며 '오차지표'를 모든 데이터 좌표에 대해서 곡선과 데이터 좌표 간 최소 거리 제곱의 합으로 정의하여 최소화하기 때문에 '최소 제곱법(least square fit)'이라고 한다.

우리는 일정 퍼텐셜에너지 원리의 적용을 통해서 가정한 근사해의 자유도(즉 미지 상수의 개수) 한계 내에서 엄밀해에 가장 가까운 근사해를 결정하는 자연스러운 방법을 얻는다.

예제 2.1

아래에 보여진 그림에서 길이가 L인 수평 외팔보의 좌측 끝단($z=0$)은 강체에 고정되어 있다. 보의 단위길이당 일정한 분포하중(q)이 작용하여 횡방향 처짐이 발생하였다. 레일리-리쯔 방법을 사용하여 예제그림에 도시된 바와 같이 분포하중을 받고 있는 외팔보의 처짐에 대한 근사식을 구하라.

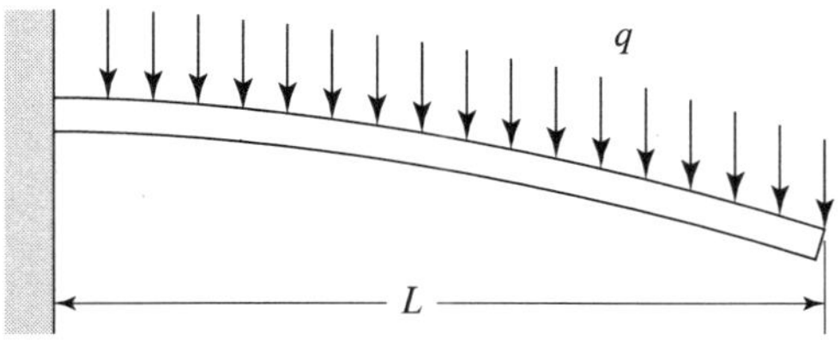

예제그림 2.1

해설 보의 상향 변위량을 v라고 하고 좌표축 z를 보의 방향과 일치시킨 좌표계를 고려한다. 근사해의 기저함수 $f_i(z)$는 기구학적으로 가능한 함수 또는 기하학적 경계조건을 만족시킬 수 있는 함수로 선정해야 한다. 이 예제에서 기하학적 경계조건은 좌측 끝단의 질점에서 보는 고정($v=0$)되어 있으며 기울기(v')가 영(0)이다. 이를 만족하는 기저함수는 어떤 형태이던 근사해의 선형조합(linear combination)에 사용될 수 있다. 위의 조건을 만족하는 기저함수를 많이 사용할수록 근사해는 엄밀해에 가까워진다는 것을 수학적으로 증명할 수 있다. 여기에서는 계산의 편의성을 위해서 2개의 기저함수를 다음과 같이 정의한다.

$$v_1(z)=z^2 \text{ 그리고 } v_2(z)=z^3$$

따라서 결정할 상수(C_1, C_2)와 함께 근사식은 다음과 같이 표현된다.

$$v(z) = \sum_{1}^{N} C_i v_i(z) \approx C_1 v_1(z) + C_2 v_2(z) = C_1 z^2 + C_2 z^3$$

당연히 기저함수의 필요사항 때문에 위의 근사식은 요구되는 기하학적 경계조건을 만족한다.

예제의 탄성계에서 변형에너지 U는 식 (2.23)으로부터 다음과 같다.

$$U = \int_0^L \frac{1}{2} EI(v'')^2 dz = \int_0^L \frac{1}{2} EI(2C_1 + 6C_2 z)^2 dz$$

그리고 외부 하중에 의한 일퍼텐셜은 다음과 같다.

$$\Omega = -\int_0^L v(z) \cdot (-q dz) = -\int_0^L (C_1 z^2 + C_2 z^3)(-q) dz$$

$$= \left(C_1 \frac{L^3}{3} + C_2 \frac{L^4}{4} \right) q$$

따라서 총 퍼텐셜에너지는

$$\Pi(C_1, C_2) = U(C_1, C_2) + \Omega(C_1, C_2)$$

총 퍼텐셜에너지가 임의 평형위치에서 변수의 변화에 일정한 값을 갖는 일정 퍼텐셜에너지 원리를 적용하면 다음의 두 식이 만족되어야 한다.

$$\frac{\partial \Pi}{\partial C_1} = 0 \quad \text{그리고} \quad \frac{\partial \Pi}{\partial C_2} = 0$$

즉

$$\frac{d\Pi}{dC_1} = \int_0^L EI(2C_1 + 6C_2 z) 2 dz + \frac{qL^3}{3} = 0$$

$$\frac{d\Pi}{dC_2} = \int_0^L EI(2C_1 + 6C_2 z) 6z dz + \frac{qL^4}{4} = 0$$

위 적분을 수행하고 행렬의 형태로 쓰면

$$EI \begin{pmatrix} 4L & 12L^2 \\ 12L^2 & 12L^3 \end{pmatrix} \begin{bmatrix} C_1 \\ C_2 \end{bmatrix} = \begin{bmatrix} \dfrac{-qL^3}{3} \\ \dfrac{-qL^4}{4} \end{bmatrix}$$

$$\begin{bmatrix} C_1 \\ C_2 \end{bmatrix} = \begin{bmatrix} \dfrac{qL^2}{96EI} \\ \dfrac{-qL}{32EI} \end{bmatrix}$$

따라서 근사식에 위의 상수를 대입하면 다음과 같다.

$$v(z) = \frac{qL^2z^2}{96EI} - \frac{qLz^3}{32EI}$$

그리고 최대 처짐량은 우측 끝에서 $|v_{\max}| = \frac{qL^4}{48EI}$

참고로, 이 문제의 엄밀해는 다음과 같다.

$$v(z) = \frac{qz^2}{24EI}(-z^2 - 6L^2 + 4Lz)$$

그리고 최대 처짐량은 우측 끝에서 $|v_{\max}| = \frac{qL^4}{8EI}$ ■

예제 2.2

레일리 – 리쯔 방법을 사용하여 다음 그림의 하향 처짐 $v(z)$에 대한 근사식을 구하라. 단, 기저함수로 삼각함수 싸인을 사용하라: $v_i(z) = \sin\left(\frac{i\pi z}{L}\right)$.

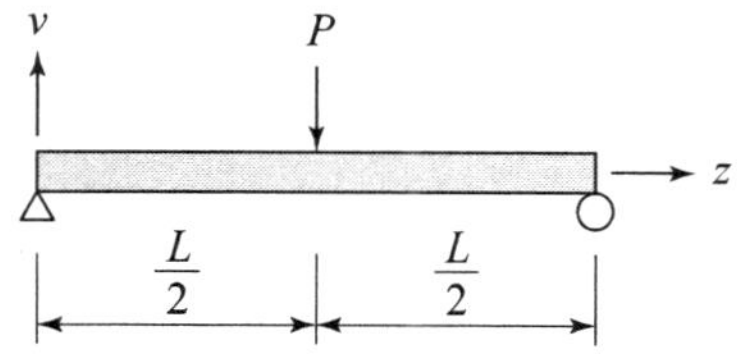

예제그림 2.2

해설 경계조건 : $v(0) = v(L) = 0$. 주어진 싸인 기저함수는 경계조건을 만족한다. 미지수(C_i)를 포함한 근사식은 다음과 같다.

$$v(z) = \sum_{i=1}^{N} C_i \sin\left(\frac{i\pi z}{L}\right)$$

총 퍼텐셜에너지는 다음과 같다.

$$\Pi(v) = \int_0^L \frac{1}{2} EI\left(\frac{\partial^2 v}{\partial x^2}\right)^2 dz - Pv\left(\frac{L}{2}\right)$$

여기서 일퍼텐셜은 $\Omega = -Pv\left(\frac{L}{2}\right)$.

보의 임의 단면에서 작용하는 모멘트인 EIv''에서 v''를 계산하면

$$\frac{\partial^2 v}{\partial x^2} = v'' = \sum_{i=1}^{N}\left[-C_i\left(\frac{i\pi}{L}\right)^2 \sin\left(\frac{i\pi z}{L}\right)\right]$$

이므로 총 퍼텐셜에 대입하면

$$\Pi(C_1, C_2, \cdots, C_N) = \int_0^L \frac{1}{2}EI\left[\sum_{i=1}^{N} C_i\left(\frac{i\pi}{L}\right)^2 \sin\left(\frac{i\pi z}{L}\right)\right]^2 dz - P\sum_{i=1}^{N} C_i \sin\left(\frac{i\pi}{2}\right)$$

일정 퍼텐셜에너지 원리를 사용하면 다음과 같은 N개의 방정식을 얻는다.

$$\frac{\partial \Pi}{\partial C_i} = \int_0^L \frac{1}{2}EI \cdot 2 \cdot \left[\sum_{n=1}^{N} C_n\left(\frac{n\pi}{L}\right)^2 \sin\left(\frac{n\pi z}{L}\right)\right]\left(\frac{i\pi}{L}\right)^2 \sin\left(\frac{i\pi z}{L}\right)dz - P\sin\left(\frac{i\pi}{2}\right)$$

$$= EI\sum_{n=1}^{N}\left(\frac{i\pi}{L}\right)^2\left(\frac{n\pi}{L}\right)^2 \int_0^L \sin\left(\frac{i\pi z}{L}\right)\sin\left(\frac{n\pi z}{L}\right)dz \cdot C_n - P\sin\left(\frac{i\pi}{2}\right) = 0$$

$i=1, \cdots, N$에 대하여 식을 나열하고 정리하면 다음과 같이 행렬식으로 표현할 수 있다.

$$\mathbf{KC} = \mathbf{F}$$

여기서 각 행렬의 항은 다음과 같다.

$$K_{ij} = EI\left(\frac{i\pi}{L}\right)^2\left(\frac{j\pi}{L}\right)^2 \int_0^L \sin\left(\frac{i\pi z}{L}\right)\sin\left(\frac{j\pi z}{L}\right)dz$$

만약 $i=j$인 경우라면 $\left(\frac{i\pi}{L}\right)^4 \frac{EIL}{2}$가 되며 첨자가 서로 다른 경우엔 '0'이 된다.

또한 $F_i = P\sin\left(\frac{i\pi}{2}\right)$이므로

$$C_i = \frac{P\sin\left(\frac{i\pi}{2}\right)2L^3}{(i\pi)^4 EI}$$

그러므로 위의 항들을 대입하면 최종적으로 근사식은 다음과 같다.

$$v(z) = \frac{2PL^3}{EI}\sum_{n=1}^{N}\frac{\sin\left(\frac{n\pi}{2}\right)}{n^4\pi^4}\sin\left(\frac{n\pi z}{L}\right)$$ ■

2.6 카스티글리아노(Castigliano)의 제1이론

이 방법은 본질적으로 일정 퍼텐셜에너지의 원리와 동등한 것이지만 조금 다른 관점으로 문제를 고찰하고 있다. 이론의 설명을 위하여 임의의 복잡한 탄성계를 고려해 보자. 탄성계에는 N개의 외력 $F_i(i=1, 2, \cdots, N)$이 작용하고 있다. 이 탄성계는 일련의 방법으로 잘 지탱되어 있는데 이때 정정계 혹은 부정정계와 상관이 없다. 외부의 힘이 작용하면 구조는 변형을 하면서 각각의 힘이 수행하는 일은 구조에 변형에너지로 저장된다. 각 힘, F_i의 작용점이 힘과 동일한 방향으로 이동하는 변위를 u_i(즉, 작용점의 임의 변위가 힘 F_i와 동일한 방향의 성분)라고 표현하자.

이제 다음과 같은 시나리오를 생각해 보자:

(1) 힘 $F_i(i=1, 2, \cdots, N)$의 작용으로 탄성계는 평형상태에서 변형된 형상이 된다. 이 상태에서 탄성계의 변형에너지를 U라고 하자.

(2) 위의 상태에서 측정된 변위 $u_i(i=1, 2, \cdots, N)$를 한 개의 변위를 제외하고 모두 움직이지 못하도록 현 상태로 고정시킨다. 이때 제외된 한 개 변위를 u_k라고 하자.

(3) 한 점을 제외하고 작용점의 변위가 고정된 현재의 평형상태에서 작은 크기의 힘 dF_k를 추가로 작용시키면 u_k는 du_k만큼 변한다. 점 k 이외의 다른 위치 i(즉, $i \neq k$)에서는 변위가 고정되었기 때문에 u_i에 변화가 없지만 고정된 변위에 작용하는 힘 $F_i(i \neq k)$에는 변화가 있다. 따라서 탄성계에 추가된 힘 dF_k의 작용으로 탄성계의 변형에너지는 $U+dU$로 표현될 수 있다.

계가 탄성특성을 가지므로 위의 (3)단계에서 추가된 힘이 더해지는 동안에 계에 행하여지는 일은 소멸되지 않고 모두 구조에 저장되어야 한다. 따라서 이 추가된 일은 변형에너지의 추가된 양, dU과 동일해야 한다. 그러나 이 (3)단계에서 일을 할 수 있도록 이동이 가능한 힘은 F_k 뿐이다. (3)단계의 힘이 더해지는 동안 F_k와 u_k의 사이의 관계는 선형일 수도 비선형일 수도 있지만 충분히 작은 dF_k에 대해서 행하여진 일은 다음과 같이 쓸 수 있다.

$$dW = F_k du_k + \frac{1}{2} dF_k du_k = dU \tag{2.24}$$

또한 dF_k가 충분히 작다면 du_k도 충분히 작으므로 위의 식 (2.24)에서 이들의 곱이 있는 두 번째 항은 매우 작을 것이므로 첫 번째 항에 비해서 무시할 수 있다. 이 개념을 적용하면 식 (2.24)는 최종적으로 다음으로 정리된다.

$$dU = F_k du_k \quad \text{즉,}\ F_k = \frac{\partial U}{\partial u_k} \tag{2.25}$$

식 (2.25)의 관계식을 '카스티글리아노의 제1이론'이라고 한다. 이 식을 유도하는 과정에서 계의 탄성특성은 소모되는 에너지가 없다는 가정에 상응하는 것이고 계에 입력되는 에너지는 외력에 의한 일이 되며 이 일에 의한 에너지의 양과 계에 남아 있는 변형에너지의 양은 동일할 수밖에 없다는 개념이 사용된 것이다. 즉 크게는 에너지보존법칙에 준하는 것이다.

앞서 언급했듯이 이 제1이론은 일정 퍼텐셜에너지 원리의 재해석이다. 탄성계에 변형이 없을 때 탄성계의 형상을 힘의 퍼텐셜에너지 계산을 위한 기준점으로 정한다면 각 외력, F_i에 대해서 퍼텐셜에너지를 다음과 같은 식을 얻는다.

$$\Omega_i = -F_i u_i \tag{2.26}$$

따라서 총 퍼텐셜에너지는

$$\Pi = U + \Omega = U - \sum_{i=1}^{N} F_i u_i \tag{2.27}$$

식 (2.27)에 일정 퍼텐셜에너지 원리를 적용하면 모든 k에 대해서 다음의 관계가 만족되어야 한다.

$$\frac{\partial \Pi}{\partial u_k} = 0 \tag{2.28}$$

식 (2.27)을 식 (2.28)에 대입하면

$$\frac{\partial U}{\partial u_k} - F_k = 0 \tag{2.29}$$

식 (2.29)는 식 (2.25)로 얻어진 카스티글리아노 제1이론의 결과와 동일하므로 일정 퍼텐셜에너지 원리가 카스티글리아노의 제1이론과 동일한 이론이라는 것을 확인할 수 있다.

예제 2.3

예제그림 2.3에는 토크렌치를 간략화시킨 기구가 보여져 있다. 토크렌치는 너트를 원하는 토크값으로 죄는 목적으로 고안된 공구이다. 그림에서 스프링에 변형이 없을 때 $\theta = \theta_0$가 된다. 그림의 A점에 가하는 토크의 크기가 증가하면 θ가 작아지는데 어떤 각도 $\theta_1 < \theta_0$에서 가할 수 있는 최대 토크값에 도달하여 이 각도를 지나치면 렌치는 점선으로 표시된 수평선의 아래쪽으로 불안정한 과정을 거쳐 접히게 된다. 다음의 두 가지 물음에 답하라.

(1) 가해진 토크 T와 각 θ 사이의 관계식을 구하라.

(2) 기계적으로 불안정한 상태에 도달하지 않고 가할 수 있는 최대 토크의 크기를 구하라.

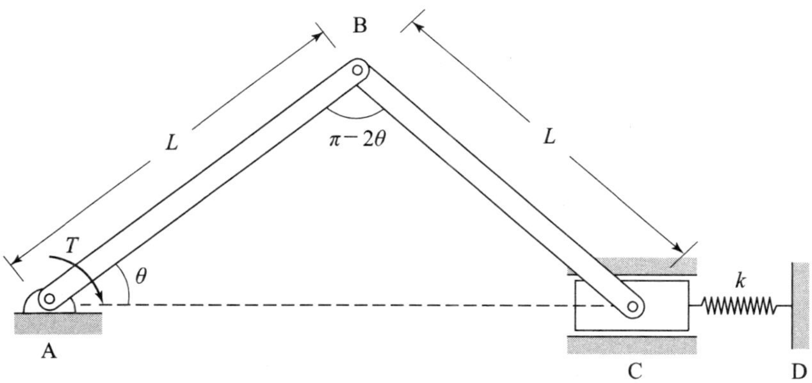

예제그림 2.3 **이상화된 토크렌치.**

해설 (1) 스프링에 저장되는 변형에너지를 구하면

$$U = \frac{1}{2}k\delta^2 = 2kL^2 \cdot (\cos\theta_0 - \cos\theta)^2$$

카스티글리아노 제1이론으로부터 다음 결과를 얻는다.

$$T = \frac{\partial U}{\partial \theta} = 4kL^2(\cos\theta_0 - \cos\theta)\sin\theta$$

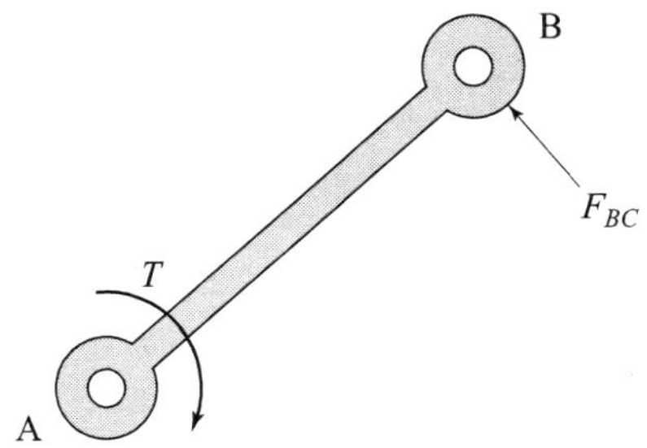

❑ 별해(뉴턴 해석)

A점을 중심으로 모멘트의 합을 구하면

$$T-L\cdot F_{BC}(\sin\theta\cdot\cos\theta+\cos\theta\cdot\sin\theta)=T-L\cdot F_{BC}\cdot\sin2\theta=0$$

따라서 $T=L\cdot F_{BC}\cdot\sin2\theta$

C점에서는 힘 F_{BC}와 스프링의 반발력, 그리고 슬라이더의 수직 반력이 힘의 평형을 이루어야 한다. 따라서 $F_{BC}\cos\theta$가 스프링의 반력과 같은 크기의 힘이다.

$\theta=\theta_0$일 때 수평거리 AC는 $2L\cos\theta_0$이고 임의의 θ일 때는 $2L\cos\theta$이므로 이때 스프링의 변형량 δ은 $2L(\cos\theta_0-\cos\theta)$이다. 따라서 $F_{BC}\cos\theta=k\delta=k\cdot2L(\cos\theta_0-\cos\theta)$.

$F_{BC}=k\cdot2L(\cos\theta_0-\cos\theta)/\cos\theta$를 앞의 토크와 각도의 관계식에 대입하면

$$T=4kL^2(\cos\theta_0-\cos\theta)\cdot\sin\theta$$

(2) 총 퍼텐셜에너지는 다음과 같이 구한다.

$$\begin{aligned}\Pi &= U+\Omega=U-T\cdot\theta\\ &=2kL^2(\cos\theta_0-\cos\theta)\cdot[(\cos\theta_0-\cos\theta)-2\theta\cdot\sin\theta]\end{aligned}$$

$d\Pi/d\theta=0$으로부터 토크가 최대가 되는 θ_1을 구할 수 있다.

$$\theta_1=\cos^{-1}\left(\frac{1}{4}(\cos\theta_0+\sqrt{\cos^2\theta_0+8})\right)$$

$$T_{\max}=4kL^2(\cos\theta_0-\cos\theta_1)\sin\theta_1$$ ■

2.7 선형 탄성계와 맥스웰의 역이론

계에서 일어나는 변위가 충분히 작고 외력에 선형적 거동을 보이는 경우에 국한하여 탄성계를 살펴보자. 이러한 선형 탄성계에서는 고체역학의 엄밀해를 구하는데 매우 강력한 방법을 제공하는 '선형 중첩법 원리'가 유효하다. 선형 중첩법의 원리가 성립하면 N개의 외력 $F_i(i=1, 2, \cdots, N)$에 대해서 i위치에서 일어나는 힘과 동일한 방향의 변위(즉, 힘방향의 변위성분)는 다음과 같이 외력의 관점에서 이 변위를 선형독립적인 조합의 꼴로 표현할 수 있다.

$$u_i = C_{i1}F_1 + C_{i2}F_2 + C_{i3}F_3 + \cdots + C_{ij}F_j + \cdots = \sum_{j=1}^{N} C_{ij}F_j \tag{2.30}$$

여기서 C_{ij}는 j위치에서만 단위크기의 힘 F_j가 유일하게 작용할 때 i위치에서 일어나는 변위이다. 이러한 계수 C_{ij}를 보통 영향계수(influence coefficient)라고 부른다. 이 계수를 원소로 하여 **C**라는 행렬 꼴로 표현하기도 하는데 이 행렬을 외력에 대한 계의 유연성을 대표하는 컴플라이언스행렬(compliance matrix)라고 한다.

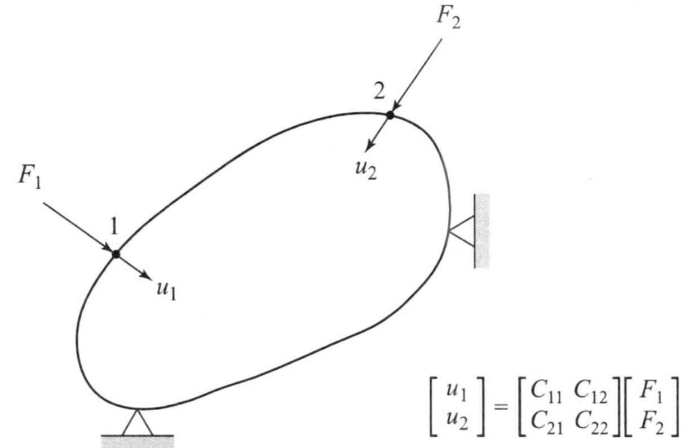

그림 2.4 두 개의 외력이 작용하는 선형 탄성계.

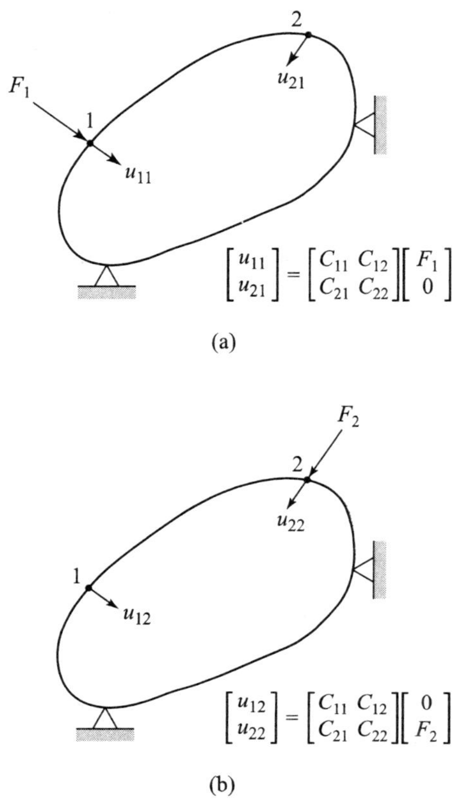

그림 2.5 (a) F_1만 작용하는 선형계, (b) F_2만 작용하는 선형계.

이 계수를 이용하여 변형에너지를 표현해 보자. 이해를 쉽게 하기 위해서 두 개의 외력 F_1과 F_2가 작용하는 선형 탄성계를 고려하자(그림 2.4 참조). 선형 탄성계이므로 힘을 가하는 순서 등은 결과에 영향을 미치지 않는다. 따라서 다음의 두 가지 시나리오를 생각하자.

(1) F_1을 먼저 가한 후 F_2를 나중에 가하는 경우를 고려한다(그림 2.5(a) 참조). 이 하중과정에서는 $F_2 = 0$인 상태에서 F_1의 하중을 목표값까지 준정적으로 증가시키는 것이 첫 단계이다. 이 과정에서 수행된 일의 크기 W_1는 다음과 같다.

$$W_1 = \frac{1}{2}F_1 u_1 = \frac{1}{2}C_{11}F_1^2 \tag{2.31}$$

이제 두 번째 단계에서는 F_1의 값을 현 상태에서 고정시키고 F_2의 값을 준정적으로 증가시킨다. 이 단계에서는 추가적인 일 W_2이 계에 행해진다.

$$W_2 = \frac{1}{2}F_2 \Delta u_2 + F_1 \Delta u_1 = \frac{1}{2}C_{22}F_2^2 + C_{12}F_1F_2 \tag{2.32}$$

여기서 Δu_1와 Δu_2는 F_2가 증가되는 동안 각각 $i=1$과 $i=2$의 위치에서 변위가 변한 값이다. 위의 두 단계에서 형성된 일의 크기는 탄성계 내에 변형에너지로 모두 저장되므로 다음의 관계식을 얻는다.

$$U = W_1 + W_2 = \frac{1}{2}C_{11}F_1^2 + \frac{1}{2}C_{22}F_2^2 + C_{12}F_1F_2 \tag{2.33}$$

(2) 이번에는 F_2을 먼저 가한 후 F_1를 나중에 가하는 경우이다(그림 2.5(b) 참조). 이 하중과정에서는 $F_1=0$인 상태에서 F_2의 하중을 목표값까지 준정적으로 증가시키는 것이 첫 단계이고 이어서 두 번째 단계에서는 F_2의 값을 현 상태에서 고정시키고 F_1의 값을 준정적으로 증가시키게 된다. 식의 유도과정은 앞의 (1) 경우와 첨자 순서 이외에 동일하므로 다음과 같은 변형에너지의 결과를 얻는다.

$$U = W_2 + W_1 = \frac{1}{2}C_{22}F_2^2 + \frac{1}{2}C_{11}F_1^2 + C_{21}F_2F_1 \tag{2.34}$$

위와 같이 힘의 순서만 바뀐 두 시나리오의 결과로 저장된 탄성에너지는 동일해야 한다. 식 (2.33)과 식 (2.34)를 비교할 때 두 시나리오의 결과가 동일해지는 경우는 오직 $C_{12} = C_{21}$일 때뿐이다. 일반적인 경우로 선형 탄성계에 i위치에서 N개의 외력 $F_i(i=1, 2, \cdots, N)$이 작용하는 경우로 확장하면 영향계수는 다음의 필요조건을 반드시 만족해야 한다.

$$C_{ij} = C_{ji} \tag{2.35}$$

컴플라이언스 행렬의 관점에서 식 (2.35)의 필요조건을 다시 말하자면 행렬 **C**은 대칭이어야 한다. 결과적으로 영향계수의 정의에서 해석위치와 힘의 작용점을 의미하는 두 첨자의 순서는 임의로 바꾸어 쓸 수 있다는 것을 말한다.

N개의 외력 $F_i(i=1,\ 2,\ \cdots,\ N)$에 대해서 선형 탄성계의 변형에너지 U는 다음과 같이 쓸 수 있다.

$$U = \frac{1}{2}\sum_{i=1}^{N}\sum_{j=1}^{N} C_{ij}F_iF_j = \frac{1}{2}C_{ij}F_iF_j \tag{2.36}$$

위의 식 (2.36)에서 마지막 항에서 두 개의 시그마 기호가 생략되었다. 이는 단항에서 첨자가 중복해서 있는 경우(즉, 반복 첨자 혹은 더미 첨자)는 항상 정의된 범위상에서 합산을 의미하므로 시그마 기호를 생략하여도 의미를 잃지 않는다. 이 간략한 표현법은 아인슈타인(A. Einstein)에 의해서 제안되었다.

앞에서 식 (2.35)는 컴플라이언스 행렬이 대칭행렬이므로 영향계수의 아래 두 첨자의 순서는 의미가 없다는 뜻이었다. 이는 선형 탄성계에서 유도된 결론이므로 선형 탄성계인 경우 즉 중첩법이 유효한 선형계에서만 응용할 수 있다. 영향계수의 아래 두 첨자가 서로 교환될 수 있다는 결론은 선형 탄성계의 해법에 매우 유용한 방법이 될 수 있는데 이 방법은 맥스웰(Maxwell)에 의해서 전개되었으므로 '맥스웰의 역이론(reciprocal theorem)'이라고 부른다. 한편, 동일한 시나리오를 모든 F_i가 단위힘인 경우로 설명해도 동일한 $C_{ij} = C_{ji}$를 유도할 수 있는데 단위힘으로 설명하는 경우 '베티의 이론(Betty's theorem)'이라고도 불린다.

컴플라이언스 행렬이 가해지는 힘에 따른 탄성계의 형상 변형을 관계 지어 주는 반면 대칭행렬인 컴플라이언스 행렬의 역행렬(inverse matrix)은 또 다른 대칭행렬이 되며 이 역행렬을 강성행렬(stiffness matrix)이라고 한다. 강성행렬의 물리적 의미는 형상변화가 주어질 때 이에 상응하여 필요한 힘의 크기를 연계시키는 비례상수로써 일차원적으로 스프링 상수와 유사한 개념이다. 컴플라이언스와 강성행렬을 $\mathbf{C} = [C_{ij}]$ 그리고 $\mathbf{K} = [k_{ij}]$로 명칭하자. 이때 대칭행렬이므로 $C_{ij} = C_{ji}$ 그리고 $k_{ij} = k_{ji}$의 관계가 성립한다. 몇 개의 예제를 통하여 맥스웰의 역이론을 이해해 보자.

예제 2.4

왼편이 강체벽에 고정된 외팔보를 고려한다. 외팔보의 하중에 대한 변형률은 매우 작아서 이 구조는 선형계로 취급할 수 있다고 하자. 벽에 고정된 위치에서 축 방향으로 각각 a와 $2a$만큼 떨어진 위치 A와 B를 주어진 예제그림 2.4에서 확인하라. B의 위치에 수직하향의 힘 P_B가 작용할 때 A의 위치에서 하향방향으로 처짐량이 v_{AB}였다. 반면에 A의 위치에 수직하향의 힘 P_A가 작용하면 B의 위치에서 하향방향으로 처짐량은 v_{BA}이다. 주어진 네 개의 인자(P_A, P_B, v_{AB}, v_{BA}) 사이에서 성립하는 관계식을 구하라.

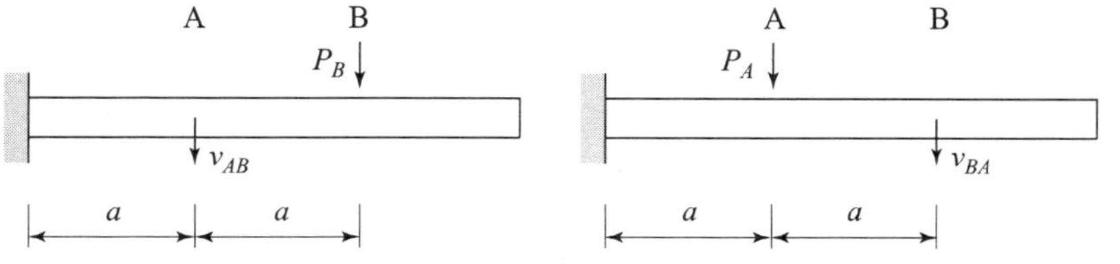

예제그림 2.4 **외팔보의 선형 탄성계.**

해설 맥스웰의 역이론을 적용하면 B에 단위하중이 작용하면 이때 A에 발생하는 처짐량은 C_{AB}이며 A에 단위하중이 가해질 때 B점에 발생하는 처짐량은 C_{BA}이다. 따라서 B점에 작용하는 하중이 P_B일 때 A점에서 발생하는 처짐량 $v_{AB} = C_{AB}P_B$이고 한편 반대로 A점에 작용하는 하중이 P_A일 때 B점에서 발생하는 처짐량 $v_{BA} = C_{BA}P_A$이다. 맥스웰의 역이론에서 $C_{AB} = C_{BA}$이므로 $v_{AB}/P_B = v_{BA}/P_A$가 된다.

$$\frac{v_{AB}}{P_B} = \frac{v_{BA}}{P_A}$$

■

❑ 별해(보이론)

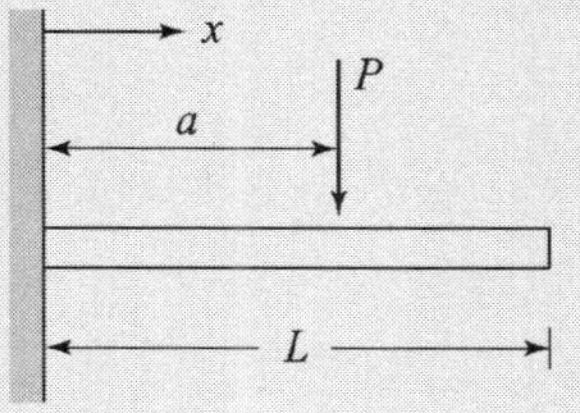

위의 외팔보를 보이론에서 연속적분법을 이용하여 처짐 탄성곡선(v)을 구할 수 있다. 각 구간에서 기울기와 처짐량의 식은 다음과 같다.

$$EIv' = -\frac{Px(2a-x)}{2} \qquad 0 \leq x \leq a$$

$$EIv = -\frac{Px^2(3a-x)}{6} \qquad 0 \leq x \leq a$$

$$EIv' = -\frac{Pa^2}{2} \qquad a \leq x \leq L$$

$$EIv = -\frac{Pa^2(3x-a)}{6} \qquad a \leq x \leq L$$

위에 구한 식으로부터 우편 자유단에서 회전각의 크기와 처짐량은 $x=L$을 대입하여 다음과 같다.

$$v'(L) = -\frac{Pa^2}{2EI}$$

$$v(L) = -\frac{Pa^2(3L-a)}{6EI}$$

또한 문제에서 주어진 하중 P_B와 P_A에 대해서 $x=a$와 $x=2a$에서 발생하는 처짐량은 다음과 같다.

$$v_{AB} = -\frac{P_B a^2[3\times(2a)-a]}{6EI} = \frac{5}{6}\frac{a^3}{EI}P_B$$

$$v_{BA} = -\frac{P_A a^2[3\times(2a)-a]}{6EI} = \frac{5}{6}\frac{a^3}{EI}P_A$$

위의 두 식을 좌변과 우변끼리 나누면 다음의 관계식을 얻는다.

$$\frac{v_{AB}}{P_B} = \frac{v_{BA}}{P_A}$$

예제 2.5

왼편이 강체벽에 고정된 외팔보를 고려한다. 외팔보의 하중에 대한 변형률은 매우 작아서 이 구조는 선형계로 취급할 수 있다고 하자. 벽에 고정된 위치에서 축방향으로 각각 a와 $2a$만큼 떨어진 위치 A와 B를 주어진 예제그림 2.5에서 확인하라. B의 위치에 수직하향의 힘 P_B가 작용할 때 A의 위치에서 하향방향으로 회전변위량이 θ_{AB}였다. 반면에 A의 위치에 모멘트 M_A가 작용하면 B의 위치에서 하향방향으로 처짐량은 v_{BA}이다. 주어진 네 개의 인자(M_A, P_B, θ_{AB}, v_{BA}) 사이에서 성립하는 관계식을 구하라.

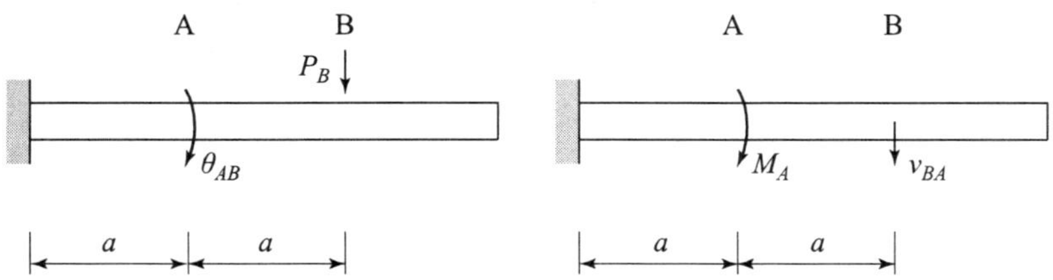

예제그림 2.5 **외팔보의 선형 탄성계.**

해설 맥스웰의 역이론을 적용하면 B에 단위하중이 작용하면 이때 A에 발생하는 회전변위량은 C_{AB}이며 A에 단위하중(여기서는, 단위 모멘트)이 가해질 때 B점에 발생하는 처짐량은 C_{BA}이다. 따라서 B점에 작용하는 하중이 P_B일 때 A에서 발생하는 회전변위량 $\theta_{AB} = C_{AB}P_B$이고 한편 반대로 A점에 작용하는 하중이 M_A일 때 B점에서 발생하는 처짐량 $v_{BA} = C_{BA}M_A$이다. 맥스웰의 역이론에서 $C_{AB} = C_{BA}$이므로 $\theta_{AB}/P_B = v_{BA}/M_A$가 된다.

$$\frac{\theta_{AB}}{P_B} = \frac{v_{BA}}{M_A}$$ ■

❑ 별해(보이론)

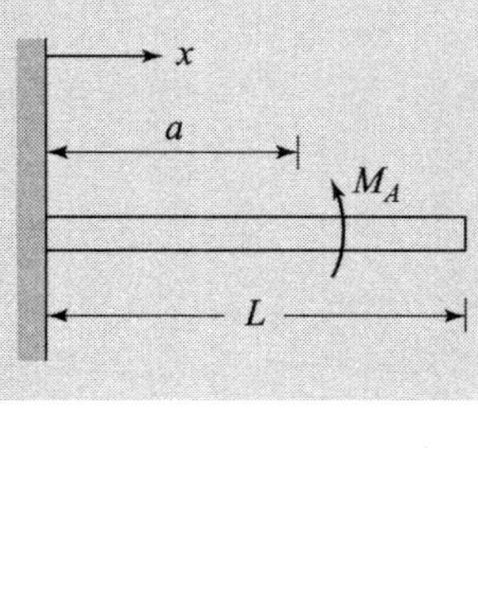

위의 외팔보를 보이론에서 연속적분법을 이용하여 처짐 탄성곡선(v)을 구할 수 있다. 각 구간에서 기울기와 처짐량의 식은 다음과 같다.

$$EIv' = Mx \qquad 0 \leqq x \leqq a$$

$$EIv = \frac{Mx^2}{2} \qquad 0 \leqq x \leqq a$$

$$EIv' = Ma \qquad a \leqq x \leqq L$$

$$EIv = \frac{Ma(2x-a)}{2} \qquad a \leqq x \leqq L$$

위에 구한 식으로부터 우편 자유단에서 회전각의 크기와 처짐량은 $x = L$을 대입하여 다음과 같다.

$$v'(L) = \frac{Ma}{EI}$$

$$v(L) = \frac{Ma(2L-a)}{2EI}$$

또한 문제에서 주어진 하중 P_B와 M_A에 대해서 $x = a$와 $x = 2a$에서 발생하는 변위의 크기는 다음과 같다.

$$\theta_{AB} = -\frac{P_B a^2[2\times(2a)-a]}{2EI} = \frac{3}{2}\frac{a^2}{EI}P_B$$

$$v_{BA} = -\frac{M_A a^2[2\times(2a)-a]}{2EI} = \frac{3}{2}\frac{a^2}{EI}M_A$$

위의 두 식을 좌변과 우변끼리 나누면 다음의 관계식을 얻는다.

$$\frac{\theta_{AB}}{P_B} = \frac{v_{BA}}{M_A}$$

예제 2.6

왼편이 강체벽에 고정되어 있고 오른편은 수평이동이 자유로운 굴림지지를 받고 있는 탄성보를 고려하자. 예제그림 2.6에 보여진 하중과 변위를 참고하여 다음의 물음에 답하라.

(1) 그림의 왼편 예시에서 하중 P_B로 인한 회전변위 θ_{AB}를 구하라.

(2) 그림의 오른편 예시에서 하중 M_A에 의한 처짐변위 v_{BA}를 구하라.

(3) 위의 결과로부터 $\theta_{AB}/P_B = v_{BA}/M_A$인지 보이고 값을 구하라.

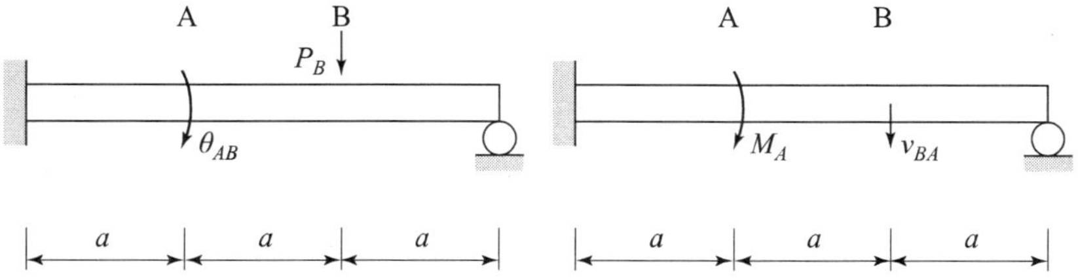

예제그림 2.6

해설 (1) 그림에서 오른쪽 끝단의 처짐량은 끝단이 굴림지지로 고정되어 있으므로 '영'이다. 끝단에서 윗방향으로 작용하는 반력을 R이라고 하고 굴림지지를 제거하면 동등한 외팔보 문제가 된다. 이제 이 외팔보에는 외력이 P_B와 R의 두 힘이 작용한다. 알고 있는 끝단의 처짐량을 기억하고 이 외팔보의 끝단 처짐량을 구하기 위하여 중첩법을 응용하면 다음과 같다.

$$v_{end} = -\frac{14P_Ba^3}{3EI} + \frac{9Ra^3}{EI} = 0. \quad \text{따라서 } R = \frac{14}{27}P_B$$

이제 A의 위치에서 보의 시계방향 회전량 θ_{AB}을 구하기 위하여 앞에서와 같이 중첩법을 사용하면 다음과 같이 결정된다.

$$\theta_{AB} = \frac{3P_Ba^2}{2EI} - \frac{5Ra^2}{2EI}$$

앞에서 구한 R을 위 식에 대입하면

$$\theta_{AB} = \frac{11}{54}\frac{P_Ba^2}{EI}$$

(2) 외팔보의 오른편 끝은 굴림지지로 고정되어 있어서 수직 처짐량이 없다. 이 외팔보에를 M_A와 보의 오른쪽 끝단에 반력 R이 작용하고 있는 동등한 문제로 고려할 수 있다. 중첩법을 응용하여 오른쪽 끝단의 처짐량을 다음과 같이 구한다.

$$v_{end} = -\frac{5M_Aa^2}{2EI} + \frac{9Ra^3}{EI} = 0. \quad \text{이 식을 풀면 } R = \frac{5M_A}{18a}$$

중첩법을 다시 적용하여 B위치의 처짐량을 구하면 다음과 같다.

$$v_{BA} = \frac{3M_A a^2}{2EI} - \frac{14Ra^3}{3EI}$$

앞에서 구한 R을 위 식에 대입하면

$$v_{BA} = \frac{11}{54}\frac{M_A a^2}{EI}$$

(3) 앞의 (1)와 (2)의 결과로부터 다음의 관계식이 얻어진다.

$$\frac{\theta_{AB}}{P_B} = \frac{v_{BA}}{M_A} = \frac{11}{54}\frac{a^2}{EI}$$ ■

2.8 카스티글리아노(Castigliano)의 제2이론

그림 2.6의 보 A와 B에 각각 P_1와 P_2의 수직 하중이 작용하는 경우를 고려하자.

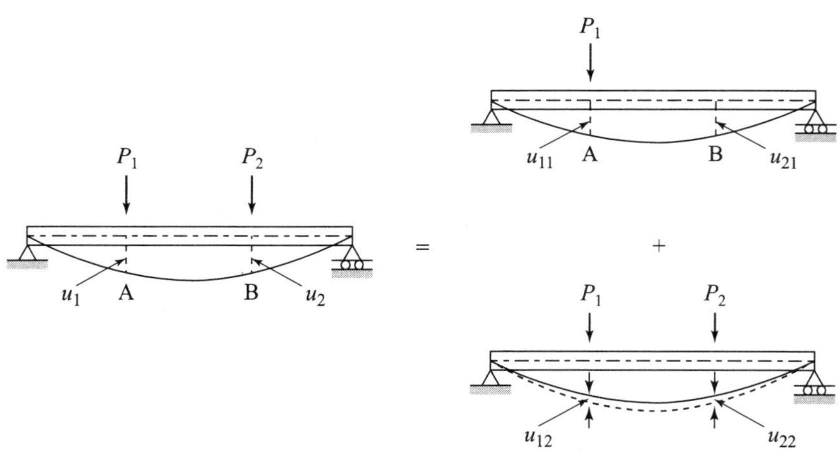

그림 2.6 P_1와 P_2가 동시에 작용하는 경우와 P_1가 우선 가해지고 P_2는 나중에 가해지는 경우.

앞의 2.7절에 소개된 바와 같이 영향계수 C_{ij}는 j위치에서만 단위크기의 힘이 작용할 때 i위치에서 일어나는 변위이다. 따라서 $u_1 = C_{11}P_1 + C_{12}P_2$ 그리고 $u_2 = C_{21}P_1 + C_{22}P_2$이다. 또한 $u_{12} = C_{12}P_2$가 된다. 그림 2.6에 보여진 하중 과정에서 행하는 일(work) U는 다음과 같다.

$$
\begin{aligned}
U &= \frac{1}{2}P_1 u_{11} + \frac{1}{2}P_2 u_{22} + P_1 u_{12} \qquad (2.37) \\
&= \frac{1}{2}P_1 \times C_{11}P_1 + \frac{1}{2}P_2 \times C_{22}P_2 + P_1 \times C_{12}P_2 \\
&= \frac{1}{2}C_{11}P_1^2 + \frac{1}{2}C_{22}P_2^2 + C_{12}P_1P_2
\end{aligned}
$$

그림 2.6과 반대로 그림 2.7에는 두 힘의 작용순서가 역전된 경우를 보여주고 있다. 최종 처짐의 양은 두 경우 모두 동일해야 한다. 그림 2.7의 경우엔 $u_1 = C_{12}P_2 + C_{11}P_1$ 그리고 $u_2 = C_{22}P_2 + C_{21}P_1$이다. 앞의 경우와 유사하게 그림 2.7에 보여진 하중 과정에서 행하는 일(work) U는 다음과 같다.

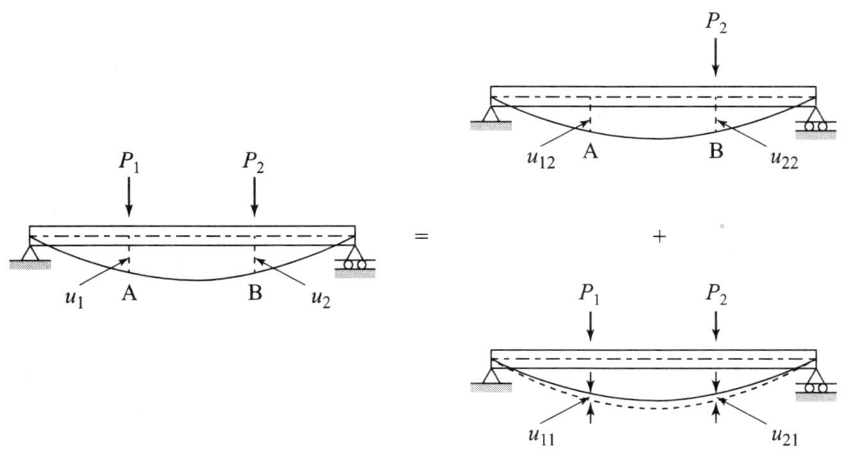

그림 2.7 P_1와 P_2가 동시에 작용하는 경우와 P_2가 우선 가해지고 P_1는 나중에 가해지는 경우.

$$U = \frac{1}{2}P_2 u_{22} + P_2 u_{21} + \frac{1}{2}P_1 u_{11} \tag{2.38}$$

$$= \frac{1}{2}P_2 \times C_{22}P_2 + P_2 \times C_{21}P_1 + \frac{1}{2}P_1 \times C_{11}P_1$$

$$= \frac{1}{2}C_{22}P_2^2 + C_{21}P_1P_2 + \frac{1}{2}C_{11}P_1^2$$

식 (2.37)과 식 (2.38)의 두 식으로부터 다음의 등식을 얻는다.

$$U = \frac{1}{2}C_{11}P_1^2 + \frac{1}{2}C_{22}P_2^2 + C_{12}P_1P_2$$

$$= \frac{1}{2}C_{22}P_2^2 + C_{21}P_1P_2 + \frac{1}{2}C_{11}P_1^2$$

이 식으로부터 $C_{12} = C_{21}$이 성립해야 하므로 맥스웰의 역이론이 다시 확인된다(그림 2.8 참조).

식 (2.37)의 양변을 P_1으로 편미분 하면,

$$\frac{\partial U}{\partial P_1} = C_{11}P_1 + C_{12}P_2 = u_1$$

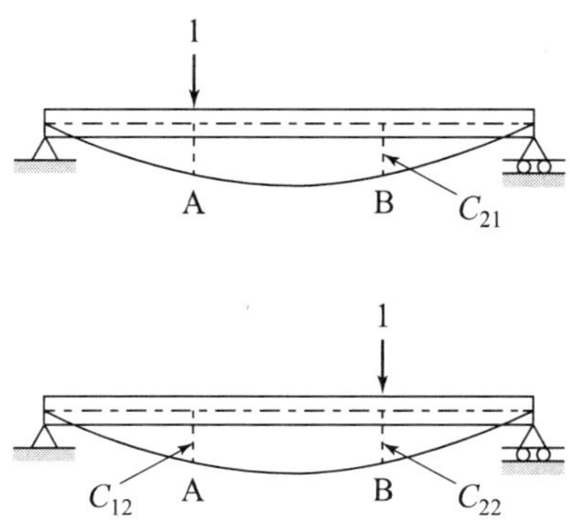

그림 2.8 A에 가해진 단위하중에 의하여 B에 발생하는 처짐량은 B에 가해진 단위하중에 의하여 A에 발생하는 처짐량과 동일함.

또한 식 (2.38)의 양변을 P_2으로 편미분 하면,

$$\frac{\partial U}{\partial P_2} = C_{22}P_2 + C_{21}P_1 = u_2$$

즉, 시스템에 저장된 에너지를 외력(P_1, P_2)의 항으로 표현하고 이 에너지를 선택된 외력으로 편미분 하면 이 외력의 작용점이 이 외력의 방향으로 이동하는 크기를 얻을 수 있다. 이를 '카스티글리아노의 제2이론'이라고 한다.

외력(P_1, P_2, ⋯, P_n)의 항으로 표현된 시스템의 에너지 $U(P_1,\ P_2,\ \cdots,\ P_n)$으로부터 다음과 같이 변위벡터를 결정할 수 있다.

$$u_i = \frac{\partial U(P_1,\ \cdots,\ P_n)}{\partial P_i} \tag{2.39}$$

2.9 가상일의 원리

평형상태에 있는 시스템에서 가상변위에 의하여 수행된 내력과 외력에 의한 일의 총합은 '영(0)'이 되는 것이 '가상일의 원리'이다. 식으로 표현하면,

$$-\delta W_i - \delta W_e = 0 \tag{2.40}$$

가상변위란 구속조건을 만족시키는 시스템의 위치좌표의 미소변화량으로 설명할 수 있다. 다음의 그림 2.9에 보여진 예를 통하여 설명할 수 있다.

그림 2.9의 시스템에서 들어 올리고 있는 화물 W와 이를 위하여 필요한 힘 P 사이의 관계식을 결정해 보자. 우선 정역학적인 방법으로 구해보도록 하자. 그림에 보여진 바와 같이 총 8개의 힘에 대하여 평형식을 다음과 같이 쓸 수 있다.

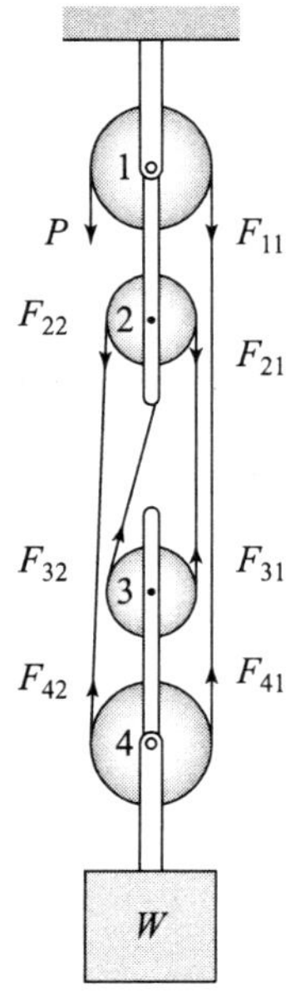

그림 2.9 도르래 시스템.

$$P = F_{11}$$

$$F_{22} = F_{21} \qquad F_{32} = F_{31}$$

$$F_{42} = F_{41} \qquad F_{11} = F_{41}$$

$$F_{42} = F_{22} \qquad F_{21} = F_{31}$$

위의 식들은 각각의 단위 도르래를 통과하는 좌우의 힘을 고려하면 쉽게 구할 수 있다. 그리고 그림의 아래에 위치한 두 도르래와 화물을 포함한 자유물체도를 고려하면 다음의 식을 추가로 결정할 수 있다. $F_{31} + F_{41} + F_{32} + F_{42} = W$. 여기서 7개의 F_{ij}는 모두 내력이며 외력은 P와 W이다. 위의 8개 식으로부터 P와 W의 관계식은 $W = 4P$가 된다.

이제 같은 문제를 가상일의 원리를 적용하여 해결해 보자. 가상일의 원리 $-\delta W_i - \delta W_e = 0$을 적용하기 위해서 그림 2.10을 참고하자.

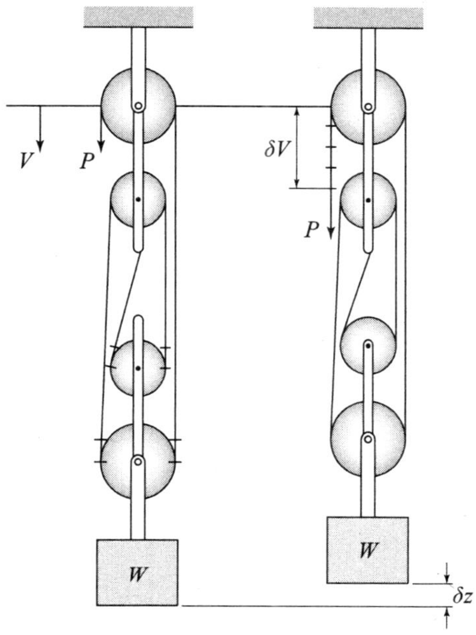

그림 2.10 **도르래 시스템(가상일의 원리).**

그림 2.10에서 화물 W가 들어 올려지는 높이 δz와 외력 P가 당겨지는 길이 δV가 표현되어 있다. 이때 화물의 무게는 중력에 의하여 아랫방향으로 화물이 들어 올려지는 방향과 반대이므로 화물에 의한 일은 $-W\delta z$이고 외력 P와 당겨지는 방향 δV는 같은 방향이므로 일은 $P\delta V$이다. 따라서 외력에 의한 총 일의 양은 $\delta W_e = P\delta V - W\delta z$이고 7개의 내력에 의한 일은 서로 상쇄되어 $\delta W_i = 0$이다. 따라서 가상일의 원리에 대입하면 $-\delta W_i - \delta W_e = 0 - (P\delta V - W\delta z) = W\delta z - P\delta V = 0$을 얻는다. 구속조건으로부터 δV와 δz의 관계는 항상 $\delta V = 4 \times \delta z$가 된다. 그러므로 두 외력의 관계식은 $W = 4P$가 되어 앞의 정역학적 해석과 동일한 결론을 얻게 된다.

2.10 일과 에너지

시스템에서 에너지의 손실이 없다면 시스템에 가해지는 일은 모두 에너지로 시스템 내에 저장되어야 한다. 소성 및 파손이 일어나지 않는 탄성구조역학은 이와 같은 가정이 성립하는 시스템으로 고려할 수 있다. 이런 시스템에서는 일과 에너지 사이의 관련식을 이용하여 미지의 값을 결정할 수 있다.

우선 축방향 하중을 받는 막대요소(bar)의 탄성변형의 경우를 통하여 개념을 학습할 수 있다. 그림 2.11에는 축하중 $\overline{N}$을 받고 있는 막대의 자유물체도가 예시되어 있다. 그림에서 $\overline{N}$은 외력, N은 내력을 표현하고 있다.

막대의 내력 N은 축방향이 x인 막대 내부에 형성된 응력(σ_x)에 의한 합력으로 A의 단면적에 대하여 $N=\int_A \sigma_x dA = \sigma_x A$이다. 매우 짧은 축방향 길이 dx가 차지하는 막대 구간에 수행된 내부일 δW_i의 크기는 $\delta W_i = -N \cdot du$이므로 $\delta W_i = -\sigma_x A\, d\epsilon_x dx = -\sigma_x\, d\epsilon_x\, dV$. 여기서 변형률의 정의 $d\epsilon_x = d(du/dx)$와 미소체적 $dV = A dx$의 관계가 사용되었다. 그림 2.11에서 막대요소의 전체길이 L의 구간으로 내부일을 확장하면

$$W_i = -\int_0^L \int_0^{\epsilon_x} \sigma_x d\epsilon_x A\, dx \tag{2.41}$$

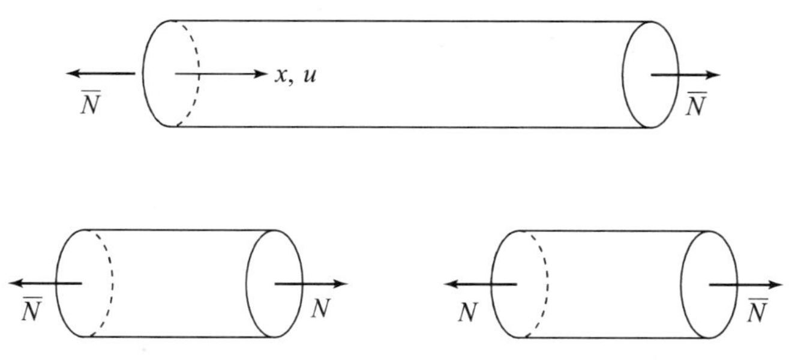

그림 2.11 축하중을 받는 막대요소.

일차원 후크의 법칙 $\sigma_x = E\epsilon_x$를 식 (2.41)에 대입하면

$$W_i = -\int_0^L A \int_0^{\epsilon_x} E\epsilon_x \, d\epsilon_x \, dx = -\frac{1}{2}\int_0^L AE\epsilon_x^2 \, dx \tag{2.42}$$

식 (2.42)가 그림 2.11의 일차원 시스템에 행해진 총 내부일(total internal work)의 크기이다.

이것을 삼차원 시스템으로 일반화 시켜보자. 우선 매우 작은 (직육면체) 부피($dx\,dy\,dz$)를 고려하자. 6개의 변형률이 미세하게 변화($d\epsilon_x$, $d\epsilon_y$, $d\epsilon_z$, $d\gamma_{yz}$, $d\gamma_{zx}$, $d\gamma_{xy}$)할 때 발생하는 일의 크기는

$$(\sigma_x d\epsilon_x + \sigma_y d\epsilon_y + \sigma_z d\epsilon_z + \sigma_{yz} d\gamma_{yz} + \sigma_{zx} d\gamma_{zx} + \sigma_{xy} d\gamma_{xy})dxdydz \tag{2.43}$$

여기서 응력텐서(stress tensor) σ_{ij}와 변형률텐서(strain tensor) ϵ_{ij}는 응력과 변형률의 수학적 정의인데 공학응력(engineering stress) 및 공학변형률(engineering strain)과 다음의 관계에 있다.

$$\sigma_{ij} = \begin{pmatrix} \sigma_x & \sigma_{xy} & \sigma_{xz} \\ \sigma_{yx} & \sigma_y & \sigma_{yz} \\ \sigma_{zx} & \sigma_{zy} & \sigma_z \end{pmatrix} \tag{2.44}$$

$$\epsilon_{ij} = \begin{pmatrix} \epsilon_x & \gamma_{xy}/2 & \gamma_{xz}/2 \\ \gamma_{yx}/2 & \epsilon_y & \gamma_{yz}/2 \\ \gamma_{zx}/2 & \gamma_{zy}/2 & \epsilon_z \end{pmatrix} \tag{2.45}$$

여기서 작은 체적에서 힘과 모멘트의 평형조건에 따라 응력 및 변형률은 대칭행렬이므로 응력텐서와 변형률텐서도 대칭이다. 즉, 아래첨자의 순서는 바꾸어 쓸 수 있다. 예를 들어 $\sigma_{xy} = \sigma_{yx}$와 $\gamma_{yz} = \gamma_{zy}$ 등과 같다. 식 (2.44)와 식 (2.45)에서 확인되는 수학적 정의와 공학적 정의의 차이는 전단변형률에서만 보이는데 물리적으로 살펴보자면 공학적 전단변형률의 정의는 서로 직각으로 교차하는 모퉁이가 하중을 받은 후 변형된 모퉁이에서 두 각의 차이를 말하는 반면에 수학적 전단변형률의 경우는 45°로 교차하는 모퉁이에 대한 각의 차이로 정의된다. 이것은 수학적 응력과 변형률이 2차원 텐서의 좌표변환법칙을 만족해야 하기 때문이다.

일차원의 경우를 참조하고 삼차원 응력과 변형률의 정의를 이용하면 삼차원 공간을 차지하는 변형체의 전체 부피 V에 대해서 총 내부일을 다음과 같이 계산할 수 있다.

$$
\begin{aligned}
W_i &= -\int_V \int_{(0,0,\cdots,0)}^{(\epsilon_x,\epsilon_y,\cdots,\gamma_{yz})} (\sigma_x d\epsilon_x + \sigma_y d\epsilon_y + \cdots + \sigma_{yz} d\gamma_{yz}) dxdydz \\
&= -\int_V \int_0^{\epsilon_{ij}} \sigma_{ij} d\epsilon_{ij} dV = -\int_V \int_0 \sigma^T d\epsilon \, dV \qquad (2.46)
\end{aligned}
$$

여기서 $\sigma = [\sigma_x, \sigma_y, \sigma_z, \sigma_{xy}, \sigma_{xz}, \sigma_{yz}]^T$와 $\epsilon = [\epsilon_x, \epsilon_y, \epsilon_z, \gamma_{xy}, \gamma_{xz}, \gamma_{yz}]^T$로 정의되었다.

응력과 변형률의 선형관계인 후크의 법칙 $\sigma_{ij} = E_{ijkl}\epsilon_{kl}$을 대입하면, 총 내부일의 크기는 다음과 같이 확장된다.

$$
\begin{aligned}
W_i &= -\frac{1}{2}\int_V E_{ijkl}\epsilon_{ij}\epsilon_{kl} dV = -\frac{1}{2}\int_V \epsilon^T E \epsilon dV \qquad (2.47) \\
&= -\frac{1}{2}\int_V \sigma_{ij}\epsilon_{ij} dV = -\frac{1}{2}\int_V \sigma^T \epsilon \, dV
\end{aligned}
$$

내부일은 탄성체 내에 변형에너지(strain energy)로 저장된다. 변형에너지를 단위부피당 변형에너지로 표현하면 변형에너지밀도(strain energy density)가 된다. 변형에너지밀도를 U_0로 표기하고 변형률 ϵ의 함수로 표현하면 다음과 같다.

$$
\begin{aligned}
U_0(\epsilon) &= \frac{1}{2}\epsilon^T E \epsilon \qquad (2.48) \\
&= G\left[(\epsilon_x^2 + \epsilon_y^2 + \epsilon_z^2) + \frac{\nu}{1-2\nu}(\epsilon_x + \epsilon_y + \epsilon_z)^2 + \frac{1}{2}(\gamma_{xy}^2 + \gamma_{xz}^2 + \gamma_{yz}^2)\right]
\end{aligned}
$$

여기서 G는 전단계수로 '$E/2(1+\nu)$'이다. 이 변형에너지밀도는 양정치함수(positive definite function)이다. 총 변형에너지 U_i의 크기는

$$
U_i = -W_i = \int_V U_0(\epsilon) dV \qquad (2.49)
$$

상보변형에너지밀도(complementary strain energy density)는 변형에너지밀도를 통하여 다음과 같이 정의된다.

$$U_0^* = \sigma_{ij}\epsilon_{ij} - U_0(\epsilon) \tag{2.50}$$

선형탄성인 후크의 법칙이 적용되는 탄성체에서는 다음에 보인 바와 같이 $U_0 = U_0^*$가 된다.

$$\begin{aligned} U_0^* &= \sigma^T\epsilon - \frac{1}{2}\sigma^T\epsilon = \frac{1}{2}\sigma^T E^{-1}\sigma \\ &= \frac{1}{2E}\left[(\sigma_x+\sigma_y+\sigma_z)^2 + (\sigma_{xy}^2+\sigma_{xz}^2+\sigma_{yz}^2 - \sigma_x\sigma_y - \sigma_y\sigma_z - \sigma_z\sigma_x)\right] \end{aligned} \tag{2.51}$$

총 상보변형에너지는

$$U_i^* = \int_V U_0^*(\sigma)dV = \frac{1}{2}\int_V \sigma^T E^{-1}\sigma\, dV \tag{2.52}$$

내력에 의한 상보적 일(complementary work)은 다음과 같다.

$$W_i^* = -\int_V\int_0^{\sigma_{ij}} \epsilon_{ij}\, d\sigma_{ij}\, dV = -\int_V\int_0^{\sigma} \epsilon\, d\sigma\, dV \tag{2.53}$$

이제 여러 가지 일과 에너지를 표현해보자. 우선, 그림 2.11의 일차원 막대에 축하중(외력)을 가해서 축의 길이가 u_F만큼 늘어날 때까지 수행된 외력에 의한 일(W_e)의 크기를 구하자.

$$W_e = \int_0^{u_F} \overline{N}\, du \tag{2.54}$$

변위가 하중에 비례하는 탄성체의 경우 $u = k\overline{N}$의 관계식(k는 컴플라이언스)이 성립하므로

$$W_e = \int_0^{u_F} \overline{N}\, du = \int_0^{u_F} \frac{u}{k}\, du = \frac{1}{2}\frac{u_F^2}{k} = \frac{1}{2}\overline{N}_F u_F \tag{2.55}$$

한편, 탄성체에 작용하는 하중으로 표면적에 작용하는 압력 $\overline{p_i}$과 체적력 $\overline{p}_{Vi}$에 의하여 행해지는 외부일의 크기는

$$W_e = \int_{S_p}\int_0^{u_i}\overline{p}_i du_i dS + \int_V\int_0^{u_i}\overline{p}_{Vi} du_i dV \tag{2.56}$$

선형탄성체의 경우,

$$W_e = \frac{1}{2}\int_{S_p}\overline{p}_i u_i dS + \frac{1}{2}\int_V \overline{p}_{Vi} u_i dV \tag{2.57}$$

또한, 정의에 의하여 상보적 외부일은

$$W_e^* = \int_{S_u}\int_0^{p_i}\overline{u}_i dp_i dS \tag{2.58}$$

선형탄성체의 경우,

$$W_e^* = \frac{1}{2}\int_{S_u} p_i \overline{u}_i dS \tag{2.59}$$

외력에 의한 에너지 퍼텐셜은 $U_e = -W_e$

$$U_e = -\int_{S_p}\int_0^{u_i}\overline{p}_i du_i dS - \int_V\int_0^{u_i}\overline{p}_{Vi} du_i dV \tag{2.60}$$

외력에 의한 상보에너지 퍼텐셜은 $U_e^* = -W_e^*$

$$U_e^* = -\int_{S_u}\int_0^{u_i} p_i \overline{u}_i dS \tag{2.61}$$

한편 위의 식들을 가상변위(virtual displacement)에 의한 내부 및 외부 가상일(internal and external virtual work)의 형태로 표현할 수 있다. 내부 가상일의 경우

$$\delta W_i = -\int_V \sigma_{ij}\delta\epsilon_{ij} dV \tag{2.62}$$

그리고 외부 가상일의 경우엔

$$\delta W_e = \int_{S_p} \bar{p}_i \delta u_i dS + \int_V \bar{p}_{Vi} \delta u_i dV \tag{2.63}$$

여기서 $\bar{p}_{Vi}$는 단위부피당 체적력의 i방향 분력이다.

또한, 상보적 가상일의 경우에도 앞의 경우와 유사하게 표현될 수 있다. 상보적 가상일의 내부 및 외부의 표현은 각각 다음과 같다.

$$\delta W_i^* = -\int_V \epsilon_{ij} \delta \sigma_{ij} dV \tag{2.64}$$

$$\delta W_e^* = \int_{S_u} \bar{u}_i \delta p_i dS \tag{2.65}$$

여기에서 체적력에 대해서는 변분량(variation)이 허용되지 않는다.

Chapter 2 연습문제

01 영향인자(influence coefficient)는 다음의 식을 만족함을 증명하라.

(1) $C_{jj} + C_{kk} > 2C_{jk}$

(2) $C_{jj}C_{kk} > C_{jk}^2$

해설

(1) 변형에너지 U는 양반정치(positive semi-definite)이다. 즉, $U \geq 0$. 모든 외력의 크기가 한 개를 제외하고 모두 '영'이라고 가정하자. 이 '0'이 아닌 힘을 F라고 하자: $F_k = F$, $F_i = 0(i \neq k)$.

이 경우 변형에너지는,

$$U = \frac{1}{2}C_{kk}F^2 > 0,\ 즉\ C_{kk} > 0$$

영향인자행렬의 모든 대각선 상에 있는 요소는 양의 수가 되어야 한다.

한편, $F_j = 1$, $F_k = -1$, $F_i = 0(i \neq j, k)$라고 가정하면,

$$U = \frac{1}{2}C_{jj} + \frac{1}{2}C_{kk} - C_{jk} > 0 \text{이 되므로}$$

$$C_{jj} + C_{kk} > 2C_{jk}$$

또 다른 경우로서 $F_j = 1$, $F_k = 1$, $F_i = 0(i \neq j, k)$라고 가정하면,

$$C_{jj} + C_{kk} > -2C_{jk}$$

대각선 상에 있지 않은 요소는 반드시 양의 값이 되어야 하는 조건이 없으므로

$$C_{jj} + C_{kk} > 2 \cdot abs(C_{jk})$$

(2) $u_k = 0$이 되도록 F_j와 F_k를 선택하자. 이 경우는 다음과 같은 선택을 하면 가능하다.

$$F_k = -C_{jk}F_j / C_{kk},\ F_i = 0(i \neq j, k)$$

이 경우 변형에너지를 구하면 다음과 같다.

$$U = \frac{1}{2}C_{jj}F_j^{\ 2} + \frac{1}{2}\frac{C_{jk}^{\ \ 2}}{C_{kk}}F_j^{\ 2} - \frac{C_{jk}^{\ \ 2}}{C_{kk}}F_j^{\ 2} > 0$$

위 식을 정리하면 $C_{jj}C_{kk} > C_{jk}^{\ \ 2}$를 얻으므로 증명이 되었다.

02 그림에 보여진 구조물에 2개의 수평방향 힘 F_1, F_2가 작용하고 있다. 구조물의 높이와 수평부분 길이는 각각 L이며 임의 위치에 있는 단면은 굽힘 강성(flexural rigidity)이 EI이다. 여기서 E는 탄성계수이고 $I = \int_A y^2 dA$는 면적의 관성모멘트이다. 구조물의 자유단 D의 수평방향 변위량을 계산하라.

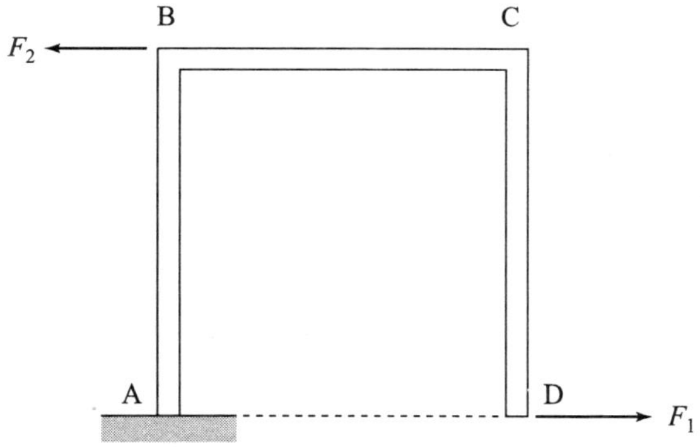

문제그림 2.2

해설 다음과 같이 자유물체도를 작성할 수 있다.

(문제의 전체 자유물체도)

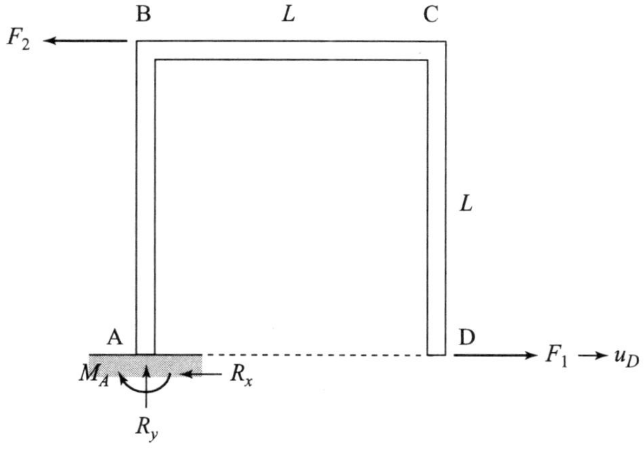

(C–D구간의 자유물체도)

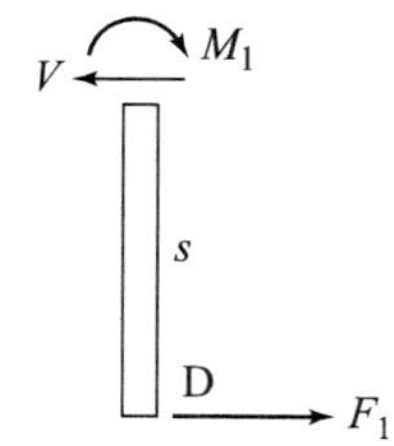

$$F_1 \cdot s(\mathrm{CCW}) + M_1(\mathrm{CW}) = 0 \qquad (0 \leqq s \leqq L)$$

따라서 $M_1 = F_1 \cdot s$

C-D구간에서 변형에너지를 구하자.

$$U_{CD} = \int_0^L \frac{M_1^2 ds}{2EI} = \frac{F_1^2}{2EI}\left[\frac{s^3}{3}\right]_0^L = \frac{F_1^2 L^3}{6EI}$$

(B, C–D구간의 자유물체도)

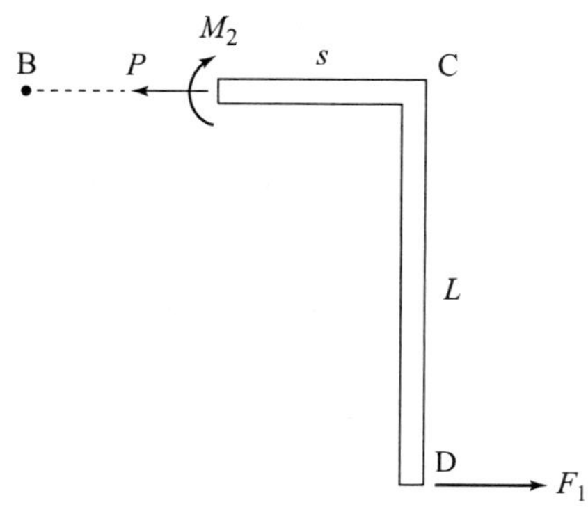

$$M_2 = F_1 \cdot L, \qquad P = F_1$$

$$U_{BC} = \frac{F_1^2 L}{2EA} + \frac{(F_1 L)^2 L}{2EI} = \frac{F_1^2 L}{2EA} + \frac{F_1^2 L^3}{2EI}$$

(B–C–D구간의 자유물체도)

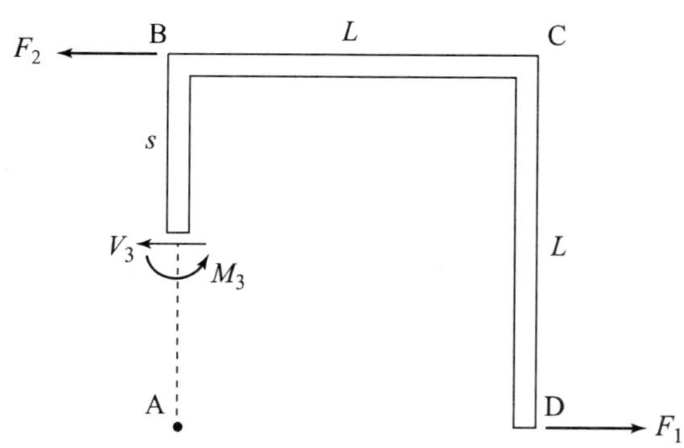

$$M_3 = -F_1(L-s) - F_2 s \qquad (0 \leqq s \leqq L)$$

$$U_{AB} = \frac{1}{2EI}\int_0^L [F_1(L-s) + F_2 s]^2 ds$$

카스티글리아노의 제2법칙을 이용하면

$$u_D = \frac{\partial U}{\partial F_1} = \frac{\partial(U_{AB}+U_{BC}+U_{CD})}{\partial F_1} = \frac{\partial U_{AB}}{\partial F_1} + \frac{\partial U_{BC}}{\partial F_1} + \frac{\partial U_{CD}}{\partial F_1}$$

$$= \frac{L^3}{6EI}(2F_1+F_2) + \frac{F_1 L}{EA} + \frac{F_1 L^3}{EI} + \frac{F_1 L^3}{3EI}$$

$$= \frac{5F_1 L^3}{3EI} + \frac{F_2 L^3}{6EI} + \frac{F_1 L}{EA}$$

03 한 외팔보는 길이가 L이며 폭이 c의 크기로 일정하다. 자유단에는 수직하향으로 집중하중 F가 작용한다. 외팔보의 자유단에 좌표 z를 축을 따라서 고정단 방향으로 설정할 때 단면의 깊이(d)는 다음의 식으로 표현할 수 있다.

$$d = c\left(\frac{1}{2} + \frac{z}{L}\right)$$

이 조건에서 외팔보에 저장된 에너지 U와 자유단에서 외력에 의한 처짐량 u_F를 구하라.
(힌트 : 변수 y를 다음과 같이 정의하고 치환하면 변형에너지의 적분을 쉽게 수행할 수 있다. $y = \left(\frac{1}{2} + \frac{z}{L}\right)$를 정의하면 $d = cy$.)

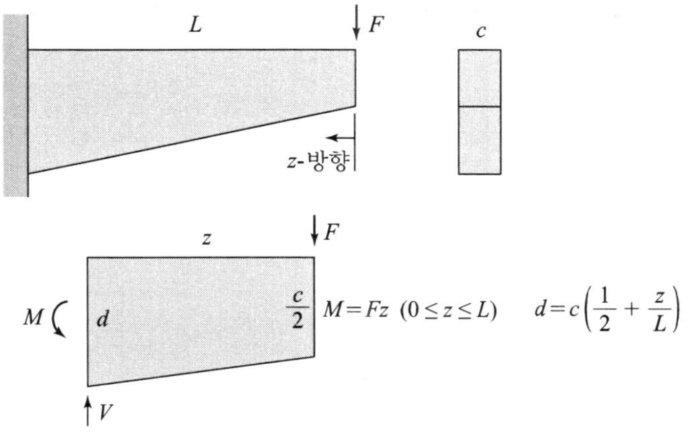

문제그림 2.3

해설

자유단으로부터 z만큼 떨어진 단면 사이의 탄성보에 대한 자유물체도에서 지면을 수직관통하는 축 주위로 모멘트의 평형식을 세우면 모멘트 $M = F \cdot z$를 얻을 수 있다. 이 반력모멘트의 크기는 보의 전 구간에서 유효하다. 단면적의 관성모멘트 I를 구하면

$$I = \frac{cd^3}{12} = \frac{c^4}{12}\left(\frac{1}{2} + \frac{z}{L}\right)^3$$

변수치환을 위하여 $y = \frac{1}{2} + \frac{z}{L}$을 정의하면 $I = \frac{c^4}{12} \cdot y^3$, $dy = \frac{dz}{L}$, $z = L\left(y - \frac{1}{2}\right)$ 등으로 표현할 수 있다. 이제 변형에너지 U를 구하면

$$U = \int_0^L \frac{M^2 dz}{2EI} = \int_{\frac{1}{2}}^{\frac{3}{2}} \frac{F^2 L^2 \left(y - \frac{1}{2}\right)^2 \cdot L dy}{\frac{Ec^4 y^3}{6}} = 1.258 \frac{F^2 L^3}{Ec^4}$$

카스티글리아노의 제2법칙을 적용하면,

$$u_F = \frac{\partial U}{\partial F} = (2)(1.258)\frac{FL^3}{Ec^4} = 2.516\frac{FL^3}{Ec^4}$$

04 문제그림 2.4에 보여진 강체막대(L)의 무게는 W이다. 모든 접촉면에서 마찰은 없다. 막대가 수직의 위치에 있을 때 그림의 선형스프링에는 변형이 없다. 일정 퍼텐셜에너지의 원리를 사용하여 시스템이 정적 평형일 때의 위치 θ를 W, k, L 등의 함수로 표현하라. 만일 $\theta = 0$의 위치가 안정적 평형위치 중의 하나라면 어떤 조건이 만족되어야 하는지 설명하라.

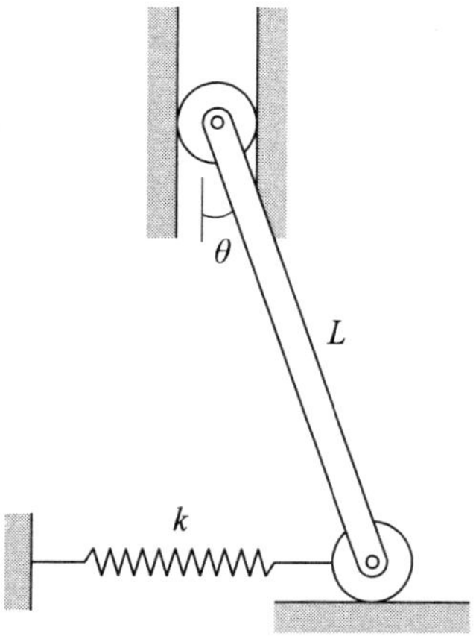

문제그림 2.4

해설

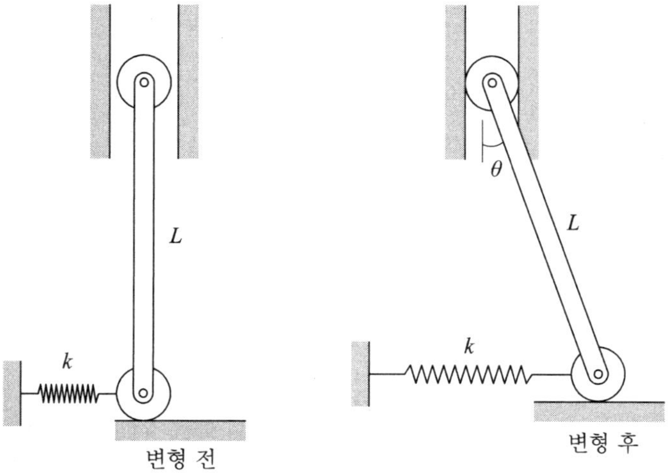

위의 참조그림에서 선형스프링에 변형이 없을 때 시스템의 퍼텐셜에너지를 구하면,

$$\Omega = W \cdot \frac{L}{2} + \Omega_o \qquad \text{여기서, } \Omega_o \text{는 임의의 상수.}$$

한편, 위 참조그림의 우측에서와 같이 스프링이 임의의 변형상태가 되었을 때 시스템의 퍼텐셜에너지를 다시 구하면,

$$\Omega = \frac{L\cos\theta}{2} + \Omega_o$$

스프링의 변형량은 $\delta = L\sin\theta$, 위와 비교하여

$$\Delta\Omega = \frac{WL}{2}(\cos\theta - 1)$$

이 변형위치 θ에서 스프링에 저장된 변형에너지는,

$$U_k = \frac{1}{2}k\delta^2 = \frac{1}{2}k \cdot L^2\sin^2\theta$$

따라서 변형이 없는 위치를 기준으로 변형위치에서 총 퍼텐셜에너지는 다음과 같다.

$$\Pi = U + \Omega = U_k + \Delta\Omega = \frac{1}{2}kL^2\sin^2\theta + \frac{WL}{2}(\cos\theta - 1)$$

안정과 불안정의 경계조건을 구하면,

$$\frac{\partial\Pi}{\partial\theta} = kL^2\sin\theta \cdot \cos\theta - \frac{WL}{2}\sin\theta = 0$$

이 식을 풀면 다음과 같은 조건을 얻는다.

$$\cos\theta = \frac{W}{2kL}; \quad \theta = \cos^{-1}\left(\frac{W}{2kL}\right)$$

$\theta = 0$에서 안정평형조건은

$$\left[\frac{\partial^2 \Pi}{\partial \theta^2}\right]_{\theta=0} > 1; \quad \frac{\partial \Pi^2}{\partial \theta^2} = kL^2\cos 2\theta - \frac{WL}{2}\cos\theta \text{이므로}$$

$$kL^2 - \frac{WL}{2} > 0 \text{이어야 한다.}$$

따라서 답은 $2kL > W$.

05 주어진 그림은 한 곳이 절단된 원형 반지모양 탄성체를 보여주고 있다. 이 반지의 중앙선을 따라서 반지름은 30 mm이고 단면은 2 mm 지름의 속이 꽉 찬 원이다. 그림과 같이 반지의 절단된 양 끝에 반지의 평면의 수직선을 따라서 서로 반대 방향으로 각 4 N의 외력이 평면에 수직한 평면의 방향으로 작용하고 있다. 두 힘의 작용점이 벌어지는 거리를 구하시오. 반지의 소재는 강철($E = 200$ GPa, $\nu = 0.3$)이다.

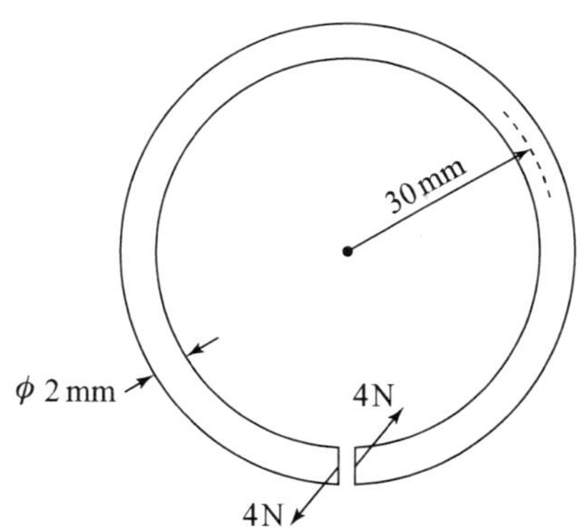

문제그림 2.5

해설

문제에서 $D = 30$ mm; $d = 2$ mm; $F = 4$ N.

단면적의 관성모멘트

$$I = \frac{\pi d^4}{64} = \frac{\pi(2)^4}{64} = \frac{\pi}{4}$$

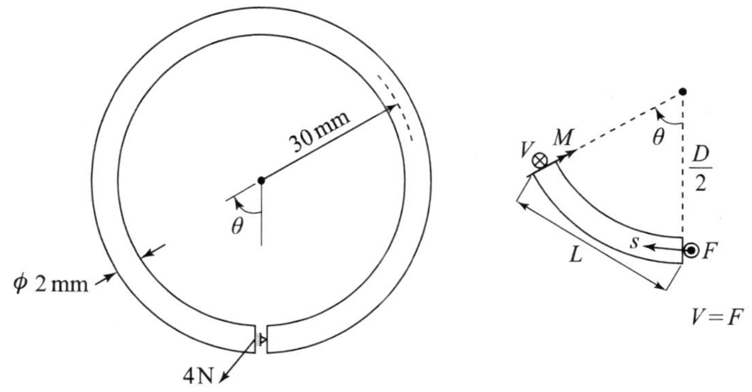

탄성체 부분의 자유물체도

$$L = 2\times\left(\frac{D}{2}\sin\frac{\theta}{2}\right) = D\sin\frac{\theta}{2}$$

$$M = F\cdot L = FD\sin\frac{\theta}{2}$$

$$U = \int_0^{2\pi}\frac{M^2}{2EI}ds = \int_0^{2\pi}\frac{M^2}{2EI}\cdot\frac{D}{2}d\theta = \int_0^{2\pi}\frac{M^2D}{4EI}d\theta$$

$$= \int_0^{2\pi}\frac{F^2D^3}{4EI}\sin^2\frac{\theta}{2}d\theta = \frac{F^2D^3}{4EI}\int_0^{2\pi}\frac{1-\cos\theta}{2}d\theta = \frac{F^2D^3}{4EI}\left[\frac{\theta}{2}-\frac{\sin\theta}{2}\right]_0^{2\pi}$$

$$= \frac{\pi F^2D^3}{4EI} = \frac{\pi(4\,\mathrm{N})(30\,\mathrm{mm})^3}{(2)(200\times10^3\,\mathrm{N/mm^2})(\pi/4\,\mathrm{mm^4})} = 1.08\,\mathrm{mm}$$

06 문제그림 2.6(a)에는 강체 막대 AB가 양 끝에 선형스프링으로 지지된 시스템을 보여준다. 각 선형스프링의 스프링계수는 k이다. 이 강체막대의 B지점에는 F의 하중이 가해지고 있다.

(1) 문제그림 2.6(a) 시스템의 양 끝 A와 B에서 일어나는 수직변위 혹은 각도의 크기를 결정하라.

(2) 위 문제 (1)의 결과를 활용하여 문제그림 2.6(b)에 보여진 동일 시스템의 A위치에 모멘트 M_o가 작용할 때 맥스웰의 역이론을 이용하여 B점에서 일어나는 수직변위의 크기를 결정하라.

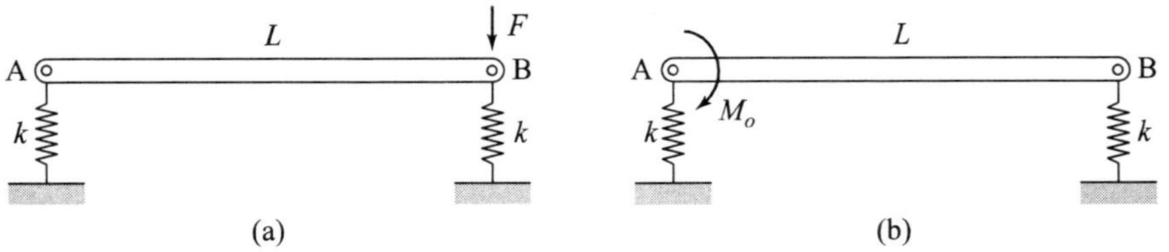

문제그림 2.6

해설

(1)

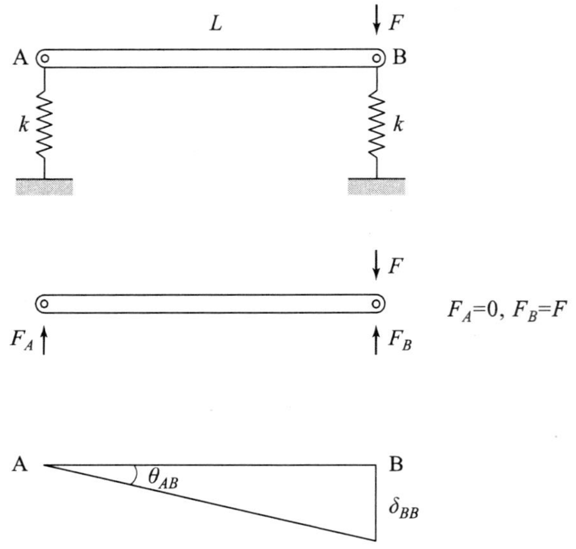

강체막대가 기울어져 위 그림의 삼각형의 빗변으로 변형된다고 가정하면 B점의 변위량 $\delta_{BB} = \dfrac{F_B}{k} = \dfrac{F}{k}$ 이므로, A점의 각도는 $\theta_{AB} = \dfrac{\delta_{BB}}{L} = \dfrac{F}{kL}$.

(2) 앞의 (a)와 (b)의 경우를 아래의 그림에서 비교해 보자.

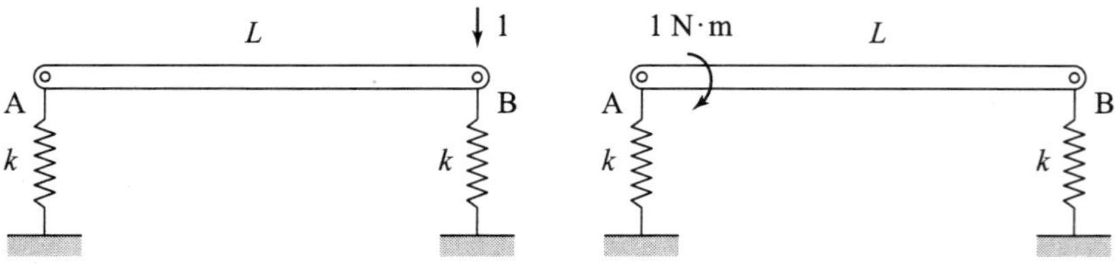

$\theta_{AB} = \frac{1}{kL}$; $\delta_{BB} = \frac{1}{k}$

$\theta_{AA} = \frac{1}{kL^2}$; $\delta_{BA} = \frac{1}{kL}$

$\therefore\ \delta_B = \delta_{BA} M_o = \dfrac{M_o}{kL}$

07 그림에는 네 개의 선형스프링으로 구성된 시스템이 있다. 이 시스템의 위치 1과 위치 3에 각각 F_1과 F_3의 외력이 가해질 때 일정 퍼텐셜에너지의 원리를 이용하여 각 질점의 변위를 결정하시오.

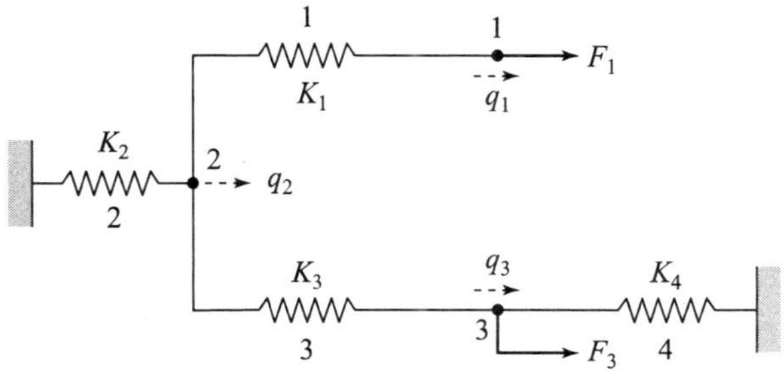

문제그림 2.7

해설

주어진 시스템의 퍼텐셜에너지는 다음과 같다.

$$\Pi = \frac{1}{2}K_1(q_1 - q_2)^2 + \frac{1}{2}K_2 q_2^2 + \frac{1}{2}K_3(q_3 - q_2)^2 + \frac{1}{2}K_4 q_3^2 - F_1 q_1 - F_3 q_3$$

여기서 (q_1, q_2, q_3)는 위치 1, 2, 3의 변위량이다.

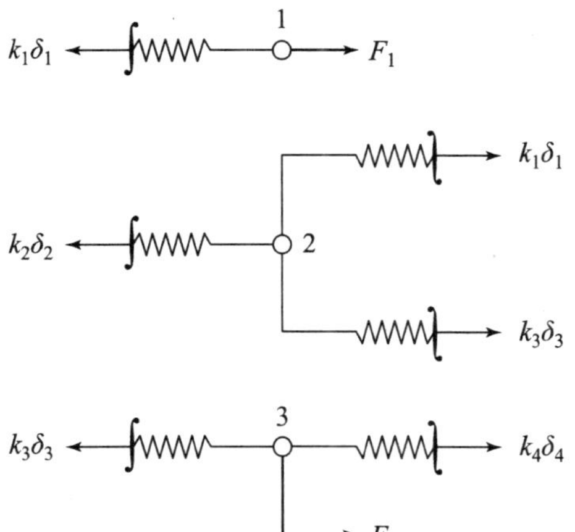

주어진 3 자유도 시스템에서 평형조건을 위해서 (q_1, q_2, q_3) 각 변위에 대해서 총 퍼텐셜의 값을 최소화 시키는 것이 필요조건이다. 따라서 다음의 식을 얻는다.

$$\frac{\partial \Pi}{\partial q_i} = 0, \quad i = 1,\ 2,\ 3$$

이를 풀어서 다시 쓰면

$$\frac{\partial \Pi}{\partial q_1} = K_1(q_1 - q_2) - F_1 = 0$$

$$\frac{\partial \Pi}{\partial q_2} = -K_1(q_1 - q_2) + K_2 q_2 - K_3(q_3 - q_2) = 0$$

$$\frac{\partial \Pi}{\partial q_3} = K_3(q_3 - q_2) + K_4 q_3 - F_3 = 0$$

위의 평형조건을 행렬식 $Kq = F$로 정리하면 다음과 같다.

$$\begin{pmatrix} K_1 & -K_1 & 0 \\ -K_1 & K_1 + K_2 + K_3 & -K_3 \\ 0 & -K_3 & K_3 + K_4 \end{pmatrix} \begin{pmatrix} q_1 \\ q_2 \\ q_3 \end{pmatrix} = \begin{pmatrix} F_1 \\ 0 \\ F_3 \end{pmatrix}$$

$q = K^{-1}F$로 위의 행렬식을 다시 정리하면 다음을 얻는다.

$$\begin{pmatrix} q_1 \\ q_2 \\ q_3 \end{pmatrix} = \begin{pmatrix} K_1 & -K_1 & 0 \\ -K_1 & K_1 + K_2 + K_3 & -K_3 \\ 0 & -K_3 & K_3 + K_4 \end{pmatrix} \begin{pmatrix} F_1 \\ 0 \\ F_3 \end{pmatrix}$$

$$= \frac{1}{K_2(K_3 + K_4) + K_3 K_4} \begin{bmatrix} \dfrac{K_1K_3 + K_2K_3 + K_4K_3 + K_1K_4 + K_2K_4}{K_1} \cdot F_1 + K_3 \cdot F_3 \\ (K_3 + K_4) \cdot F_1 + K_3 \cdot F_3 \\ K_3 \cdot F_1 + (K_2 + K_3) \cdot F_3 \end{bmatrix}$$

08 그림과 같이 길이가 $L = 2$이고, 단면이 $A = 1$, 탄성계수 $E = 1$로 주어진 막대가 양쪽에 있는 강체벽 사이에 고정되어 있다. 이 막대의 중간점($x = 1$)에 힘 $F = 2$가 그림과 같이 가해질 때 레일리 - 리쯔 근사해법을 통하여 축방향 변위 $u = u(x)$를 결정하시오. 단, 문제해결을 위하여 $u = a_1 + a_2 x + a_3 x^2$를 근사해로 사용하고 식에 주어진 계수를 결정하시오. 또한 구한 $u(x)$에 의한 축응력을 x의 함수로 구하시오.

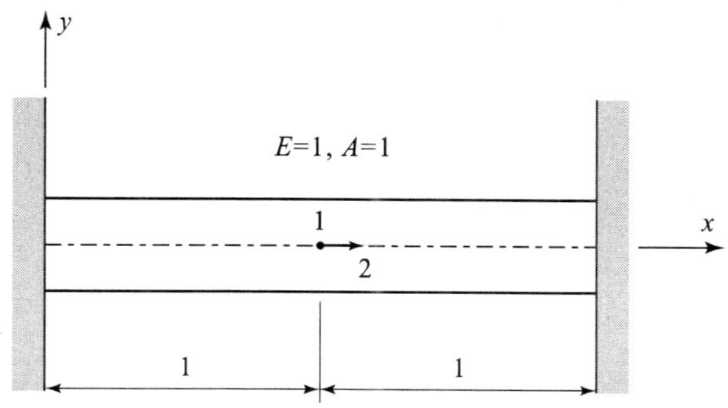

문제그림 2.8

해설

$u = a_1 + a_2x + a_3x^2$은 다음의 경계조건을 만족해야 한다.

$$u(0) = 0 \quad \text{그리고} \quad u(2) = 0$$

이 조건을 주어진 근사해에 대입하면

$$a_1 = 0 \quad \text{그리고} \quad a_1 + 2a_2 + 4a_3 = 0$$

방정식을 풀면 $a_2 = -2a_3$의 관계를 얻으므로 이를 다시 근사해에 대입하면 $u = a_3(-2x + x^2)$가 되며 중앙점 1에서 처짐량은 $u_1 = -a_3$의 크기이다.

미분으로 변형량을 구하면 $\dfrac{du}{dx} = 2a_3(-1+x)$이므로 퍼텐셜에너지는

$$\Pi = \frac{1}{2}\int_0^L \left[EA\left(\frac{du}{dx}\right)^2 dx - 2u_1\right] = 2a_3^2\left(\frac{1}{3}\right)^2 + 2a_3$$

퍼텐셜에너지의 최소화 필요조건 $\dfrac{\partial \Pi}{\partial a_3} = 0$을 수행하면

$$a_3 = -0.75 \text{이고} \quad u_1 = -a_3 = 0.75$$

막대에 발생하는 응력은 다음과 같다.

$$\sigma = E\frac{du}{dx} = 1.5(1-x)$$

[note] $u = a_1 + a_2x + a_3x^3$을 근사해로 가정하여 동일 과정을 적용하면 변위와 응력은 다음과 같다. $u = 1.0936x - 0.2734x^3$ 그리고 $\sigma = -0.2734(-4+3x^2)$.
엄밀해를 구해보고 위의 두 경우의 정밀한 정도를 그래프로 확인해 보는 것은 유용하다.

09 아래의 트러스에서 두 개의 막대(AB와 CB)가 A, B, C에서 회전이 자유로운 핀으로 구속되어 있다. 이 구조물이 위치 B에서 힘 P가 수평방향으로 작용할 때 카스티글리아노의 원리를 사용하여 핀 B의 수평방향 변위 u_x와 수직방향 변위 u_y를 그림에 주어진 값들로 표현하시오.

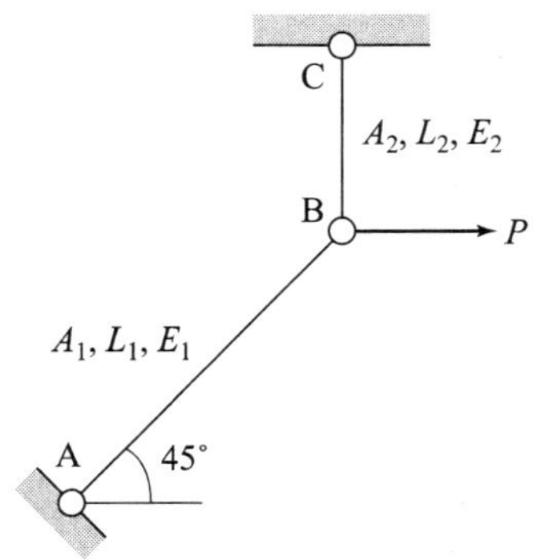

문제그림 2.9

해설

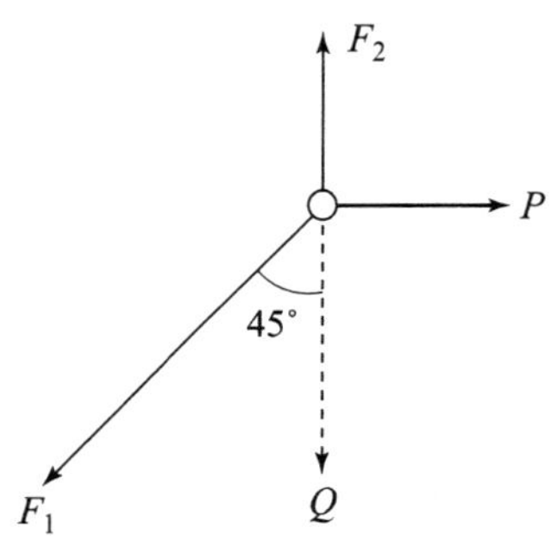

B에서 수직과 수평방향의 변위를 구하기 위해서 (수평력 P는 있으므로) B에 가상의 수직력 Q가 작용하는 것으로 가정하자. 계산이 끝난 후 가상의 힘 Q은 0으로 대치한다.

수직과 수평방향 평형방정식으로부터

$$\sum F_x = P - F_1 \sin 45° = 0 \text{으로부터 } F_1 = P\sqrt{2},$$

$$\sum F_y = F_2 - Q - F_1 \cos 45° = 0 \text{으로부터 } F_2 = P + Q.$$

트러스 구조물에 카스티글리아노의 제2법칙을 적용하면

$$u_x = \sum_{i=1,2} \frac{F_i(\partial F_i/\partial P)L_i}{A_iE_i} \text{와} \quad u_y = \sum_{i=1,2} \frac{F_i(\partial F_i/\partial Q)L_i}{A_iE_i}$$

현재 고려하고 있는 트러스에 대하여 다음과 같이 정리할 수 있다.

$$F_1 = P\sqrt{2}, \quad \frac{\partial F_1}{\partial P} = \sqrt{2}, \quad \frac{\partial F_1}{\partial Q} = 0$$

$$F_2 = P+Q, \quad \frac{\partial F_2}{\partial P} = 1, \quad \frac{\partial F_2}{\partial Q} = 1$$

이 관계를 수평방향 변위 u_x와 수직방향 변위 u_y의 식에 대입한 후 $Q=0$으로 치환하면 다음의 답을 얻는다.

$$u_x = \frac{(P\sqrt{2})(\sqrt{2})L_1}{A_1E_1} + \frac{(P)(1)L_2}{A_2E_2} = \frac{2PL_1}{A_1E_1} + \frac{PL_2}{A_2E_2}$$

$$u_y = \frac{(P\sqrt{2})(0)L_1}{A_1E_1} + \frac{P(1)L_2}{A_2E_2} = \frac{PL_2}{A_2E_2}$$

10 굵기가 가는 반원형태의 구조물이 양쪽 끝단에서 그림과 같이 힌지로 구속되어 있다. 그림과 같이 구조물의 중앙에 수직으로 힘 P가 작용할 때 각 힌지에서 작용하는 수평방향의 반력을 구하시오.

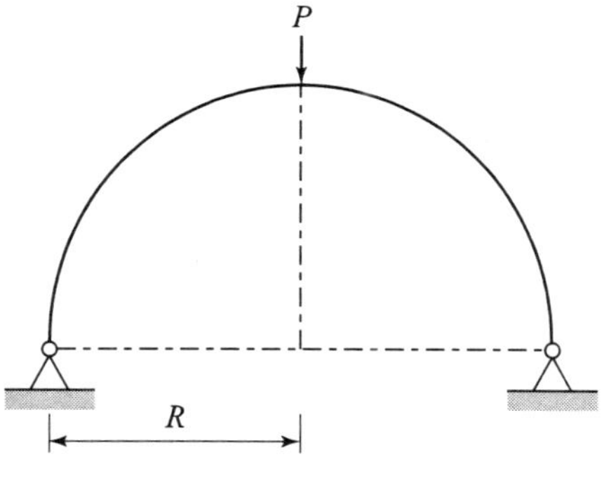

문제그림 2.10

해설

아래의 자유물체도에 보인 바와 같이 구하고자 하는 반력 H는 정적 평형조건만으로는 구할 수 없는 부정정계 문제이다. 카스티글리아노의 법칙을 적용하기 위하여 반원 고리의 임의 단면에서 모멘트 내력을 다음과 같이 결정할 수 있다($0 < \theta < \pi/2$).

$$M = \frac{P}{2}(R - R\cos\theta) - HR\sin\theta$$

또한 수평반력 H에 대한 미분은 $\frac{\partial M}{\partial H} = -R\sin\theta$.

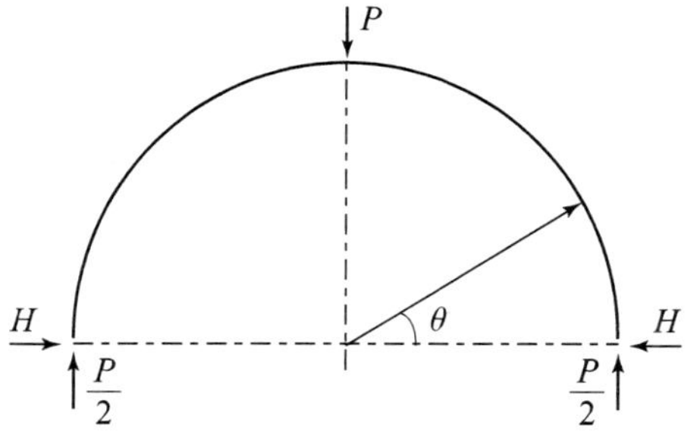

카스티글리아노의 제2법칙에 의하여 수평변위를 구할 수 있는데 이 문제의 경우 움직일 수 없도록 고정되어 있는 점을 활용하여 수평반력을 구할 수 있다. δ_H를 힌지고정점의 수평방향 변위라고 하면

$$0 = \delta_H = \frac{\partial U}{\partial H} = 2\int_0^{\pi/2} \frac{M(\partial M/\partial H)Rd\theta}{EI}$$
$$= \int_0^{\pi/2} \frac{[(P/2)(R - R\cos\theta) - HR\sin\theta](-R\sin\theta)Rd\theta}{EI}$$

따라서 $H = \frac{P}{\pi}$

11 문제그림 2.11에 보여진 직사각형(가로 $2a$, 세로 $2b$) 구조물을 고려하자. 이 구조물의 모든 단면은 동일하고 굽힘강성(flexural rigidity)은 EI이다. 대칭성에 의하여 구조물의 대칭면(섹션 AA)에는 전단력이 없다.

(1) 그림의 힘(P)의 작용점 사이에 일어나는 변형량(δ)을 계산하라.
(2) 문제에서 $b = 0$과 $b = \infty$의 경우를 들어서 앞에서 구한 답에 대하여 설명하라.

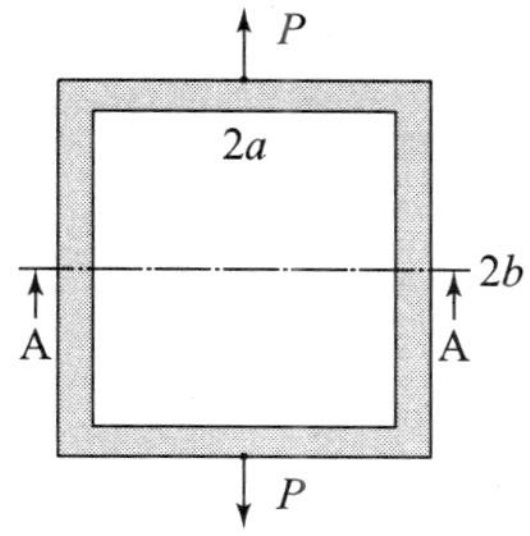

문제그림 2.11

해설

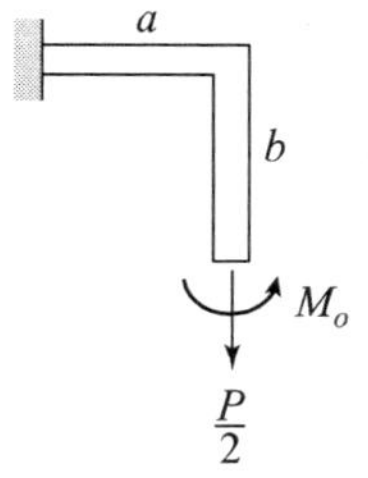

그림의 섹션 AA에는 전단력이 없으므로 오른쪽 그림과 같은 자유물체도를 그릴 수 있다. 에너지의 크기에서 축력에 의한 에너지의 크기는 굽힘모멘트에 의한 것에 비하여 무시할 수 있다.

$$U_{1/4}=\frac{1}{2EI}\int_0^b M_o^2dx+\frac{1}{2EI}\int_0^a\left(M_o-\frac{P}{2}x\right)^2dx$$
$$=\frac{1}{2EI}\left(M_o^2b+M_o^2a-M_oP\cdot\frac{a^2}{2}+\frac{P^2a^3}{12}\right)$$

(1) 카스티글리아노에 의하여, 일정한 P의 조건에서 $|\partial M_{1/4}/\partial M_o|$는 모멘트에 의하여 발생하는 각도, 즉 탄성곡선의 기울기이므로 대칭성에서 영이 되어야 한다. 따라서

$$0=\frac{\partial U_{1/4}}{\partial M_o}=\frac{1}{2EI}\left[2M_o(b+a)-P\frac{a^2}{2}\right]$$

위 식을 풀면

$$M_o=\frac{Pa^2}{4(a+b)}$$

작용점 간에 추가로 벌어지는 거리 즉 변형량 δ를 구하려면 그림에서 P의 작용점 간의 거리 변화량을 구하는 것이므로

$$\delta=\frac{\partial}{\partial P}(4U_{1/4})=\frac{\partial}{\partial P}\left(\frac{4}{2EI}\left[\frac{P^2a^2}{16(a+b)^2}(a+b)-\frac{P^2a^4}{8(a+b)}+\frac{P^2a^3}{12}\right]\right)$$
$$=\frac{\partial}{\partial P}\left(\frac{2P^2}{EI}\left[-\frac{a^4}{16(a+b)}+\frac{a^3}{12}\right]\right)$$
$$=\frac{4P}{EI}a^3\left(\frac{-a}{16(a+b)}+\frac{1}{12}\right)=\frac{Pa^3}{12EI}\cdot\frac{a+4b}{a+b}$$

(2)

① $b=0$일 때 : 두 개의 동일한 수평보가 겹쳐있는 상태에서 양끝을 클램프 등으로 고정시킨 경우와 같다.

② $b=\infty$일 때 : 매우 긴 기둥(길이 $2b$)는 연결된 보의 회전각에 어떤 구속도 주지 못하므로 수평보의 양끝이 자유지지(freely supported)되고 있는 경우와 동일하다.

따라서 ①의 경우에는,

$$\delta = \frac{Pa^3}{12EI}$$

또는 길이가 a인 수평보의 왼편이 고정되어 있는 외팔보의 자유단 처짐량 $(P/2) \cdot a^3/3EI = Pa^3/24EI$가 아래와 위로 움직이므로 두 배가 되어 $Pa^3/12EI$가 되므로 앞과 동일한 답을 얻는다.

또한 ②의 경우에는,

$$\delta = \frac{Pa^3}{3EI}$$

이것은 단순지지된 경우이므로 $P(2a)^3/48EI = Pa^3/6EI$의 처짐량이 생기는데 아래와 위로 움직이므로 두 배가 되어 $Pa^3/3EI$가 되므로 동일한 결론을 얻는다.

3
CHAPTER

재료의 기계적 거동 및 파손이론

앞서 1장에서 간략히 언급된 바와 같이 재료역학에서 무수히 많은 원자로 구성된 현실의 재료는 연속체라는 이상적인 변형체로 취급된다. 다시 말하면 실제의 재료를 구성하는 원자의 크기는 옹스트롬(Angstrom) 길이의 수준으로 1 Å은 10^{-10} m이다. 일반 기계공학에서 다루는 작은 단위는 보통 미크론(micron) 수준으로 1 μm은 10^{-6} m로 10,000 Å이 된다. 즉 작은 단위에서도 최소 수만 개의 원자가 포함된 시편에서 측정된 평균 기계적 거동의 특성(즉 기계적 성질)으로부터 연속체를 표현하며 전통적으로는 센티미터(cm) 수준 이상의 시편에서 측정한 기계적 성질을 연속체의 기계적 특성으로 고려한다. 탄소강에서 결정립의 크기는 수십 μm에 이르므로 1 cm 수준에는 최소 수백 개의 결정립이 포함되어 기계적 거동이 측정되므로 평균값에는 결정립의 방향성이 서로 상쇄되어 등방성 값이 된다. 특히 나노기구에서 거대기구에 이르는 현대의 기계공학 해석에서는 고려하는 부품의 크기에 따라서 연속체의 기계적 특성은 다르게 표현되어야 하는 경우가 있다.

3장에는 연속체의 해석에서 얻어지는 응력성분의 응용과 관련하여 다음의 내용이 포함된다.

1. 응력의 좌표변환
2. 등방성 재료의 파손이론
3. 피로하중

3.1 응력의 좌표변환

응력은 변형량에 응하는 물리량으로 추상개념이다. 응력은 임의의 면에 작용하는 힘을 면의 면적으로 나눈 것으로 응력에는 힘의 방향과 면의 방향 등 두 가지 벡터성분이 관련되어 있다. 여기서 면의 방향은 체적간의 경계인 면에 수선을 세울 때 체적의 외부로 향하는 방향으로 정의된다. 탄성체 내 임의의 점에서 응력을 표현하려면 힘과 면의 방향을 정의하는 좌표축의 설정이 필요하고 이 좌표축을 기준으로 응력의 크기가 계산된다.

소재의 파손은 크게 취성파괴와 소성파괴의 두 가지 형태로 진행된다. 유리와 세라믹 등 취성파괴의 경우 파단면의 방향은 최대수직응력의 방향에 의하여 결정된다. 한편 소성파괴의 경우 파단면의 방향은 최대전단응력의 방향에 의하여 결정된다. 따라서 임의의 기준면에서 응력을 계산하기 위하여 면에 작용하는 힘은 면에 수직한 방향과 접하는 방향으로 분해하여 면의 크기로 각각 나누어 응력의 성분을 확인해야 한다. 응력은 보통 'stress'의 첫 알파벳 's'를 그리스 문자로 표기하여 'σ'로 표기하며 응력성분과 관련된 힘과 면의 방향인 두 벡터를 의미하는 좌표축방향을 아래첨자로 겹쳐서 표기한다. 예를 들어 'σ_{xy}'는 기준면의 방향이 'x-축'이고 이 기준면에 작용하는 힘의 방향이 접선 방향인 'y-축'를 의미한다. 그러므로 σ_{xy}는 전단응력이다.

응력에 대한 간략한 설명에서 명백하듯이 탄성체 내 임의의 점에서 응력, '응력상태(stress state)'는 좌표에 상관없는 절대개념이며 이 점에 좌표축을 설정하면 '응력성분(stress component)'을 정량적으로 계산할 수 있다. 응력성분은 좌표축의 설정에 따라 달라지므로 동일한 점의 응력은 좌표축의 설정에 따라서 무한히 많은 경우의 응력성분 값으로 표현될 수 있다. 결과적으로 동일한 점에서 서로 다른 좌표축에 의한 응력성분 간에는 변환할 수 있는 규칙이 존재하는 것이 자명하다.

2차원(평면) 공간에 대한 응력의 좌표변환을 우선 살펴보자. 그림 3.1에는 두 개의 좌표계가 정의되어 있다. (x, y)좌표계는 (x', y')좌표계와 θ만큼의 위상차를 가지고 있다. (x, y)좌표계에서 독립적인 응력성분은 σ_{xx}, σ_{yy}, σ_{xy} 등 세 개이며, (x', y')좌표계에서도 $\sigma_{x'x'}$, $\sigma_{y'y'}$, $\sigma_{x'y'}$ 등 세 개의 성분이 정의된다. 응력을 계산하려는 질점에 작은 육면체를 (x, y)좌표계의 방향에 맞추어 자유물체도를 그린 후 x'와 y'방향으로 각각 힘의 평형식을 세우면 다음과 같은 식을 세울 수 있다.

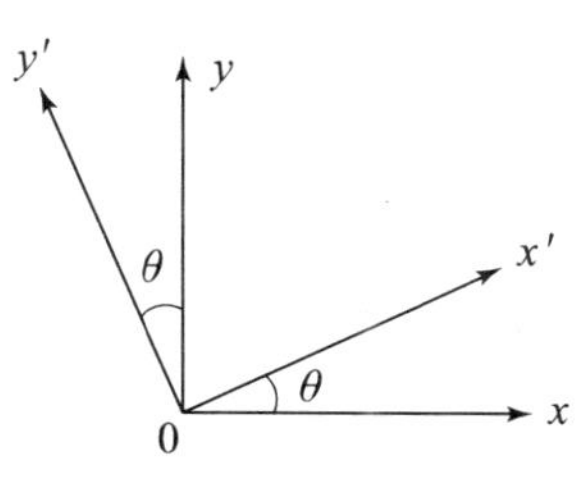

그림 3.1 **평면공간의 좌표축.**

$$\sigma_{x'x'} = \sigma_{xx}\cos^2\theta + \sigma_{yy}\sin^2\theta + 2\sigma_{xy}\sin\theta\cos\theta \tag{3.1a}$$

$$\sigma_{x'y'} = \sigma_{xy}(\cos^2\theta - \sin^2\theta) + (\sigma_{yy} - \sigma_{xx})\sin\theta\cos\theta \tag{3.1b}$$

2배각 공식 $\sin 2\theta = 2\sin\theta\cos\theta$와 $\cos 2\theta = \cos^2\theta - \sin^2\theta$를 위 식에 응용하면

$$\sigma_{x'x'} = \frac{\sigma_{xx} + \sigma_{yy}}{2} + \frac{\sigma_{xx} - \sigma_{yy}}{2}\cos 2\theta + \sigma_{xy}\sin 2\theta \tag{3.2a}$$

$$\sigma_{x'y'} = \sigma_{xy}\cos 2\theta - \frac{\sigma_{xx} - \sigma_{yy}}{2}\sin 2\theta \tag{3.2b}$$

식 (3.2a)에서 우변의 평균수직응력항을 좌변으로 이동하고 양변을 제곱하여 식 (3.2b)의 양변을 제곱한 것과 좌변과 우변을 각각 더하면 다음의 식을 얻는다.

$$\left(\sigma_{x'x'} - \frac{\sigma_{xx} + \sigma_{yy}}{2}\right)^2 + (\sigma_{x'y'})^2 = \left(\sigma_{xx} - \frac{\sigma_{xx} + \sigma_{yy}}{2}\right)^2 + (\sigma_{xy})^2 \tag{3.3}$$

식 (3.3)에는 위상차 θ가 없으므로 좌표축과 관련없이 항상 일정한 값을 갖게 되는 불변량을 말한다. 평균수직응력을 $\sigma_m = (\sigma_{xx} + \sigma_{yy})/2 = (\sigma_{x'x'} + \sigma_{y'y'})/2$로 놓고, 식 (3.3)의 크기를 R^2으로 놓으면 σ_m과 R은 좌표와 관련없이 항상 일정한 불변량(invariant)이다.

$$(\sigma - \sigma_m)^2 + (\tau)^2 = R^2 \tag{3.4}$$

식 (3.4)에서 σ는 수직응력, τ는 전단응력을 의미하는데, 이 식은 (σ, τ)좌표계에서 중심이 (σ_m, 0)에 있고 반지름이 R인 원의 식이다. 이 원을 '모어(Mohr)의 원'이라고 한다.

모어원은 응력의 상태를 의미한다. 원의 중심으로부터 평균수직응력(음의 값인 경우 정수압으로 이해할 수 있음)의 크기로부터 최대전단응력의 크기를 알 수 있다. 모어원의 원주상에 위치한 각 점은 특정한 면의 방향에 작용하는 응력성분에 각각 상응한다. 즉 원주상의 점의 수는 무한개이므로 동일한 응력

상태는 무한히 많은 면의 방향을 기준으로 계산된 응력성분으로 표현할 수 있다는 뜻이 된다. 그림 3.2에서 'x' 예시된 원주상의 점은 좌표축 x방향의 면에 대한 (σ, τ)인데 X점의 수평좌표는 σ_{xx}를 읽고 수직좌표는 σ_{xy}로 읽힐 수 있다. 단 σ_{xy}는 부호의 설정에 주의를 하여야 하는데 모어원에서 양의 값으로 읽히는 전단응력의 의미는 응력이 작용하는 면을 시계방향으로 회전시키려는 센스로 정의되었다. 재료역학에서 오른손에 의한 좌표계를 일반적으로 설정하므로 σ_{xy}는 x방향의 면에 양의 접선분력(y방향)이 작용하는 경우가 양의 전단응력으로 정의되어 이는 면을 반시계방향으로 회전시키는 센스에 해당된다. 따라서 그림 3.2의 경우 X점에 의한 전단응력이 음의 수이므로 반시계방향 전단력이고 이는 응력성분의 음양 정의에 따라서 양의 전단응력에 해당되므로 $\sigma_{xy} = \tau$로 적어야 한다.

식 (3.2)를 살펴보면 모든 삼각함수는 2θ 각에 대한 값이다. 실 평면공간에서 (x, y)좌표계는 (x', y')좌표계와 θ만큼의 위상차가 있으므로 좌표계의 위상각의 두 배 위상각이 모어원에서는 상응하게 된다. x좌표축으로부터 y좌표축은 반시계방향으로 90° 회전하면 일치하므로 동일 좌표계에서 x방향의 면은 y방향의 면으로 변환되려면 2×90° = 180°만큼 반시계방향으로 회전된 위치가 된다. 따라서 그림 3.2에서 Y점은 X점과 지름의 대각 위치에 있다. 모어원 원주상의 Y점에서 다시 (σ, τ)를 읽으면 (σ_{yy}, σ_{yx})을 구할 수 있다. 전단응력의 경우 Y점의 τ가 양의 값으로 읽히므로 시계방향으로 회전되는 센스이고 y방향의 면에서 양의 x방향 전단력이 양의 전단응력으로 정의되므로 다시 $\sigma_{yx} = \tau$로 된다. 이는 X점에서 읽은 전단응력 $\sigma_{xy} = \tau$과 비교하여 $\sigma_{xy} = \sigma_{yx}$ 임을 확인할 수 있다.

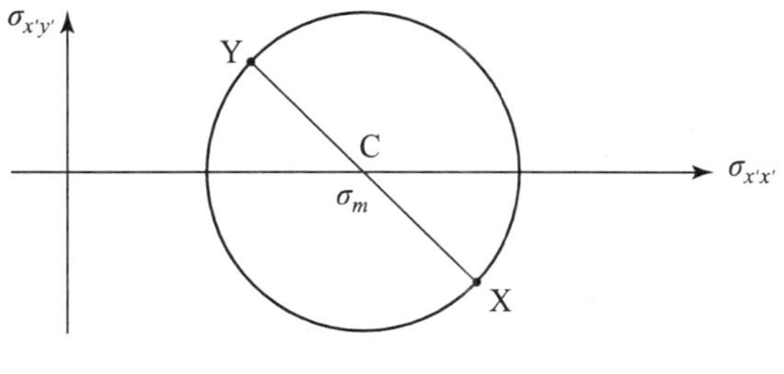

그림 3.2 모어원(Mohr's Circle).

그림 3.2의 모어원은 σ-축에 항상 대칭이다. 모어원은 σ-축과 최소 2점에서 만나는데($R=0$인 경우 모어원은 점이 되므로 σ-축과 무한개 점이 만남) 우측에서 만나는 점을 '1', 왼편에서 만나는 점을 '2'로 표기하면 '1'과 '2'에서는 수직응력의 크기가 항상 영이 된다. 즉, '2'의 경우 $(\sigma,\ \tau)=(\sigma_2,\ 0)$인데 이는 앞의 Y점의 $(\sigma_{yy},\ \sigma_{yx})$ 응력성분과 다르게 보이지만 동일 모어원에서 읽었으므로 '동일한 응력상태'이다. 응력 σ_1과 σ_2를 주응력(principal stresses)이라고 한다. '1'과 '2'는 각각 X점이나 Y점으로부터 회전각도를 모어원으로부터 알 수 있으므로 현재 $(x,\ y)$좌표계를 기준으로 주응력이 작용하는 면의 방향을 쉽게 알 수 있다. 주응력의 크기는 $\sigma_1=\sigma_m+R$, $\sigma_2=\sigma_m-R$임을 모어원으로부터 쉽게 읽을 수 있다.

$$\sigma_1,\ \sigma_2=\frac{\sigma_{xx}+\sigma_{yy}}{2}\pm\sqrt{\left(\frac{\sigma_{xx}-\sigma_{yy}}{2}\right)^2+(\sigma_{xy})^2} \tag{3.5}$$

또한 최대전단응력의 경우 모어원의 최상점과 최저점에서 읽히므로 크기가 모어원의 반지름과 같다는 것을 알 수 있다. 즉,

$$\tau_{\max}=R=\sqrt{\left(\frac{\sigma_{xx}-\sigma_{yy}}{2}\right)^2+(\sigma_{xy})^2} \tag{3.6}$$

3차원 공간에서도 주응력의 개념과 정의는 2차원 평면과 동일하다. 3차원 공간의 경우 수식연산으로 다음과 같이 결정할 수 있다.

그림 3.3 프리즘의 빗면 △ABC의 면적은 1이며 면의 단위 방향벡터는 $\vec{p}=(\ell,\ m,\ n)$이다. x, y, z 축방향의 단위벡터를 각각 $\vec{i}$, $\vec{j}$, $\vec{k}$라고 하면 $\ell=\vec{p}\cdot\vec{i}$, $m=\vec{p}\cdot\vec{j}$, $n=\vec{p}\cdot\vec{k}$이다. 단위벡터의 조건으로부터 $\ell^2+m^2+n^2=1$. 프리즘으로부터 x, y, z 축방향에 대하여 각각 힘의 평형조건을 적용하면 다음의 식을 얻는다.

$$\ell\sigma=\ell\sigma_{xx}+m\sigma_{yx}+n\sigma_{zx} \tag{3.7a}$$

$$m\sigma=\ell\sigma_{xy}+m\sigma_{yy}+n\sigma_{zy} \tag{3.7b}$$

$$n\sigma=\ell\sigma_{xz}+m\sigma_{yz}+n\sigma_{zz} \tag{3.7c}$$

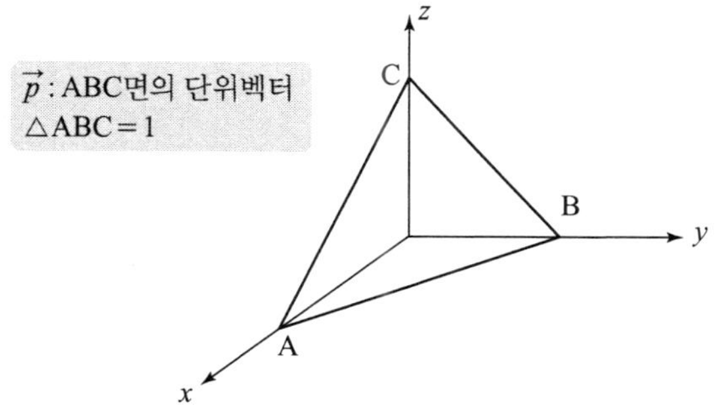

그림 3.3 **삼차원 프리즘 요소.**

여기서 σ는 빗면 △ABC에 작용하는 응력벡터의 크기이다. 즉, 빗면에 작용하는 힘의 벡터는 $\sigma\vec{p}\triangle ABC = \sigma\vec{p}$이다. 식 (3.7)이 해를 가지려면 다음의 행렬식이 '0'이 되어야 한다.

$$\begin{vmatrix} (\sigma_{xx}-\sigma) & \sigma_{yx} & \sigma_{zx} \\ \sigma_{xy} & (\sigma_{yy}-\sigma) & \sigma_{zy} \\ \sigma_{xz} & \sigma_{yz} & (\sigma_{zz}-\sigma) \end{vmatrix} = 0 \tag{3.8}$$

식 (3.8)을 전개하면 특성방정식(characteristic equation)은

$$\sigma^3 - I_1\sigma^2 + I_2\sigma - I_3 = 0 \tag{3.9}$$

여기서 응력 불변량(stress invariants) I_1, I_2, I_3는 다음과 같이 정의되었다.

$$I_1 = \sigma_{xx} + \sigma_{yy} + \sigma_{zz} \tag{3.10a}$$

$$I_2 = \sigma_{xx}\sigma_{yy} + \sigma_{yy}\sigma_{zz} + \sigma_{zz}\sigma_{xx} - \sigma_{xy}^2 - \sigma_{yz}^2 - \sigma_{zx}^2 \tag{3.10b}$$

$$I_3 = \sigma_{xx}\sigma_{yy}\sigma_{zz} - \sigma_{xx}\sigma_{yz}^2 - \sigma_{yy}\sigma_{zx}^2 - \sigma_{zz}\sigma_{xy}^2 + 2\sigma_{xy}\sigma_{yz}\sigma_{zx} \tag{3.10c}$$

특별히, x, y, z 축방향이 주응력(σ_1, σ_2, σ_3)의 축방향과 일치한다면

$$I_1 = \sigma_1 + \sigma_2 + \sigma_3 \tag{3.11a}$$

$$I_2 = \sigma_1\sigma_2 + \sigma_2\sigma_3 + \sigma_3\sigma_1 \tag{3.11b}$$

$$I_3 = \sigma_1\sigma_2\sigma_3 \tag{3.11c}$$

이 경우 특성방정식은

$$(\sigma - \sigma_1)(\sigma - \sigma_2)(\sigma - \sigma_3) = 0 \tag{3.12}$$

2차원 평면의 모어원 개념을 확장하면 주응력으로부터 3차원 공간의 모어원을 그릴 수 있다. 최대수직응력과 최대전단응력은

$$\sigma_{\max} = \max(\sigma_1,\ \sigma_2,\ \sigma_3) \tag{3.13a}$$

$$\tau_{\max} = \max\left(\frac{|\sigma_1 - \sigma_2|}{2},\ \frac{|\sigma_2 - \sigma_3|}{2},\ \frac{|\sigma_3 - \sigma_1|}{2}\right) \tag{3.13b}$$

주응력이 $\sigma_1 < \sigma_2 < \sigma_3$라고 놓으면 모어원은 그림 3.4와 같다. 그림 3.4의 예는 $\sigma_1 < 0$, $\sigma_3 > \sigma_2 > 0$인 경우이다.

삼차원 모어원에서 경계선을 포함한 회색 부분에 속하는 임의의 점이 삼차원 공간상 특정 면의 방향을 의미한다.

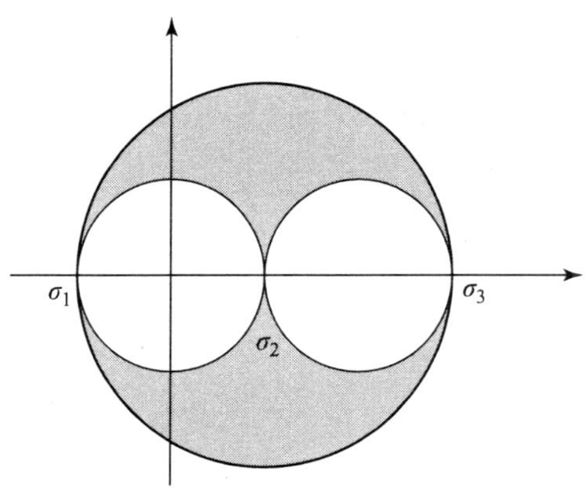

그림 3.4 삼차원 모어원($\sigma_1 < \sigma_2 < \sigma_3$의 경우).

예제 3.1

임의의 점에서 응력성분이 다음과 같이 주어진다.

$$\begin{pmatrix} \sigma_{xx} & \sigma_{xy} & \sigma_{xz} \\ \sigma_{yx} & \sigma_{yy} & \sigma_{yz} \\ \sigma_{zx} & \sigma_{zy} & \sigma_{zz} \end{pmatrix} = \begin{pmatrix} 2 & 7 & -3 \\ 7 & 10 & 5 \\ -3 & 5 & -5 \end{pmatrix} \text{ksi}.$$

세 개의 주응력을 구하시오. 또한 최대 인장응력이 작용하는 면의 방향여현(direc-tion cosines)을 구하시오.

해설

$$\begin{vmatrix} \sigma_{xx}-\sigma & \sigma_{xy} & \sigma_{xz} \\ \sigma_{yx} & \sigma_{yy}-\sigma & \sigma_{yz} \\ \sigma_{zx} & \sigma_{zy} & \sigma_{zz}-\sigma \end{vmatrix} = \begin{vmatrix} 2-\sigma & 7 & -3 \\ 7 & 10-\sigma & 5 \\ -3 & 5 & -5-\sigma \end{vmatrix} = 0$$

주어진 응력행렬에서 불변량 I_1, I_2, I_3를 식 (3.10)으로부터 다음과 같이 계산한다.

$$I_1 = 7, \qquad I_2 = -123, \qquad I_3 = -205$$

따라서 위 행렬식의 특성방정식은 식 (3.9)로부터

$$\sigma^3 - I_1\sigma^2 + I_2\sigma - I_3 = \sigma^3 - 7\sigma^2 - 123\sigma + 205 = 0$$

이 식의 일반근(σ_1, σ_2, σ_3)의 공식은 다음과 같으므로 해(즉, 주응력)를 구하는데 활용하면 편리하다.

$$\sigma_1 = \frac{I_1}{3} + \frac{2}{3}\sqrt{I_1^{\,2} - 3I_2}\,\cos\phi$$

$$\sigma_2 = \frac{I_1}{3} + \frac{2}{3}\sqrt{I_1^{\,2} - 3I_2}\,\cos\left(\phi - \frac{2\pi}{3}\right)$$

$$\sigma_3 = \frac{I_1}{3} + \frac{2}{3}\sqrt{I_1^{\,2} - 3I_2}\,\cos\left(\phi - \frac{4\pi}{3}\right)$$

여기서

$$\phi = \frac{1}{3}\cos^{-1}\left[\frac{2I_1^{\,3} - 9I_1I_2 + 27I_3}{2(I_1^{\,2} - 3I_2)^{3/2}}\right]$$

앞에서 구한 $I_1 = 7$, $I_2 = -123$, $I_3 = -205$을 위의 식에 대입하면 $\phi = 26.7°$를 얻는다.

그리고 $I_1^{\,2} - 3I_2 = (7)^2 - (3)(-123) = 418$이므로 근의 공식에 대입하여 다

음과 같이 주응력을 얻는다.

$$\sigma_1 = 14.51\ \text{ksi}, \qquad \sigma_2 = 1.55\ \text{ksi}, \qquad \sigma_3 = -9.06\ \text{ksi}$$

최대인장응력이 작용하는 방향은 주응력 $\sigma_1 = 14.51\ \text{ksi}$의 방향이므로 다음으로부터 방향을 결정할 수 있다.

$$\begin{bmatrix} \sigma_{xx}-\sigma_1 & \sigma_{xy} & \sigma_{xz} \\ \sigma_{yx} & \sigma_{yy}-\sigma_1 & \sigma_{yz} \\ \sigma_{zx} & \sigma_{zy} & \sigma_{zz}-\sigma_1 \end{bmatrix} \begin{bmatrix} \ell_1 \\ m_1 \\ n_1 \end{bmatrix} = \begin{bmatrix} -12.51 & 7 & -3 \\ 7 & -4.51 & 5 \\ -3 & 5 & -19.51 \end{bmatrix} \begin{bmatrix} \ell_1 \\ m_1 \\ n_1 \end{bmatrix} = 0$$

이는 다음의 식으로 다시 쓸 수 있다.

$$12.51\ell_1 - 7m_1 + 3n_1 = 0$$

$$7\ell_1 - 4.51m_1 + 5n_1 = 0$$

$$-3\ell_1 + 5m_1 - 19.51n_1 = 0$$

위의 식을 연립하여 풀면 $\ell_1 = 2.92n_1$와 $m_1 = 5.64n_1$이므로 면의 방향은 $[2.92n_1,\ 5.64n_1,\ n_1]$이며 이 방향벡터의 크기를 1로 만들려면 $n_1 = 1/6.43$일 때이므로 대입하면 [0.454, 0.877, 0.156].

답을 정리하면 주응력은 $\sigma_1 = 14.51\ \text{ksi}$, $\sigma_2 = 1.55\ \text{ksi}$, $\sigma_3 = -9.06\ \text{ksi}$이며 최대인장응력이 작용하는 면의 방향은 [0.454, 0.877, 0.156]. ■

3.2 등방성 재료의 파손이론

그림 3.5에는 2차원 평면응력에서 가능한 응력공간을 보여준다. 직교좌표계는 각각 σ_1축과 σ_2축이다. 그림에서 예시한 타원은 파손경계(failure surface)를 예시한 것으로써 응력상태가 파손경계의 내부에 있는 임의의 점인 경우엔 파손이 일어나지 않는다고 판정하는 판정기준이 파손경계이다. 그림에서 1, 2, 3의 경로로 가해진 하중은 파손에 이르게 되며 4의 경우는 파손이 발생하지 않은 상태이다. 평면응력의 파손경계로 많이 사용되는 이론을 살펴보자.

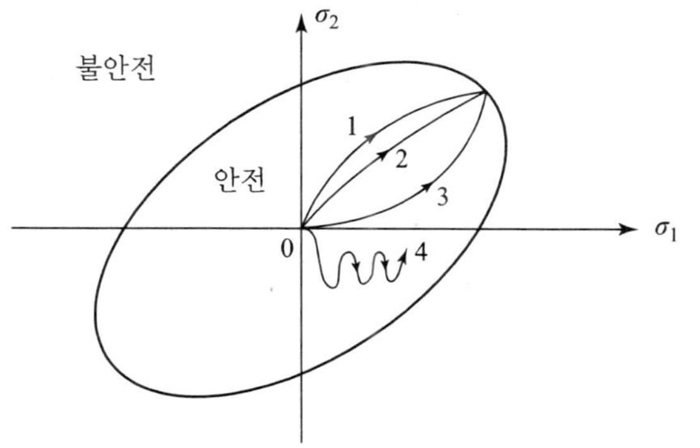

그림 3.5 평면응력의 파손경계.

3.2.1 연성파손(소성)

이 경우의 파손경계는 '소성경계(yielding surface)'라고 한다. 금속소재에 대하여 소성변형이 진행되는 경우 소재의 체적변화가 일어나지 않는다. 이것은 실험적으로 확인되었다. 즉, 정수압과 같이 모양을 변화시키지 않는 하중으로는 하중의 크기에 상관없이 소성변형이 발생하지 않는다는 것이다. 양의 평균응력을 지속적으로 가하면 결국 소재의 파손이 발생하게 되지만 이는 소성에 의한 파손이 아니라 미소균열이 확장되어 깨져서 취성파괴에 의한 파손이 일어나게 된다. 삼차원 공간에서 세 주응력이 모두 동일한 크기인 경우 어떤 방향으로도 전단응력이 발생할 수 없으며 이런 상태를 '정수압응력상태'라고 한다.

(1) 최대전단응력이론

금속재료에 소성이 일어나려면 최대응력(τ_{max})의 크기가 특정값 τ_c에 도달해야 한다는 이론이다. 소성의 판단을 위하여 흔히 사용하는 이론으로 Tresca에 의하여 처음 소개되었기 때문에 'Tresca 소성판정법'으로 흔히 불리운다. 식으로 다시 표현하면 다음 식 (3.14)의 경우에 해당하는 응력상태에서는 소재는 탄성영역에 있고 소성변형이 일어나지 않는다.

$$\tau_{max} = \max\left(\frac{|\sigma_1 - \sigma_2|}{2}, \frac{|\sigma_2 - \sigma_3|}{2}, \frac{|\sigma_3 - \sigma_1|}{2}\right) < \tau_c \tag{3.14}$$

(2) 편차탄성에너지이론

금속재료에 소성이 일어나는 것은 편차응력(deviatoric stress)에 의한 탄성에너지가 특정값이 된다는 이론이다. von Mises에 의하여 제안되었으므로 주로 'von Mises 소성판정법'이라고 한다.

소재의 미소체적 $\delta V = \delta x\, \delta y\, \delta z$에 응력성분 ($\sigma_{xx}$, σ_{yy}, σ_{zz}, σ_{xy}, σ_{yz}, σ_{zx})가 작용하고 있을 때 이 체적 내의 변형에너지는

$$\delta U = \frac{\delta V}{2}(\sigma_{xx}\epsilon_{xx} + \sigma_{yy}\epsilon_{yy} + \sigma_{zz}\epsilon_{zz} + 2\sigma_{xy}\epsilon_{xy} + 2\sigma_{yz}\epsilon_{yz} + 2\sigma_{zx}\epsilon_{zx}) \tag{3.15}$$

변형에너지밀도 $U_0 = \delta U / \delta V$는 후크의 법칙을 식 (3.15)에 대입하면 다음과 같이 얻을 수 있다.

$$U_0 = \frac{1}{2E}\left[\sigma_{xx}^2 + \sigma_{yy}^2 + \sigma_{zz}^2 - 2\nu(\sigma_{xx}\sigma_{yy} + \sigma_{yy}\sigma_{zz} + \sigma_{zz}\sigma_{xx}) + 2(1+\nu)(\sigma_{xy}^2 + \sigma_{yz}^2 + \sigma_{zx}^2)\right] \tag{3.16}$$

만일 좌표축이 주축방향인 경우 식 (3.16)은 다음의 식으로 간략화된다.

$$U_0 = \frac{1}{2E}\left[(\sigma_1^2 + \sigma_2^2 + \sigma_3^2) - 2\nu(\sigma_1\sigma_2 + \sigma_2\sigma_3 + \sigma_3\sigma_1)\right] \tag{3.17}$$

평균수직응력을 σ_m 그리고 편차응력을 $\hat{\sigma}$이라고 하면,

$$\sigma = \sigma_m + \hat{\sigma} \tag{3.18}$$

여기서

$$\widehat{\sigma_1} = \sigma_1 - \sigma_m = \frac{2\sigma_1 - \sigma_2 - \sigma_3}{3} \tag{3.19a}$$

$$\widehat{\sigma_2} = \sigma_2 - \sigma_m = \frac{2\sigma_2 - \sigma_3 - \sigma_1}{3} \tag{3.19b}$$

$$\widehat{\sigma_3} = \sigma_3 - \sigma_m = \frac{2\sigma_3 - \sigma_1 - \sigma_2}{3} \tag{3.19c}$$

변형에너지밀도 U_0를 위와 같은 형식으로 쓰면,

$$U_0 = U_{0m} + \widehat{U}_0 \tag{3.20}$$

여기서

$$\begin{aligned} U_{0m} &= \frac{3\sigma_m^2(1-2\nu)}{2E} = \frac{(\sigma_1+\sigma_2+\sigma_3)^2(1-2\nu)}{6E} \\ &= \frac{{I_1}^2(1-2\nu)}{6E} \end{aligned} \tag{3.21}$$

U_{0m}은 체적변화율과 관련이 있는데 '팽창변형에너지밀도(dilatational strain energy density)'라고 불리운다. 또한, 또 다른 쌍 $\widehat{U}_0$은 '편차변형에너지밀도(deviatoric strain energy density)'인데 다음과 같다.

$$\begin{aligned} \widehat{U}_0 &= \frac{\left[(\hat{\sigma}_1-\hat{\sigma}_2)^2+(\hat{\sigma}_2-\hat{\sigma}_3)^2+(\hat{\sigma}_3-\hat{\sigma}_1)^2\right](1+\nu)}{6E} \\ &= \frac{\left[(\sigma_1-\sigma_2)^2+(\sigma_2-\sigma_3)^2+(\sigma_3-\sigma_1)^2\right](1+\nu)}{6E} \\ &= \frac{({I_1}^2-3I_2)(1+\nu)}{3E} \end{aligned} \tag{3.22}$$

von Mises의 소성판정이론은 편차변형에너지밀도가 특정값에 도달할 때 소성이 일어난다는 것으로 식으로는,

$$\widehat{U}_0 = U_c \tag{3.23}$$

따라서 이론에 따르면 한 질점(material point) 주위의 미소부피에서 편차변형에너지밀도가 $\widehat{U}_0 < U_c$인 경우엔 '탄성상태(elastic state)'라고 판단한다. U_c는 소재에 따라서 다르며 실험으로 결정된다.

(3) 팔면체 전단응력 소성판정이론

팔면체(octahedral) 전단응력은 그림 3.6과 같이 주방향을 기준으로 도식된 팔면체의 한 면에 작용하는 전단응력을 말한다. 그림 3.6의 팔면체는 주방향 (1, 2, 3)기준으로 여덟 개의 면에 대한 방향여현은 다음과 같다.

$$(\ell,\ m,\ n) = (\pm 1/\sqrt{3},\ \pm 1/\sqrt{3},\ \pm 1/\sqrt{3}) \tag{3.24}$$

각 팔면에 작용하는 수직응력과 전단응력은,

$$\sigma_{oct} = \sigma_m = \frac{I_1}{3} \tag{3.25a}$$

$$\begin{aligned}\tau_{oct} &= \frac{1}{3}\sqrt{(\sigma_1-\sigma_2)^2+(\sigma_2-\sigma_3)^2+(\sigma_3-\sigma_1)^2} \\ &= \frac{1}{3}\sqrt{2(I_1{}^2-3I_2)}\end{aligned} \tag{3.25b}$$

식 (3.25)의 응력들은 각각 '팔면체 수직응력'과 '팔면체 전단응력'의 용어로 통칭된다.

한편, von Mises 이론은 수학적으로 "소성은 팔면체 전단응력이 주어진 소재의 임계값에 도달할 때 발생한다."라고 하는 설명과 동등하다. 그러므로 von Mises 이론은 때론 '팔면체 전단응력 소성판정이론'으로 혼용되기도 한다.

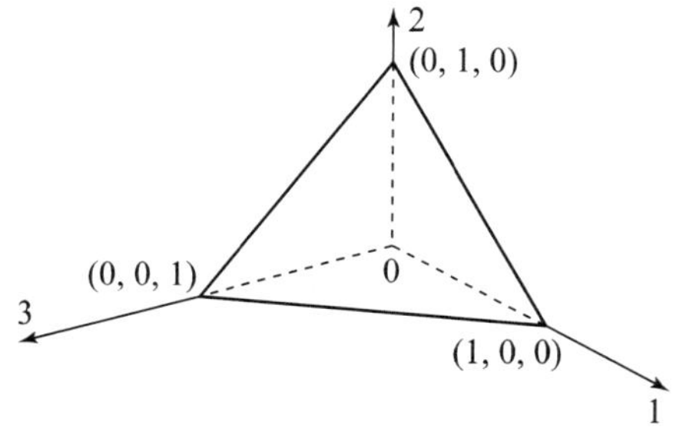

그림 3.6 주방향 기준 팔면체의 한 면.

(4) 등가 인장응력

단축 인장시험을 수행한다고 가정하고 시험의 결과 소성이 '소성응력' S_Y에서 발생한 것으로 측정되었다면, 시험된 소재의 소성응력은 S_Y이므로 단축응력의 경우 이 소재는 1차원 응력상태의 경우 하중 상태에 따라 탄성 혹은 소성의 판정은 매우 간단하다. 앞의 소성판정이론들의 경우는 모두 일반적인 3차원 응력상태에 적용되는 일반 소성이론이다. 따라서 1차원 응력상태는 일반 응력상태의 특수한 경우이므로 $(S_Y, 0, 0)$는 일반 소성판정 경계에 속해야 하고 이는 소성이 일어나는 최대전단응력의 임계값을 결정할 수 있는 다음 판단의 충분조건이다.

$$\tau_c = \tau_Y = \frac{S_Y}{2} \tag{3.26a}$$

편차변형에너지밀도에 의한 동등한 임계값의 표현으로는

$$U_c = \frac{S_Y{}^2(1+\nu)}{3E} \tag{3.26b}$$

3차원 응력성분의 함수로 '등가 인장응력' σ_E는 식 (3.26b)를 바탕으로 다음과 같이 유도할 수 있다.

$$\begin{aligned}\hat{U}_0 &= \frac{\left[(\sigma_1-\sigma_2)^2+(\sigma_2-\sigma_3)^2+(\sigma_3-\sigma_1)^2\right](1+\nu)}{6E} \\ &= \frac{(I_1{}^2-3I_2)(1+\nu)}{3E} = \frac{S_Y{}^2(1+\nu)}{3E}\end{aligned}$$

이를 S_Y에 대해서 정리하면

$$S_Y = \sqrt{\frac{(\sigma_1-\sigma_2)^2+(\sigma_2-\sigma_3)^2+(\sigma_3-\sigma_1)^2}{2}} = \sqrt{I_1{}^2-3I_2}$$

따라서 3차원 응력성분의 '등가 인장응력 σ_E가 S_Y에 도달하면 소성이 일어난다'고 1차원의 개념으로 3차원의 일반하중에 있는 소재의 소성여부를 판정할 수 있게 된다. 이를 식으로 표현하면,

$$\sigma_E = \sqrt{\frac{(\sigma_1 - \sigma_2)^2 + (\sigma_2 - \sigma_3)^2 + (\sigma_3 - \sigma_1)^2}{2}} \tag{3.27}$$
$$= \sqrt{I_1^{\,2} - 3I_2} = S_Y$$

식 (3.27)은 von Mises 이론의 1차원 등가판정식이며, 이런 이유로 식 (3.27)의 등가응력 σ_E를 'von Mises 응력'이라고도 종종 말한다.

유사한 방법으로 최대전단응력이론 즉 Tresca 소성판정이론을 다음과 같이 또 다른 등가응력개념으로 표현할 수 있다.

$$\sigma_E = \max(|\sigma_1 - \sigma_2|, |\sigma_2 - \sigma_3|, |\sigma_3 - \sigma_1|) = S_Y \tag{3.28}$$

소성판정이론으로 가장 많이 사용하는 von Mises 이론과 Tresca 이론은 2차원 평면응력의 경우 두 주응력축에 대해서 겹쳐서 소성경계를 그리면 다음의 그림 3.7과 같다. 그림 3.7에서 보면 Tresca의 경우가 von Mises의 영역보다 좁으므로 동일 소재의 경우만으로 적용하면 소성판정의 경우 보수적이라고 말할 수 있다. 그러나 이론이 제시된 이후 많은 실험적 결과를 보면 다수의 소재는 von Mises 소성이론의 타당성을 입증하는 반면 일부는 Tresca 소성이론을 잘 따르기 때문에 두 이론의 우열을 일반적으로 얘기하는 것은 무의미하다. 그림 3.7의 중첩된 그림에서 두 이론은 6개의 응력상태에서 동일한 판정기준을 보여준다.

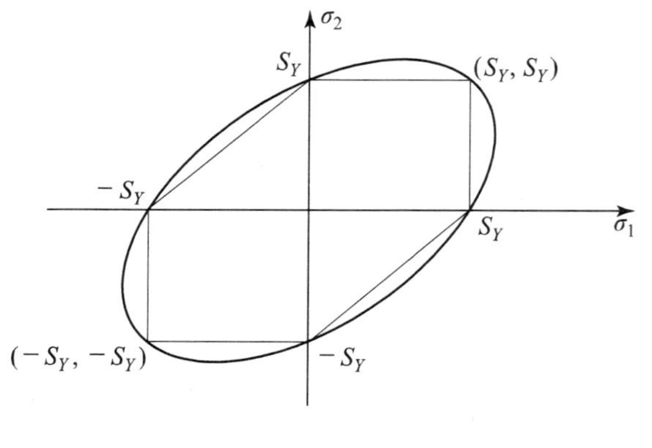

그림 3.7 평면응력에서 von Mises 소성경계와 Tresca 소성경계의 비교.

3.2.2 취성파손

소재의 취성파손(brittle failure)은 보통 균열(crack)의 성장에 의하여 발생하는 현상이다. 구조요소는 소재공정을 통하여 생산직후의 상태에서도 균열, 기포, 불순물의 용입, 결정립계 등과 같은 미소한 결함이 다수 포함된다. 설계에서 의도된 하중을 받을 때 이러한 결함은 결함 주위에 응력을 집중 혹은 크기를 확대시키는 역할을 하므로 결함에서 충분한 거리에 있는 소재에 비하여 과도한 하중에 놓이게 되므로 역학적으로 취약하다.

(1) 취성재료의 파손기준

취성재료는 연성이 적기 때문에 소성은 거의 일어나지 않고 파괴에 의하여 최종적으로 파손된다. 인장을 받는 취성재료의 파괴는 주로 수직인장응력으로 인하여 발생하는 것으로 관찰되므로 '최대수직응력이론'으로 잘 예측될 수 있다. 이 '최대수직응력이론'은 W.J.M. Rankine (1820～1872)에 의하여 1850년에 소개된 이론으로 "임의의 하중을 받는 취성재료는 최대 수직응력(즉, 최대 주응력)이 재료의 최대강도($S_U{}^t$ 혹은 $S_U{}^c$)에 도달할 때 최종 파손상태가 된다."는 주장이다. 취성재료의 단축인장시험과 비틀림 시험을 통하여 최대강도($S_U{}^t$)를 결정할 수 있으며 이 이론을 유효성을 비교적 잘 보여준다. 그러나 압축응력을 받는 취성재료의 경우 수직압축응력과 함께 전단응력이 파괴에 영향을 미치기 때문에 '최대수직응력이론'만으로는 미흡한 것으로 알려져 있다.

공구강과 같은 단조강은 취성의 특성을 보이는데 인장강도($S_U{}^t$)와 압축강도($S_U{}^c$)의 크기는 거의 비슷하다. 인장강도와 압축강도의 크기가 균등한 경우 '균등소재(even material)'로 부른다. 반면에 회주철을 비롯한 주강계열의 소재는 취성이지만 압축강도가 인장강도에 비하여 일반적으로 매우 크다. 인장강도와 압축강도의 크기에 뚜렷한 차이가 있을 때 '불균등소재(uneven material)'라고 한다. 같은 소재의 인장강도가 압축강도에 비하여 매우 작은 이유는 주조과정에서 생긴 작은 결함들이 주원인으로 인장하중을 받으면 이 결함이 균열(crack)로 성장하기 때문이다. 한편 압축하중을 받을 때는 이 결함들이 열리지 않고 닫힌 모양으로 되어 균열로 성장하기 어렵기 때문이다. 회주철의 압축강도는 인장강도에 비하여 3~4배 정도 크며 세라믹의 경우엔 이보다 훨씬 더 큰 것으로 알려져 있다.

(2) 응력확대계수

변형체에 존재하는 결함은 경계에서 외부하중이 작용할 때 하중이 전달되는 경로를 어렵게 하거나 차단하게 된다. 균열은 변형체가 부분적으로 소재가 단절되어 단절면이 생성된 특이 결함을 말한다. 인장하중의 경우 단절면의 수직방향으로는 전달될 수 없으므로 과도한 하중이 단절면의 경계(균열선단)와 이웃한 (균열되지 않은) 변형체 영역으로 전달된다. 이 결과 균열선단에 이웃한 좁은 영역에는 그림 3.8과 같이 과도하게 하중이 증가하여 응력집중이 발생한다.

균열이 확장되는 현상을 '응력확대계수(stress intensity factor)'라는 정량적인 물리량을 기준으로 판단할 수 있다. 주어진 응력상태에서 균열선단의 응력확대계수 K가 파괴인성값(fracture toughness)으로 알려진 재료상수를 초과하면 균열은 확장(또는 성장)하게 된다. 이러한 이론적 배경을 '선형탄성파괴역학(LEFM)'이라고 한다.

그림 3.9에서는 이차원 평면에 평면을 관통하는 반무한 균열이 있는 경우를 보여준다. 이 반무한 균열은 $x(x<0)$축을 차지하고 있다. 균열의 선단은 좌표의 원점에 있으며 원점의 좌측은 공간이므로 선단에서 σ_{xx} 응력성분은 없다. 한편, 선단에서 영이 아닌 σ_{yy}와 σ_{yx}는 가능하다.

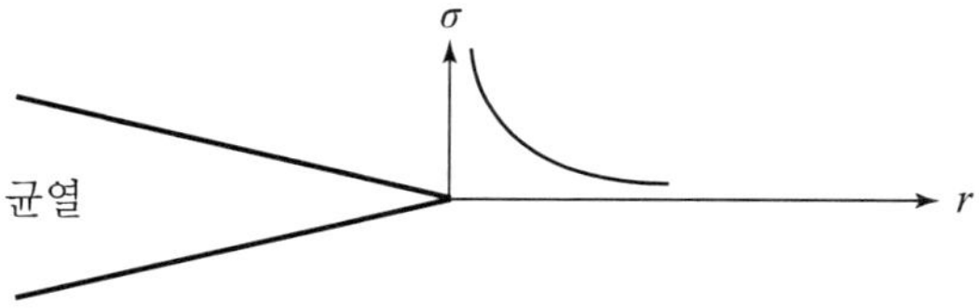

그림 3.8 균열선단 주위의 응력분포 ($\sigma \sim 1/\sqrt{r}$).

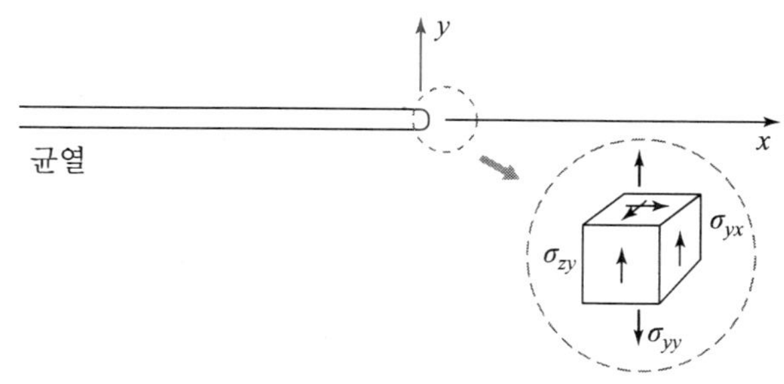

그림 3.9 균열선단 주위의 응력분포.

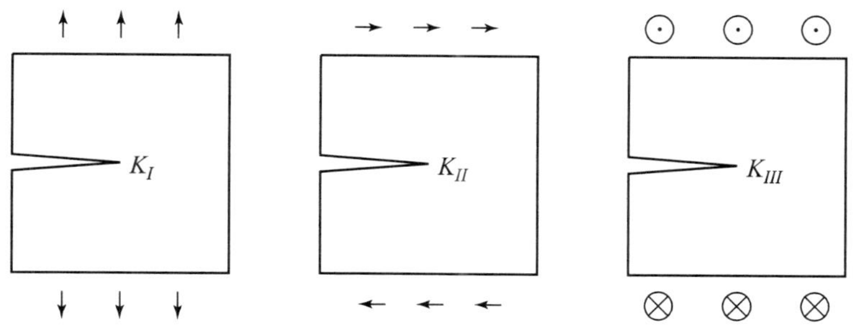

그림 3.10 모드 *I*, 모드 *II*, 모드 *III*의 경계하중.

또한 평면종이를 오려내는 가위질 같은 하중을 가하면 $\sigma_{yz}(=\sigma_{zy})$도 분포할 수 있다. 선단에서 가능한 이 세 가지 응력의 성분은 모두 균열이라는 기하학적 특성 때문에 선단주위에서 크기가 (탄성재료에서 이론적으로) 무한대까지 확대되는데 이 크기는 $\sqrt{x}\,(x>0)$에 비례해서 거리의 함수로 확대된다. 즉 선단주위$(x \ll 1)$에서 응력의 지배항은 $K/\sqrt{x}$의 형태이다. 세 가지 응력성분에 따라서 x축 상의 균열$(x<0)$은 σ_{yy}로 인하여 열리는 모양이거나, σ_{yx} 혹은 σ_{yz} 때문에 닫혀 있는 상태로 전단력으로 밀리는 모양이다. 이중 σ_{yx}에 의한 전단은 평면상에서 변형이 생기지만 σ_{yz}의 경우는 평면 외 z방향으로 변형이 생긴다. σ_{yy}, σ_{yx}, σ_{yz} 등에 의한 균열거동의 특성을 고찰할 때 모드(mode)라는 용어를 사용하여 모드 *I*, 모드 *II*, 모드 *III* 등으로 그림 3.10과 같이 명칭한다.

또한 응력 지배항의 비례상수 K을 '응력확대계수'라고 하며, 각 모드를 구분해서 K_I, K_{II}, K_{III}로 분별하는데 다음과 같이 정의된다.

$$K_I = \lim_{x \to 0} \sqrt{2\pi x}\, \sigma_{yy} \tag{3.29a}$$

$$K_{II} = \lim_{x \to 0} \sqrt{2\pi x}\, \sigma_{yx} \tag{3.29b}$$

$$K_{III} = \lim_{x \to 0} \sqrt{2\pi x}\, \sigma_{yz} \tag{3.29c}$$

그림 3.11과 그림 3.12 그리고 그림 3.13에는 각각 무한평판 내 균열이 있는 모드 I의 응력확대계수와 무한히 긴 좁은 띠 모양의 평판에 균열이 있는 경우의 응력확대계수 계산 방법이 예시되어 있다.

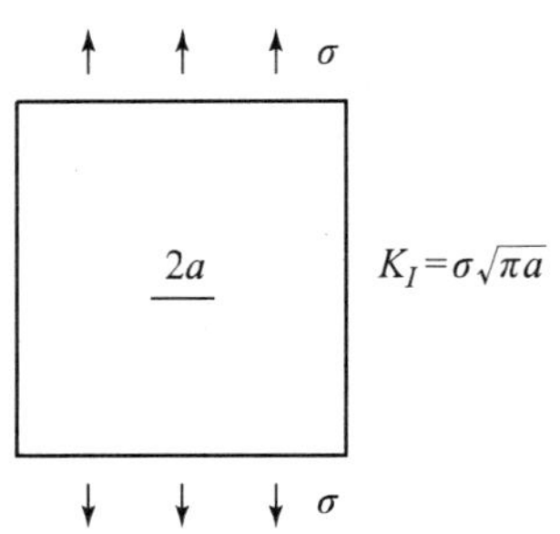

그림 3.11 중앙에 균열을 가진 평판(모드 I)에서 K_I의 계산.

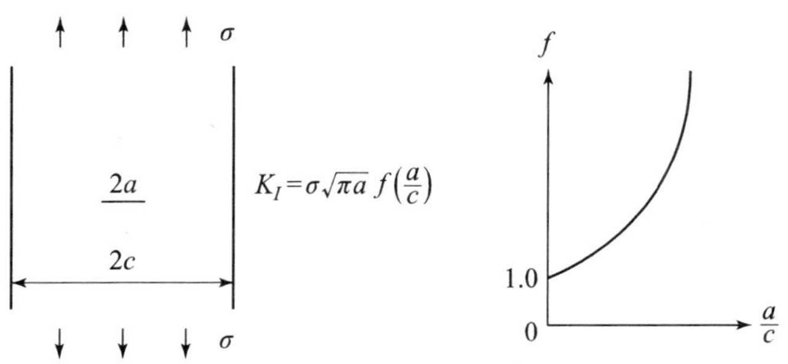

그림 3.12 중앙에 균열을 가진 무한 띠모양 평판(모드 I)에서 K_I의 계산.

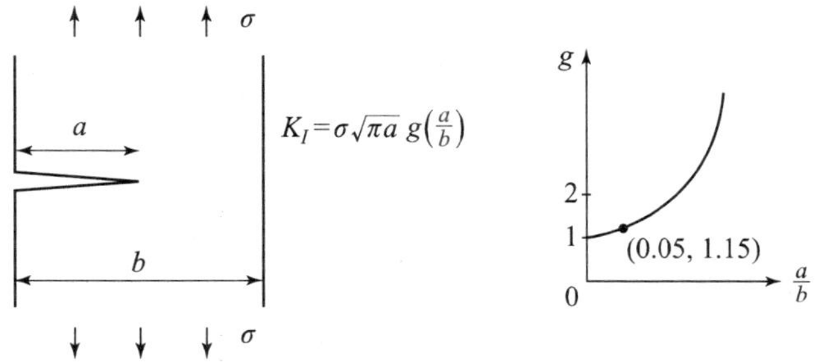

그림 3.13 측면 균열을 가진 무한 띠모양 평판(모드 I)에서 K_I의 계산.

(3) 파괴역학적 설계

세라믹 재료는 물론 대부분의 금속재료는 탄성영역에서 선형탄성재료의 특성을 보인다. 선형거동인 경우 가장 유용한 수학적 특성은 '중첩법(superposition)'을 사용하여 문제를 해결할 수 있다는 점이다.

선형파괴역학에서 각 소재는 파괴인성값의 한계를 실험을 통하여 측정할 수 있다. 균열의 확장여부를 결정하는데 기준으로 사용하는 파괴인성치의 한계값 K_C는 평면응력 상태와 평면변형률 상태에 따라 차이가 있다. 즉 평면 두께의 함수로 생각할 수 있다. 특별히 평면응력 상태에 대한 각 모드의 파괴인성 임계값을 K_{IC}, K_{IIC}, K_{IIIC} 등으로 표기한다.

K_{IC}는 두께 $t \geq 2.5\left(\dfrac{K_{IC}}{S_Y}\right)^2$에 대하여 유효하다. 그러나 이 기준보다 얇은 평판의 경우에도 K_{IC}를 계산에 사용하여 균열의 진전을 보수적으로 판단할 수 있다.

예제 3.2

예제그림 3.2에는 측면 균열을 가진 평판이 모드 I의 하중을 받고 있는 경우이다. 여기에서 $a = 2$ mm와 $b = 40$ mm이다. 이 평판 소재의 파괴인성 임계값이 $K_{IC} = 30$ MPa $\sqrt{\mathrm{m}}$ 이다. 이 평판의 안전계수(SF)를 계산하라.

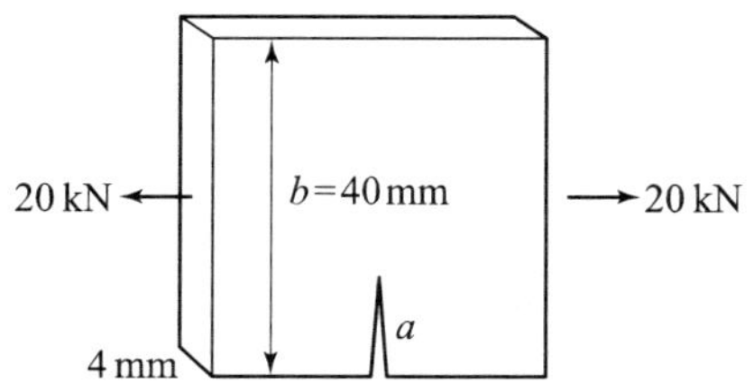

예제그림 3.2 **측면균열 평판.**

해설 $\sigma = \dfrac{20{,}000}{(4)(40)} = 125\ \text{MPa}$

$\dfrac{a}{b} = \dfrac{2}{40} = 0.05$

그림 3.13에서 주어진 함수의 그래프에서 근사적으로 $g\left(\dfrac{a}{b}\right) = 1.15$이므로

$$K_I = \sigma\sqrt{\pi a}\cdot g\left(\frac{a}{b}\right) = 11.39\ \text{MPa}\sqrt{\text{m}}$$

따라서 안전계수는

$$SF = \frac{K_{IC}}{K_I} = \frac{30}{11.39} = 2.63$$

■

예제 3.3

서로 다른 두 금속 A와 B 중 한 개를 선택하여 너비 6 ft, 길이 10 ft의 커다란 평판설계에 사용하려고 한다. 구조물에 선택되면 최대인장하중 4.5 MN을 그림과 같이 6 ft 너비에서 지지해야 한다. 두 금속 모두 그림에 주어진 가상 균열($2a$ = 0.100 in)이 있다고 고려하여 선택을 결정해야 하는데 두 금속의 파괴인성 임계치와 소성응력은 다음과 같다.

[금속 A] $K_{IC} = 115\ \text{MPa}\sqrt{\text{m}}$, $S_Y = 910\ \text{MPa}$

[금속 B] $K_{IC} = 55\ \text{MPa}\sqrt{\text{m}}$, $S_Y = 1035\ \text{MPa}$

두 금속 소재의 밀도는 같다고 가정하자. 최종 설계된 판의 무게가 가능하면 가볍게 한다는 조건이 있다면 어떤 금속 소재의 평판을 선택하겠는가? 두께 t를 계산하여 문제를 해결할 수 있다.

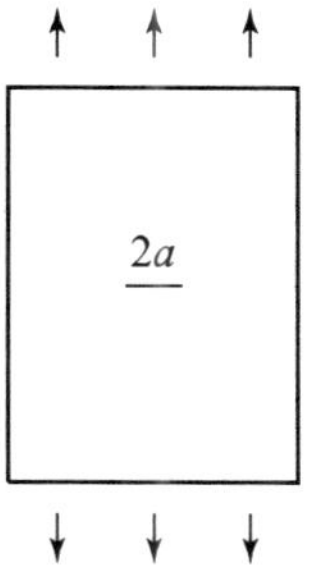

예제그림 3.3 **중앙균열 평판.**

해설 소성 발생의 경우 계산 :

균열의 크기는 계산에서 무시한다.

$$(\text{금속 A})\ S_Y = \frac{\text{하중}}{\text{면적}} = \frac{4.5\ \text{MN}}{t \times 6 \times (3.048 \times 10^{-1})} = \frac{2.46}{t(\text{m})}\ \text{MPa}$$

$$= 910\ \text{MPa. 그러므로 } t = 2.7 \times 10^{-3}\ \text{m} = 2.7\ \text{mm}.$$

$$(\text{금속 B})\ t = (2.7) \times \frac{910}{1035} = 2.38\ \text{mm}.$$

균열진전의 경우 계산 : 그림 3.12를 참조하면 $f\left(\frac{a}{c}\right) \approx 1.0$

$$\frac{2a}{2c} = \frac{0.1}{72} = 0.0014.$$

$$\frac{K_I}{K} = 1.0\ \text{즉, } K_I = \sigma\sqrt{\pi a}\ ;\ a = 0.05 \times 2.54 \times 10^{-2}\ \text{m} = 0.00127\ \text{m}.$$

$$(\text{금속 A})\ \sigma = \frac{K_{IC}}{\sqrt{\pi a}} = \frac{115}{\sqrt{\pi \times 1.27 \times 10^{-3}}}\ \text{MPa} = 1.82\ \text{GPa}.$$

$1.82\ \text{GPa} \gg S_Y = 910\ \text{MPa}$이므로 금속 A의 경우에는 균열의 진전보다 소성이 먼저 일어난다.

$$(\text{금속 B})\ \sigma = 1.82 \times \left(\frac{55}{115}\right) = 870\ \text{MPa}.$$

$870\ \text{MPa} \ll 1035\ \text{MPa}$이므로 금속 B의 경우에는 소성보다 균열의 진전이 먼저 일어난다.

$$\sigma = \frac{2.46}{t} = 870\ \text{으로부터 } t = 2.828 \times 10^{-3}\ \text{m} = 2.828\ \text{mm}.$$

금속 A의 두께가 얇으므로 추천하는 것으로 설계를 결정한다. ■

3.3 피로하중

변형체가 반복적인 하중을 받게 되면 재료 내에 존재하는 크고 작은 결함이 성장하거나 새로운 결함이 생성되어 전체 결함의 밀도가 상승하게 된다. 즉 반복하중으로 변형체에는 결함이 축적되어 최종적인 파손으로 이어진다. 반복하중을 받는 변형체를 재료결함 축적과정을 '피로(fatigue)'라고 한다. 피로는 크게 '저주기 피로(low cycle fatigue)'와 '고주기 피로(high cycle fatigue)'로 분류되는데 저주기 피로의 경우 1천 회 이내의 반복하중에서 최종파손이 일어나는 경우를 말하며 이때 최대 응력의 크기는 일반적으로 항복강도(yield strength)를 초과한다. 반면 고주기 피로는 1천 회 내지 1백만 회의 반복하중을 받으면 파손되는 수준의 피로를 말하며 이 과정에서 변형체에 가해지는 최대 응력의 크기는 피로강도를 넘지 않는 탄성상태이다. 피로하중에서 진행되는 결함의 축적에서 가장 주요한 현상은 '피로균열의 성장(fatigue crack growth)'이다.

3.3.1 응력 - 수명 선도

일정한 진폭의 반복하중을 받을 때 그림 3.14에 보여진 기호를 사용한다. 응력 - 수명 선도(S-N diagram)는 변형체가 일정 진폭의 하중($\Delta\sigma = \sigma_{\max} - \sigma_{\min}$)을 피로하중 하에 있을 때 최종파단이 일어나는 반복하중 횟수(N)의 함수로 진폭 σ_a을 도식화한 그래프이다. 이때 $\sigma_a = \Delta\sigma/2$, $\sigma_m = (\sigma_{\max} + \sigma_{\min})/2 = 0$으로써 $\sigma_{\max} = -\sigma_{\min}$ 또는 하중비 $R = \sigma_{\min}/\sigma_{\max} = -1$의 경우를 그린다.

S-N 선도에서 피로강도(fatigue strength)는 일정한 반복 횟수 N에서 파단되지 않은 응력의 최고 진폭 σ_a을 말한다. 따라서 피로강도는 수명의 함수이며 일정 수명 N을 초과하면 더 이상 피로강도의 크기가 변하지 않을 때 이 피로강도를 특별히 피로한계(fatigue limit)라고 한다. 그림 3.15에서 σ_{fat}는 피로한계 또는 피로한도이다.

응력 - 수명 선도는 다음과 같은 경험식으로 표현할 수 있다.

$$\sigma_a = \sigma_{fat} + \frac{b}{N^C} \tag{3.30}$$

여기서, σ_{fat}는 피로한도; b와 C는 고주기(고사이클) 피로에 대한 재료의 저항을 결정하는 재료의 특성이다.

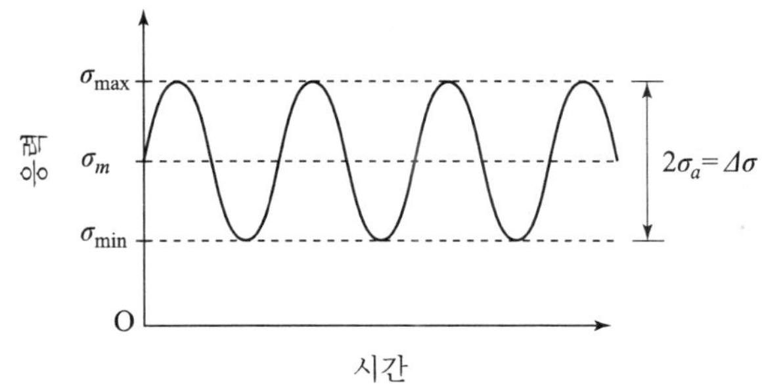

그림 3.14 반복하중과 관련 기호.

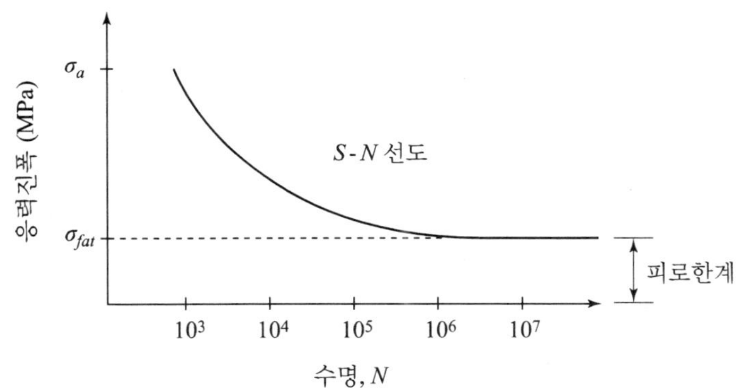

그림 3.15 응력 – 수명 선도(R= –1).

예제 3.4

피로한도 σ_{fat} = 414 MPa, b = 13,790 MPa, C = 0.4인 재료에 대해서 응력 – 수명 경험식을 쓰고 선도를 그리시오.

해설 응력 - 수명 경험식 : $\sigma_a = \sigma_{fat} + \dfrac{b}{N^C} = 414 + \dfrac{13790}{N^{0.4}}$

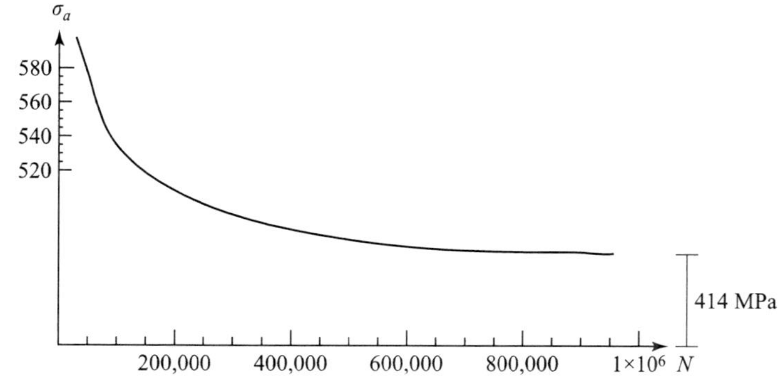

한편, 재료 응력 - 수명 경험식으로부터 우리는 재료의 피로수명을 다음의 식으로 결정할 수 있다.

$$N = \left(\frac{b}{\sigma_a - \sigma_{fat}} \right)^{1/C} \tag{3.31}$$

일반적으로 피로수명은 평균응력 σ_m에 영향을 받을 수밖에 없다. 만일 평균응력이 $\sigma_m < 0$으로 압축응력이라면 피로하중을 받는 균열면은 벌어지기가 어렵고 닫히는 경향을 보일 것이므로 균열선단의 응력확대계수는 평균응력이 인장인 경우에 비하여 작은 값이 될 것이다. 또한 반대의 경우로 $\sigma_m > 0$가 된다면 반복하중의 최대응력은 항복응력에 더욱 가까워지므로 변형체는 손상을 더 쉽게 입게 된다. 일반적인 피로하중의 평균응력은 임의적이고 이 평균응력이 피로수명에 영향을 주는 것이 확실하므로 '0'이 아닌 일반 피로하중을 받는 변형체의 수명을 예측하기 위해서 이 영향을 고려해야 한다.

그러나 피로강도가 평균응력에 의하여 영향을 받는 과정과 결과는 재료의 특성에 따라서 다르기 때문에 이를 고려하는 방법도 차이가 있을 수밖에 없다. 대표적으로 응력 - 수명 경험식을 수정하는 방법으로 다음의 세 가지가 있다.

우선 Goodman에 의한 방법은

$$\sigma_{fat}' = \sigma_{fat} \left(1 - \frac{\sigma_m}{\sigma_u} \right), \tag{3.32}$$

으로 식 (3.32)을 이용하여 식 (3.30)에서 피로한계(σ_{fat})의 값을 평균응력(σ_m)과 재료의 인장강도(σ_u)의 일차항(σ_{fat}')으로 수정하는 것이다. 한편 Goodman

과는 달리 일차항 대신 이차항으로 수정하는 방법은 Gerber에 의하여 제안되었으며 'Gerber의 포물선 식'이라고 흔히 말한다.

$$\sigma_{fat}{}' = \sigma_{fat}\left[1-\left(\frac{\sigma_m}{\sigma_u}\right)^2\right] \tag{3.33}$$

Goodman과 Gerber의 식은 모두 σ_m이 영이 되는 경우 식 (3.30)의 원래 경험식으로 회복되는 것을 쉽게 알 수 있으며 σ_m이 σ_u에 가까워질수록 수정된 피로한계는 작아지고 급기야 피로강도와 같아지면 피로한계도 '0'이 되어 무한수명이 되는 경우가 없게 된다. 이와 같은 현상은 우리의 직관과 일치한다. 한편 Soderberg의 제안은 Goodman의 인장강도(σ_u) 대신 항복강도(σ_Y)로 대치시킨 점이 다른 점이다. 이것은 재료가 탄소성재료의 경우 변형률 경화(strain hardening)가 작은 경우 예를 들어 완전탄소성재료와 같은 경우 잘 맞는다. 이 수정 제안식은 다음과 같다.

$$\sigma_{fat}{}' = \sigma_{fat}\left(1-\frac{\sigma_m}{\sigma_Y}\right) \tag{3.34}$$

3.3.2 피로파괴

일반적인 변형체가 역할을 수행하면서 받게 되는 반복하중은 그림 3.14의 단순한 정현파 형태가 아닌 임의로 진폭과 주파수가 바뀌는 그림 3.16과 같은 불규칙 형상이다.

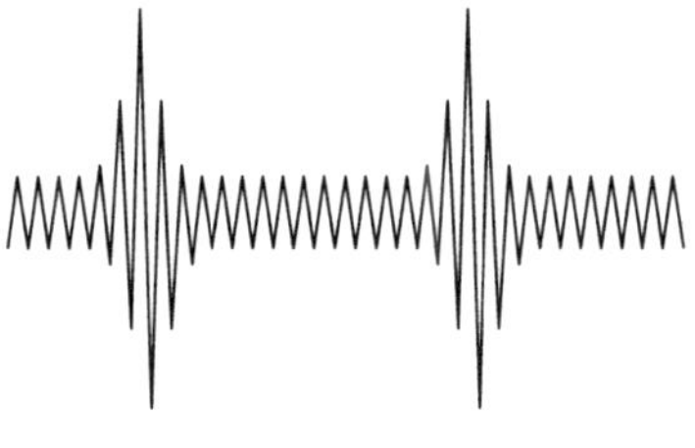

그림 3.16 변동 반복하중의 예.

응력진폭과 평균응력에서 특정한 구조요소가 파손에 이르는 반복하중의 횟수를 N이라고 하고 균열과 같은 결함의 성장이 반복횟수와 선형비례의 관계라고 가정한다면 n번의 반복하중을 받는 경우 손상의 수준은 최종손상의 수준 대비 현재손상의 수준을 손상계수 D라고 하면

$$D = \frac{n}{N} \tag{3.35}$$

와 같이 표현할 수 있다. 다시 말해서 n이 N과 같게 되면 $D=1$이므로 최종 파손 상태에 이르게 된다. 이것을 'Miner 법칙'이라고 하며 실험에 의한 관찰에서 직관으로 결정된 것이다. 이 법칙은 서로 다른, 예를 들어 A와 B로 표현하는 진폭과 평균응력의 하중이력단위로부터 발생하는 누적된 손상의 상태는 작용하는 순서에 상관없이 모든 이력단위의 손상을 더하여 얻을 수 있다. 예를 들어 A-A-B-B-A-A-B-B와 같이 총 8개의 하중이력단위가 변형체에 작용하여 생긴 누적손상은 A-B-B-A-A-A-B-B, B-A-B-A-A-B-A-B 등 순서에 상관없이 총 이력단위의 종류별 개수가 같으면 동일한 누적손상이 예측된다는 설명이다. 그러나 쉽게 예상할 수 있듯이 실제로는 이력단위가 작용하는 순서가 영향을 미칠 수 있다고 예상되며 특별한 재료의 경우에는 매우 다른 결과를 예측할 수도 있다. 그럼에도 불구하고 이 단순한 이론은 결과적으로 대부분 만족할 만한 수준의 예측결과를 주는 것으로 확인되었다. 이 법칙을 다시 정리하면 i하중이력단위가 실제 작용한 횟수를 n_i라고 하고 N_i를 주어진 응력진폭과 평균응력에서 파손에 이르는 반복횟수라고 하면

$$D_i = \frac{n_i}{N_i} \tag{3.36}$$

가 Miner 법칙에 의한 손상계수인데 서로 다른 하중이력단위 전체에 대하여 합산하면

$$D = \sum_{i=1}^{k} D_i = \sum_{i=1}^{k} \frac{n_i}{N_i} \tag{3.37}$$

어떤 조합이던지 손상계수 $D=1$이 되면 Miner 법칙에 의하여 변형체는 수명을 다하고 최종 파손된다.

피로하중을 받는 시편에 결함 중 균열이 존재하는 경우 균열은 초기에 매우 천천히 확장하는데 반복하중의 특성 때문에 하중이 정지된 상태로 이 균열의 선단에 대해서 응력확대계수를 계산할 수 있는데 예를 들어 이때 응력확대계수 K_I가 임계치 K_{IC}에 미달하는 경우에도 반복하중에 의하여 균열의 성장이 진전될 수 있다. 이를 피로균열성장(fatigue crack growth)이라고 한다. 피로균열이 매 반복하중당 얼마만큼씩 성장하는지 계산해 보는 것은 'Paris 법칙'을 이용하여 예측할 수 있다.

$$\frac{da}{dN} = A(\Delta K)^n \tag{3.38}$$

여기에서 da/dN은 균열성장률, A와 n은 재료의 특성값으로 강철의 경우 $n=3$, 폴리머의 경우 $n=6\sim10$ 정도이다. 또한 ΔK는 다음과 같이 정의되는 응력확대계수의 진폭이다.

$$\Delta K = K_{\max} - K_{\min} = (\sigma_{\max} - \sigma_{\min})\sqrt{\pi a} = \Delta\sigma\sqrt{\pi a} \tag{3.39}$$

식 (3.38)로부터 균열성장의 예측은 적분을 통하여 다음과 같이 예측할 수 있다.

$$dN = \frac{da}{A(\Delta K)^n} \tag{3.40a}$$

$$\int_0^N dN = \frac{1}{A}\int_{a_0}^{a} \frac{da}{(\Delta K)^n} \tag{3.40b}$$

여기서 a_0은 초기균열길이를 의미한다. 그림 3.17은 식 (3.38)의 균열성장률에 대한 대표적인 거동을 보여준다.

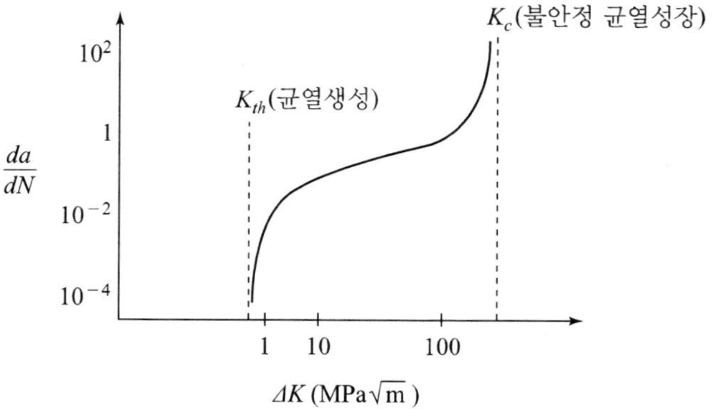

그림 3.17 응력확대계수 진폭에 따른 균열성장률의 예.

Chapter 3 연습문제

01 평균응력을 '0'으로 하여 강합금의 피로시험을 수행한 결과 아래의 표와 같이 S-N 자료를 얻었다. 강합금 재료를 가지고 25 mm의 지름을 가진 속이 꽉 찬 실린더로 가공하여 응력비 $R=-1$의 반복하중을 지지하도록 사용한다. 총 사용기간 중에 500,000회의 반복하중을 받게 될 것으로 예상된다면 이 실린더가 견딜 수 있는 최대하중(P)의 크기를 결정하라.

문제표 3.1

N[cycles]	응력진폭, σ_a[MPa]
1,000	1,315
10,000	932
100,000	690
1,000,000	537

해설

응력 - 수명 선도로부터 주어진 데이터를 활용하면 $N=5\times10^5$에 대해서 $\sigma_a=579$ MPa.

$$2\sigma_a=\sigma_{\max}-\sigma_{\min}$$

$$\sigma_a=\frac{\sigma_{\max}-\sigma_{\min}}{2}=\sigma_{\max}=\frac{P_{\max}}{A}$$

$$P_{\max}=\sigma_a\cdot A=\sigma_a\cdot\pi R^2=(579\text{ MPa})\cdot\pi\cdot(0.0125)^2=284\text{ kN}$$

02 변동하는 응력진폭으로 구조요소가 현재까지 받은 반복횟수는 아래의 표와 같다. 모든 하중이력단위는 평균응력이 '0'인 경우의 반복하중으로 구성되어 있다. 재료의 S-N 곡선이 식 (3.31)에 주어진 경험식으로 잘 표현된다. 이때 $\sigma_{fat}=413.7$ MPa, $b=8{,}274$ MPa, $C=0.4$였다. 이 변형체가 앞으로 586.1 MPa의 응력진폭(σ_a)을 받는다면 파단이 일어날 때까지 얼마나 많은 반복횟수를 더 견딜 수 있을까?

문제표 3.2

하중이력단위, i	1	2	3	4
σ_a[MPa]	551.6	517.1	482.6	448.2
n_i(1,000회)	2.79	12.59	58.37	124.93

해설

$$N=\left(\frac{b}{\sigma_a-\sigma_{fat}}\right)^{1/C}$$

$$N_1=\left(\frac{b}{\sigma_a-\sigma_{fat}}\right)^{1/C}=\left(\frac{8.274}{552-414}\right)^{1/0.4}=27{,}900\text{ cycles}$$

$$D_1=\frac{n_1}{N_1}=\frac{2790}{27900}=0.1$$

하중이력단위, i	σ_a[MPa]	N_i(1,000 cycles)	n_i(1,000 cycles)	D_i
1	551.6	27.9	2.79	0.1
2	517.1	57.2	12.59	0.22
3	482.6	157.7	58.37	0.37
4	448.2	812.3	124.93	0.14

총 $D=\sum D_i=0.83$.

아직 손상을 받지 않은 양은 $1-D=0.17$. 한편 586.1 MPa에서 파손에 이르는 반복하중의 횟수는

$$N=\left(\frac{8274}{586.1-413.7}\right)^{1/0.4}=16{,}000\text{ cycles}$$

따라서 $\frac{n}{N}=0.17$으로부터 $N=2{,}710$ cycles.

03 지름 $d = 12.7$ mm인 볼트가 $P_{\min} = 0$과 $P_{\max} = 44{,}450$ N의 사이를 변화하는 반복하중을 받고 있다. 제작결함에 의하여 이 볼트는 0.254 mm 깊이의 나사면에서 시작하는 균열을 가지고 있다. 축하중을 받는 봉에서 이런 원주균열(길이 a)에 대한 응력확대계수는 다음과 같다.

$$K_I = 1.12\sqrt{\pi a} \qquad (2a/d < 0.21)$$

여기서 σ는 봉에 작용하는 수직응력이다. 볼트를 만드는 재료의 응력확대계수 임계치는 $K_{IC} = 25.3$ MPa$\sqrt{\text{m}}$이고 피로균열성장에 대한 재료의 저항치는 $A = 0.0254 \times 10^{-18}$ m/cycle 그리고 $n = 3$이다. 이 볼트의 피로수명은 얼마인가?

해설

일정 진폭하중에 의한 최대수직응력은

$$\sigma_{\max} = \frac{44{,}450}{\pi \times 0.0127\ \text{m} \times 0.0127\ \text{m}/4} = 351\ \text{MPa}$$

$$K_C = 1.12\sigma_{\max}\sqrt{\pi a}$$

$$25.3 = 1.12 \times 351\sqrt{\pi a}$$

임계 균열의 길이 $a = 0.00132$ m

$$N = \frac{1}{A}\int_{a_0}^{a}\frac{da}{(\Delta K)^n}$$

$$= \frac{1}{0.0254 \times 10^{-18}}\int_{0.000254}^{0.00132}\frac{da}{[(1.12)(351 \times 10^6)\sqrt{\pi a}]^3}$$

$$= 10{,}800\ \text{cycles}$$

여기서, $\Delta K = K_{\max} - K_{\min} = 1.12(\sigma_{\max} - \sigma_{\min})\sqrt{\pi a} = (1.12)(351 \times 10^6 - 0)\sqrt{\pi a}$.

04 비파괴 검사의 경험적 데이터에 의하면 다양한 재료로 제작된 내압 파이프(pressurized pipe)에는 최대 10 mm 길이의 축방향 균열이 존재한다. 이러한 파이프가 갑자기 파괴될 수 있을지는 관련 산업계의 주요 관심사항이다. 따라서 안전을 보장하기 위하여 최대 허용압력을 계산하시오. 계산을 위하여 두 가지 경우를 고려하라. 하나는 주어진 문제표 3.4에 수록된 재료특성이 되도록 열처리된 17-4PH 합침경화강이 파이프의 재료로 사용된 경우이고, 다른 경우는 동일한 표에서 찾을 수 있는 Ti-6Al-4Sn-1V 티타늄합금이 재료로 사용된 경우이다.

문제표 3.4 K_{IC} 임계응력확대계수 (파괴인성) (실온데이터)

소재	σ_a [MPa]	Y [MPa]	K_{IC} [MPa $\sqrt{m}$]	폭, 균열, 두께, 최소값 [mm]
합금강				
A533B	-	500	175	306.0
2618 Ni Mo V	-	648	106	66.9
V1233 Ni Mo V	-	593	75	40.0
124 K 406 Cr Mo V	-	648	62	22.9
17-7PH	1289	1145	77	11.3
17-4PH	1331	1172	48	4.2
Ph 15-7Mo	1600	1413	50	3.1
AISI 4340	1827	1503	59	3.9
스테인리스 강				
AISI 403	821	690	77	31.1
알루미늄 합금				
6061-T651	352	299	29	23.5
2219-T851	454	340	32	22.1
7075-T7351	470	392	31	15.6
7079-T651	569	502	26	6.7
2024-T851	488	444	23	6.7
티타늄 합금				
Ti-6Al-4Zr-2Sn-0.5Mo-0.5V	890	836	139	69.1
Ti-6Al-4V-2Sn	852	798	111	48.4
Ti-6.5Al-5Zr-1V	904	858	106	38.2
Ti-6Al-4Sn-1V	889	878	93	28.0
Ti-6Al-6V-2.5Sn	1176	1149	66	8.2

해설

파괴역학개념에 의하여 불안정한 균열성장은 균열성장에 필요한 퍼텐셜에너지가 새로운 균열면을 생성시키는데 사용되며 이 퍼텐셜에너지의 크기가 균열이 확장되는데 수행되는 일의 양을 초과할 때 발생한다. 내압용 파이프에서 고려하는 문제는 다음의 그림에 도식화 되었다.

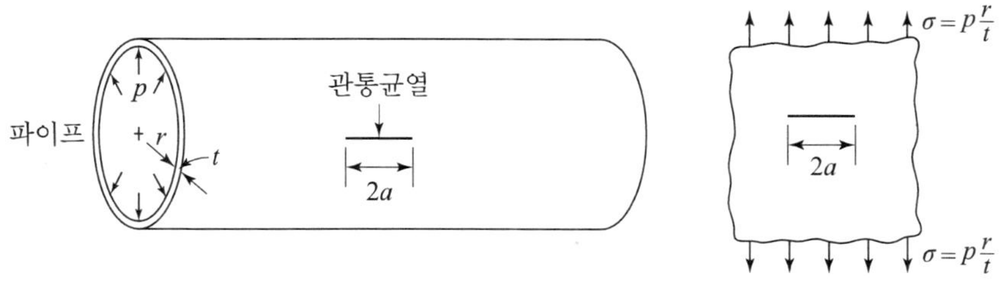

문제그림 3.4 **내압용 파이프의 균열.**

따라서 a가 균열 길이의 반이고 내압이 p, 파이프의 내부 반지름 r, 파이프의 두께 t일 때 후프응력 $\sigma = pr/t$, 응력확대계수 $K_I = \sigma\sqrt{\pi a}$. 파괴역학 개념으로부터 불안정한 균열의 성장이 일어나는 경계값은 $K_I = K_{IC}$가 될 때이다.

(1) 17-4PH

주어진 문제의 표로부터 $K_{IC} = 48\ \text{MPa}\sqrt{\text{m}}$. 정의로부터 최대 허용압력의 계산은

$$p_{\max} = \frac{t}{r} \cdot \frac{K_{IC}}{\sqrt{\pi a}} = \frac{48\sqrt{1000}}{\sqrt{5\pi}} \cdot \frac{t}{r} = 382\frac{t}{r}$$

식을 다시 정리하면

$$\left(\frac{t}{r}\right)_{critical} = 0.00261p$$

이 결과는 두께 t가 4.2 mm 이상일 경우에 적합하다. 만일 균열 길이의 반(a) 크기가 작아지면 위의 식에 주어진 파괴를 일으키는 압력의 크기는 증가한다.

(2) Ti-6Al-4Sn-1V

주어진 표에서 $K_{IC} = 93\ \text{MPa}\sqrt{\text{m}}$. 앞의 (1)번 경우에서와 마찬가지로 파괴역학 개념에 의한 계산을 수행할 수 있다.

$$p_{\max} = \frac{t}{r} \cdot \frac{K_{IC}}{\sqrt{\pi a}} = \frac{93\sqrt{1000}}{\sqrt{5\pi}} \cdot \frac{t}{r} = 742\frac{t}{r}$$

이 압력은 아마도 취성파괴를 일으키진 못할 것이다. 두께 t가 28 mm 이상이 된다고 해도 $a = 5$ mm는 요구되는 값(28 mm)을 만족하기에는 너무 작은 값이다.

05 재료가 완전반전응력($R=-1$)을 받을 때 응력진폭(σ_a)와 파손 시 하중반복횟수(N)의 관계를 그린 다이어그램이 S-N 선도이며, 다음과 같은 경험식으로 표현할 수 있다.

$$\sigma_a = \sigma_{fat} + \frac{b}{N^C} \quad ①$$

여기서 σ_{fat}는 피로한도(fatigue limit)를 의미하고 b와 C는 시험을 통해서 결정되는 재료의 특성이다. 식 ①은 피로수명을 계산하기 위하여 다음과 같이 식 ②로 다시 표현될 수 있다.

$$N = \left(\frac{b}{\sigma_a - \sigma_{fat}}\right)^{(1/C)} \quad ②$$

$\sigma_{fat}=400$ MPa와 $b=14,000$ MPa 그리고 $C=0.4$의 특성을 가지는 재료가 극한강도(ultimate strength) $\sigma_u=1,600$ MPa와 항복응력 $\sigma_Y=1,000$ MPa의 강도를 가지고 있다.

(1) S-N 선도를 그리시오.

(2) 평균응력 σ_m이 0이 아닌 경우 Goodman, Gerber, Soderberg의 관계식에 의하여 위의 식이 어떻게 바뀌는지 각각의 경우를 식으로 설명하시오.

해설

(1)

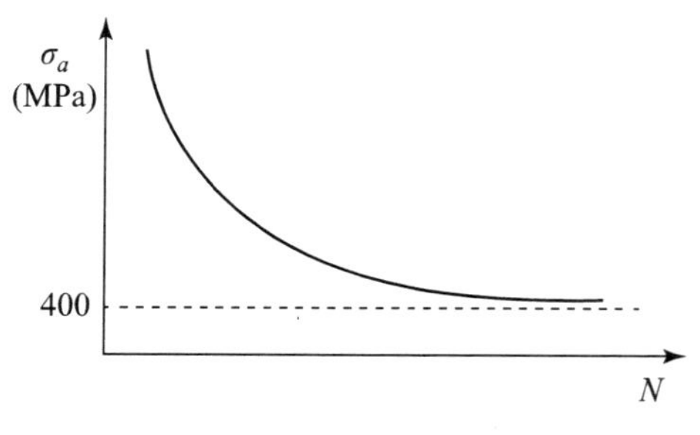

$$\sigma_a = 400 + \frac{14,000}{N^{0.4}}\ \text{MPa}$$

(2) $N=\left(\frac{b}{\sigma_a-\sigma_{fat}{}'}\right)^{(1/C)}$ 을 참고하면 $\sigma_m=0$인 경우 $\sigma_{fat}{}'$가 σ_{fat}와 같으므로 ②의 경험식으로 회귀된다. 즉 σ_m의 영향을 반영하기 위하여 $\sigma_{fat}{}'$를 결정하는 방법의 차이가 Goodman, Gerber, Soderberg 등 방법의 다른 점이다.

Goodman : $\sigma_{fat}{}'=\sigma_{fat}\left(1-\frac{\sigma_m}{\sigma_u}\right)$

Gerber : $\sigma_{fat}{}'=\sigma_{fat}\left[1-\left(\frac{\sigma_m}{\sigma_u}\right)^2\right]$

Soderberg : $\sigma_{fat}{}'=\sigma_{fat}\left(1-\frac{\sigma_m}{\sigma_Y}\right)$

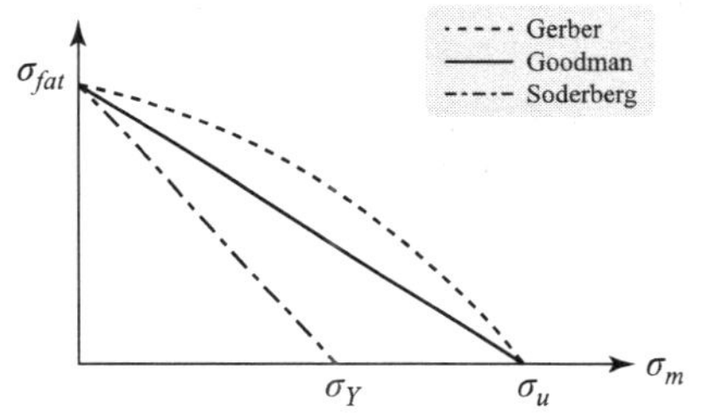

06 다축하중(multiaxial load)이 관심이 있는 기계요소에 외부의 하중이 변동하중으로 작용하고 있다면 해석과정을 단축하중의 경우로 고려하기 위하여 등가응력진폭(equivalent stress amplitude, σ_{ea})와 등가평균응력(equivalent mean stress, σ_{em})을 아래의 식 ①과 식 ②의 von Mises 등가응력식을 사용하여 구할 수 있다.

$$(\sigma_{xa}-\sigma_{ya})^2+(\sigma_{ya}-\sigma_{za})^2+(\sigma_{za}-\sigma_{xa})^2+6(\sigma_{xya}^2+\sigma_{yza}^2+\sigma_{zxa}^2) = 2\sigma_{ea}^2 \quad ①$$

$$(\sigma_{xm}-\sigma_{ym})^2+(\sigma_{ym}-\sigma_{zm})^2+(\sigma_{zm}-\sigma_{xm})^2+6(\sigma_{xym}^2+\sigma_{yzm}^2+\sigma_{zxm}^2) = 2\sigma_{em}^2 \quad ②$$

여기서 아래첨자 중 a와 m은 각각 응력성분의 진폭과 평균을 의미한다.

(1) 아래 주어진 바와 같이 각각 최대응력 및 최소응력(단위 MPa)의 하중을 받는 기계요소의 피로수명(fatigue life)을 계산하기 위하여 등가응력진폭(equivalent stress amplitude) σ_{ea}와 등가평균응력(equivalent mean stress) σ_{em}를 계산하라.

$$\begin{bmatrix} \sigma_x & \sigma_{xy} \\ \sigma_{xy} & \sigma_y \end{bmatrix}_{\max} = \begin{bmatrix} 800 & 200 \\ 200 & 500 \end{bmatrix} \quad \text{그리고} \quad \begin{vmatrix} \sigma_x & \sigma_{xy} \\ \sigma_{xy} & \sigma_y \end{vmatrix}_{\min} = \begin{vmatrix} -600 & -150 \\ -150 & -300 \end{vmatrix}$$

S-N 선도 경험식은 앞의 연습문제 05에 주어진 값을 이용하라.

(2) 위의 계산결과를 이용하여 주어진 기계요소의 피로수명(cycle)을 Goodman의 기준으로 계산하라.

(3) 위의 계산결과를 이용하여 Soderberg의 기준으로 주어진 기계요소의 피로수명을 계산하라.

(4) 위의 계산결과를 이용하여 Gerber의 기준으로 주어진 기계요소의 피로수명을 계산하라.

해설

(1)

$$\sigma_{xa} = \frac{1}{2}(800+600) = 700\ \text{MPa}$$

$$\sigma_{xm} = \frac{1}{2}(800-600) = 100\ \text{MPa}$$

$$\sigma_{ya} = \frac{1}{2}(500+300) = 400\ \text{MPa}$$

$$\sigma_{ym} = \frac{1}{2}(500-300) = 100\ \text{MPa}$$

$$\sigma_{xya} = \frac{1}{2}(200+150) = 175\ \text{MPa}$$

$$\sigma_{xym} = \frac{1}{2}(200-150) = 25\ \text{MPa}$$

식 ①로부터

$$2\sigma_{ea}^2 = (700-400)^2 + 400^2 + 700^2 + 6\times(175)^2$$

$$2\sigma_{em}^2 = (100-100)^2 + 100^2 + 100^2 + 6\times(25)^2$$

$$\sigma_{ea} = 679.61\ \text{MPa}, \quad \sigma_{em} = 108.97\ \text{MPa}$$

(2)

$$\sigma_{fat}{}' = \sigma_{fat}\left(1 - \frac{\sigma_m}{\sigma_u}\right) = \sigma_{fat}\left(1 - \frac{\sigma_{em}}{\sigma_u}\right)$$

$$= (400)\left(1 - \frac{108.97}{1{,}600}\right) = 372.76 \text{ MPa}$$

$$N = \left(\frac{14{,}000}{679.61 - 372.76}\right)^{1/0.4} = 14{,}061 \text{ cycles}$$

(3)

$$\sigma_{fat}{}' = \sigma_{fat}\left(1 - \frac{\sigma_m}{\sigma_Y}\right) = \sigma_{fat}\left(1 - \frac{\sigma_{em}}{\sigma_Y}\right)$$

$$= (400)\left(1 - \frac{108.97}{1{,}000}\right) = 356.4 \text{ MPa}$$

$$N = \left(\frac{14{,}000}{679.61 - 356.4}\right)^{1/0.4} = 12{,}348 \text{ cycles}$$

(4)

$$\sigma_{fat}{}' = \sigma_{fat}\left[1 - \left(\frac{\sigma_m}{\sigma_u}\right)^2\right] = \sigma_{fat}\left[1 - \left(\frac{\sigma_{em}}{\sigma_u}\right)^2\right]$$

$$= (400)\left[1 - \left(\frac{108.97}{1{,}600}\right)^2\right] = 398.1 \text{ MPa}$$

$$N = \left(\frac{14{,}000}{679.61 - 398.1}\right)^{1/0.4} = 17{,}442 \text{ cycles}$$

07 변형체의 임의의 위치에서 소성이 시작되는 순간 응력성분을 측정하니 아래와 같이 3차원 응력을 받고 있었다.

$$\begin{bmatrix} 0 & 40 & 0 \\ 40 & 50 & -60 \\ 0 & -60 & 0 \end{bmatrix} \text{MPa}$$

다음 각 방법을 이용하여 재료의 단축 인장소성강도를 계산하시오.

(1) 최대전단응력이론(maximum shear stress theory)

(2) 팔면체 전단응력이론(octahedral shear stress theory)

해설

(1) 이 이론은 Tresca 소성판정이론으로도 불리우며 소성판정식은 $\tau_Y = \frac{\sigma_Y}{2}$.

$$\text{행렬식} = \begin{vmatrix} -\sigma & 40 & 0 \\ 40 & (50-\sigma) & -60 \\ 0 & -60 & -\sigma \end{vmatrix}$$

$$= -\sigma \begin{vmatrix} (50-\sigma) & -60 \\ -60 & -\sigma \end{vmatrix} - 40 \begin{vmatrix} 40 & -60 \\ 0 & -\sigma \end{vmatrix}$$

$$= -\sigma(-50\sigma + \sigma^2 - 3{,}600) - 40(-40\sigma)$$

$$= -\sigma(1{,}600 + \sigma^2 - 3{,}600 - 50\sigma)$$

$$= -\sigma(\sigma^2 - 50\sigma - 2{,}000) = 0$$

$$\sigma_1 = 101.3\text{ MPa}, \quad \sigma_2 = 0, \quad \sigma_3 = -51.32\text{ MPa}$$

모어원의 지름의 크기 $R = |\sigma_1 - \sigma_3| = \sigma_Y$

$$\sigma_Y = |101.3 + 51.32| = 152.6\text{ MPa}$$

(2) 이 소성이론의 판정식은 $\tau_{oct} = \frac{\sqrt{2}}{3}\sigma_Y$

$$\tau_{oct} = \frac{1}{3}[(101.3)^2 + (101.3+51.32)^2 + (51.32)^2]^{1/2} = 63.41\text{ MPa}$$

위의 식으로부터 $\sigma_Y = \frac{63.41}{0.47} = 134.9\text{ MPa}$

08 한 탄소성 변형체가 선형탄성 상태에서 세 개의 질점위치(면적요소 A, B, C)에서 아래 그림과 같은 응력상태에 있다. 외부하중을 현재의 하중에 비례적으로 증가시키는 경우를 고려하자. 다음의 각 소성판정이론에 따라서 소성을 예측한다면 어떤 면적요소가 가장 먼저 소성에 이르게 될까?

(1) 최대응력이론
(2) von Mises 이론
(3) Tresca 이론

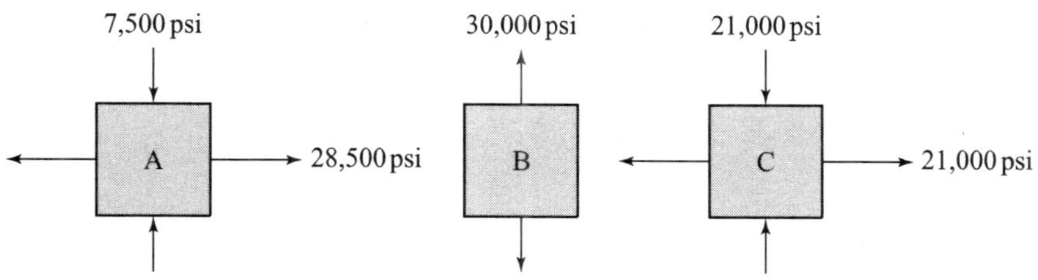

문제그림 3.8

해설

(1) 최대응력이론에 따르면 B의 경우 응력이 30,000 psi로 가장 크므로 요소 B가 가장 먼저 소성에 이른다.

(2) von Mises 이론에 따르면 각 경우에 대하여 우선 등가응력을 계산해야 한다. 평면응력인 경우 주응력에 대해서 $\sigma_E = \sqrt{\sigma_1^2 - \sigma_1\sigma_2 + \sigma_2^2}$ 이므로

$$\sigma_E^A = 32{,}898; \quad \sigma_E^B = 30{,}000; \quad \sigma_E^C = 36{,}373 \text{ psi}.$$

따라서 C에서 가장 먼저 소성이 일어난다.

(3) Tresca 이론에 따르면 최대전단응력을 우선 계산한다.

$$\tau_{\max}^A = \frac{28{,}500 + 7{,}500}{2} = 18{,}000$$

$$\tau_{\max}^B = \frac{30{,}000}{2} = 15{,}000$$

$$\tau_{\max}^C = 21{,}000 \text{ psi}.$$

따라서 C에서 가장 먼저 소성이 일어난다.

09 다음의 3차원 응력상태에 대하여 각 물음에 따라 답하시오. 응력의 단위는 ksi임.

$$\begin{bmatrix} 2 & 1/4 & 1/5 \\ 1/4 & 1 & 0.65 \\ 1/5 & 0.65 & -1/2 \end{bmatrix}$$

(1) 3차원 주응력의 크기를 구하시오.

(2) 주어진 응력성분과 앞에서 구한 주응력을 이용하여 각각 응력 불변량 I_1, I_2를 계산하여 비교함으로써 위의 답을 확인하시오.

(3) 최대 주응력의 방향에 대하여 방향여현(directional cosines)을 구하시오.

해설

(1)

$$\begin{vmatrix} (2-\sigma) & \frac{1}{4} & \frac{1}{5} \\ \frac{1}{4} & (1-\sigma) & 0.65 \\ \frac{1}{5} & 0.65 & \left(-\frac{1}{2}-\sigma\right) \end{vmatrix} = 0\text{으로부터 } \sigma = 2.11,\ 1.136,\ -0.746\ \text{ksi.}$$

(2)

$$I_1 = \sigma_x + \sigma_y + \sigma_z = 2 + 1 + \left(\frac{-1}{2}\right) = \frac{5}{2} = 2.5$$

$$I_1 = \sigma_1 + \sigma_2 + \sigma_3 = 2.11 + 1.136 + (-0.746) = 2.5.$$

$$I_2 = \sigma_x\sigma_y + \sigma_y\sigma_z + \sigma_z\sigma_x - \sigma_{zy}^2 - \sigma_{yz}^2 - \sigma_{zx}^2$$

$$= (2)(1) + (1)(-1/2) + (-1/2)(2) - (1/4)^2 - (0.65)^2 - (1/5)^2 = -0.025$$

$$I_2 = \sigma_1\sigma_2 + \sigma_2\sigma_3 + \sigma_3\sigma_1$$

$$= (2.11)(1.136) + (1.136)(-0.746) + (-0.746)(2.11) = -0.0246$$

(3)

$$\begin{bmatrix} (2-2.11) & \frac{1}{4} & \frac{1}{5} \\ \frac{1}{4} & (1-2.11) & 0.65 \\ 0.2 & 0.65 & \left(-\frac{1}{2}-2.11\right) \end{bmatrix} \begin{bmatrix} \ell \\ m \\ n \end{bmatrix} = 0\text{을 풀면}$$

$$(\ell,\ m,\ n) = (0.943,\ 0.3,\ 0.146)$$

10 강철 선박의 데크의 두께는 30 mm이고 너비는 12 m, 길이(하중방향의 길이)는 20 m이다. 사용 강철은 임계 파괴인성값이 $K_C = 28.3\ \text{MPa}\sqrt{\text{m}}$ 이다. 만약 그림과 같이 중앙에 60 mm의 균열이 생겼다면 최종파괴가 일어날 수 있는 인장응력을 구하여라. 또한 이 강철의 소성응력은 $S_Y = 240$ MPa이라고 한다. 최종파괴 인장응력과 소성응력을 비교하라.

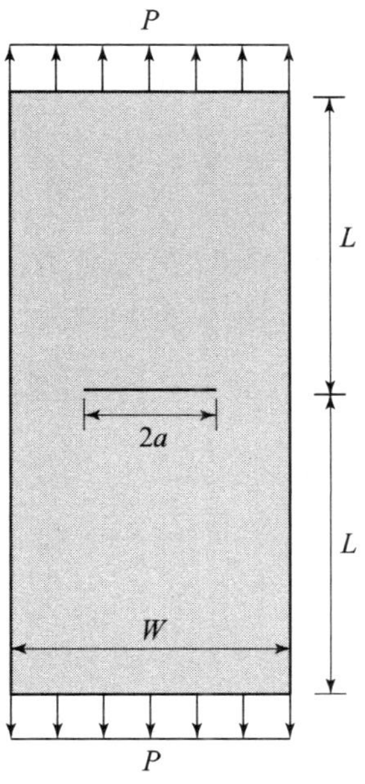

문제그림 3.10

해설

$h = L,\ \ W = 2b.$

$\dfrac{a}{b} = \dfrac{32.5}{6(10)^3} = 0.005$이고 $\dfrac{h}{b} = \dfrac{10}{6} = 1.67$이므로 이 평판(데크)는 균열이 있는 무한 평판이라고 생각할 수 있다.

$$K_I = \sigma\sqrt{\pi a}\text{ 이므로, } \sigma = \frac{K_I}{\sqrt{\pi a}}.$$

파괴역학 개념으로부터 최종파괴는 $K_I = K_{IC}$일 때 일어나므로

$$\sigma = \frac{K_{IC}}{\sqrt{\pi a}} = \frac{28.3}{\sqrt{\pi(30)(10)^{-3}}} = 92.18\ \text{MPa}$$

따라서 최종파괴가 일어나는 응력과 소성응력을 비교하면

$$\frac{S_Y}{\sigma} = \frac{240}{92.18} = 2.60$$

계산된 최종파괴 응력은 최초소성이 일어나는 응력에 비하여 훨씬 작음을 확인할 수 있다.

11 변동하는 응력진폭으로 차량의 구조요소가 받은 반복횟수는 주어진 표와 같다. 이때 모든 하중블록은 평균응력이 0인 반복하중으로 이루어졌다. 재료의 S-N 곡선은 (여기서, $\sigma_{fat}=413.7$ MPa 그리고 $b=8{,}274$ MPa, $C=0.4$)로 피로에 대한 재료특성을 보인다고 한다. 현재까지 표에 주어진 반복하중 이외에 향후 586.1 MPa의 응력진폭을 준다면 최종 파단 시까지 얼마나 많은 횟수의 반복하중을 추가로 견딜 수 있는지 N을 계산하라.

하중블록, i	1	2	3	4
응력진폭	551.6	517.1	482.6	448.2
반복횟수[cycles]	2.79	12.59	58.37	124.93

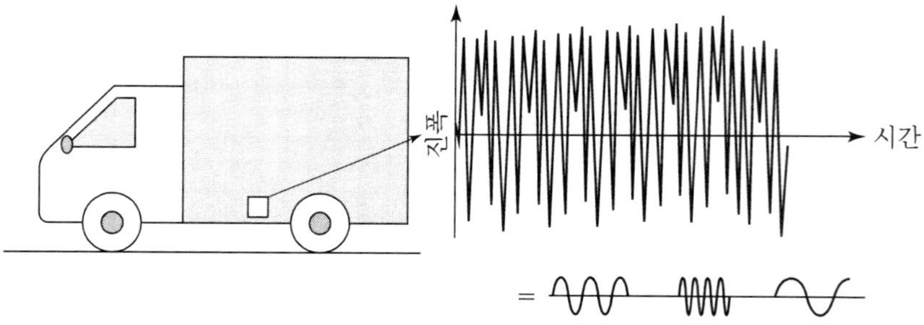

문제그림 3.11

해설

수명예측식 $N=\left(\dfrac{b}{\sigma_a-\sigma_{fat}}\right)^{1/C}$ 으로부터 $N_1=27{,}900$.

Miner 법칙으로부터 $\dfrac{n_1}{N_1}=\dfrac{2{,}790}{27{,}900}=0.1$.

하중블록 i	응력진폭 [MPa]	파단 시까지 반복횟수 N(1000 cycles)	작용반복횟수 n[cycles]	손상
1	551.6	27.9	2.79	0.1
2	517.1	57.2	12.59	0.22
3	482.6	157.7	58.37	0.37
4	448.2	892.3	124.93	0.14

총 손상계수는 $D = \sum D_i = 0.83$이므로 손상받지 않은 계수는 $1 - D = 0.17$.

한편 586.1 MPa에서 파손에 이르는 횟수는

$$N = \left(\frac{8{,}274}{586.1 - 413.7} \right)^{1/0.4} = 16{,}000 \text{ cycles}$$

$\frac{n}{N} = 0.17$이므로 잔여수명은 $n = 2{,}710$ cycles.

4
CHAPTER

압력용기의 응력

압력용기(pressure vessel)는 산업체를 비롯한 수송기계 등 모든 분야에서 매우 중요한 기계설비이다. 압력용기의 모양은 실린더 모양과 구형이 기본적으로 많이 사용된다. 이외에도 원뿔이나 타원형은 물론 연료용기 등에 사용되는 임의의 형상을 가진 압력용기도 드물지 않게 찾아볼 수 있다.

4.1 벽이 얇은 압력용기

여기에서는 압력용기에 작용하는 응력의 분포에 대해서 고찰해 본다. 우선 그림 4.1에는 회전체 모양을 갖는 얇은 벽의 압력용기가 내압(p)를 받는 경우이다. 일반적으로 얇은 벽이란 관심 면적의 곡률반경(r)에 비하여 벽의 두께(t)가 매우 작은 경우이다. 즉 $r \gg t$. 또한 그림 4.2에는 이 축대칭 압력용기 벽의 임의의 면적 A에서 작용하는 수직응력과 기하학적 정의를 보여주고 있다.

그림에 보여진 벽이 얇은 압력용기는 벽의 두께 방향으로 응력의 변화가 매우 적어서 두께방향으로 일정한 응력으로 단순화 할 수 있다. 따라서 이 단순화에 의하면 벽에서 저항하는 굽힘응력은 무시될 수 있다는 뜻과 동일하다. 결과적으로 단순화된 얇은 벽의 역학적 역할은 박막(membrane)과 동일하다.

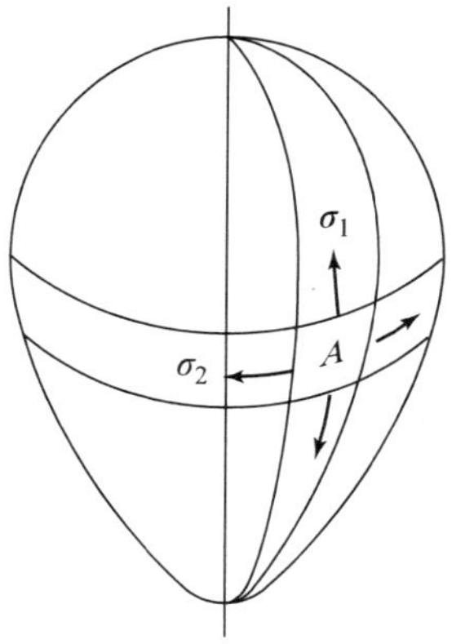

그림 4.1 축대칭 압력용기의 예.

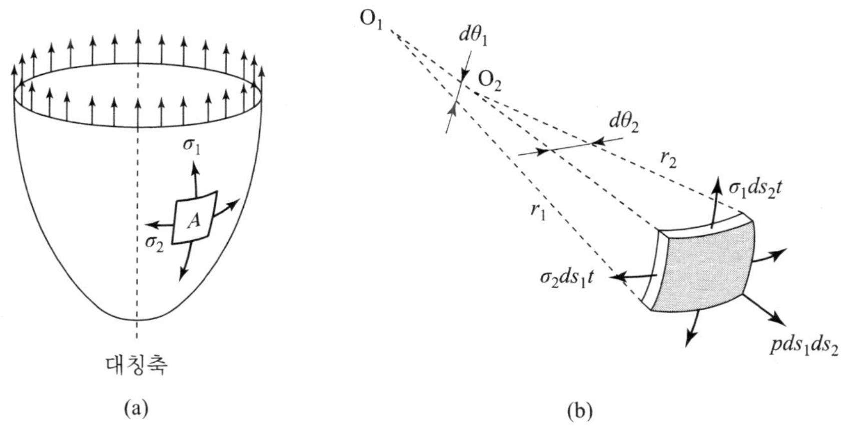

그림 4.2 축대칭 압력용기의 응력.

따라서 임의 위치의 미소박막면적에 작용하는 응력들은 박막의 중앙면의 접선방향으로 작용하고 두께 위에 균일하게 분포한다. 이와 같은 응력들을 막응력(membrane stress)이라고 하며 정역학적 평형방정식으로부터 계산될 수 있다. 그림 4.2에서 표시된 바와 같이 압력용기로부터 2개의 평행하는 선과 2개의 자오선에 의해서 임의 위치의 미소박막면적 A에 대해서 자유물체도를 그림 4.2의 (b)와 같이 그릴 수 있다.

대칭조건으로부터 면적요소의 경계에는 법선응력 σ_1과 σ_2만 작용한다는 것을 알 수 있다. 따라서 이 자유물체도의 면적요소는 2축응력상태(biaxial stress state)에 있다. 그림 4.2에서 표현된 기호는 표 4.1에 정리되어 있다.

그림 4.2(b)에서 면적요소 A의 가장자리에 작용하는 응력의 합력은 $\sigma_1 \cdot ds_2 \cdot t$와 $\sigma_2 \cdot ds_1 \cdot t$이다. 또한 면적요소에 법선방향으로 작용하는 힘의 크기는 $p \cdot ds_1 \cdot ds_2$로는 이 힘은 앞서 구한 $\sigma_1 \cdot ds_2 \cdot t$와 $\sigma_2 \cdot ds_1 \cdot t$ 힘의 법선방향 합력과 평형을 이룬다. 표 4.1에서 $d\theta_1 = ds_1/r_1$와 $d\theta_2 = ds_2/r_2$의 관계식을 고려하고 자오선방향 합력 $\sigma_1 \cdot ds_2 \cdot t$의 법선방향 분력 $\sigma_1 \cdot ds_2 \cdot t \cdot d\theta_1$은 앞의 관계식을 이용하여 $\sigma_1 \cdot ds_2 \cdot t \cdot ds_1/r_1$으로 다시 표현할 수 있다. 한편 원주방향 힘 $\sigma_2 \cdot ds_1 \cdot t$의 법선방향 분력은 $\sigma_2 \cdot ds_1 \cdot t \cdot d\theta_2$를 다시 표현하면 $\sigma_2 \cdot ds_1 \cdot t \cdot ds_2/r_2$이다. 따라서 법선방향의 모든 분력과 힘을 합하면 다음의 평형식을 얻을 수 있다.

표 4.1 압력용기 자유물체도(면적 A) 상의 기호 (그림 4.2).

기호	설명
σ_1	자오선응력(meridional stress) : 자오선방향의 인장응력.
σ_2	후프응력(hoop stress) : 원주방향의 인장응력.
t	압력용기의 벽두께.
r_1	자오선의 곡률반경.
r_2	자오선에 수직한 곡률반경.
$d\theta_1$	자오선의 호(arc)에 대응하는 중심각.
$d\theta_2$	자오선과 직교하는 호(arc)에 대응하는 중심각.
$ds_1 = r_1 d\theta_1$	자오선방향의 길이.
$ds_2 = r_2 d\theta_2$	원주방향의 길이.

$$\frac{\sigma_1 \cdot ds_1 \cdot ds_2 \cdot t}{r_1} + \frac{\sigma_2 \cdot ds_1 \cdot ds_2 \cdot t}{r_2} = p \cdot ds_1 \cdot ds_2 \tag{4.1}$$

식 (4.1)의 양변을 $ds_1 ds_2$로 나누면 다음의 식 (4.2)를 얻는다.

$$\frac{\sigma_1}{r_1} + \frac{\sigma_2}{r_2} = \frac{p}{t} \tag{4.2}$$

압력용기가 공과 같은 구형 용기인 경우 $r_1 = r_2 = r$이고 대칭조건으로부터 $\sigma_1 = \sigma_2 = \sigma$이므로 식 (4.2)에 이 조건을 대입하면

$$\sigma = \frac{p \cdot r}{2t} \tag{4.3}$$

직접적인 방법으로 그림 4.3에 보여진 바와 같이 구형 압력용기의 반을 자유물체도를 그리면 그림에서 수평방향의 힘의 평형조건으로부터 다음과 같은 평형식을 얻을 수 있다.

$$2 \cdot \pi \cdot r \cdot \sigma = \pi \cdot r^2 \cdot p \tag{4.4}$$

여기서 좌변은 압력용기 벽에 작용하는 응력에 의한 힘의 총합이고 우변은 압력용기의 내부에서 압력이 작용하는 면적 πr^2에 수직으로 작용하는 압력 p를

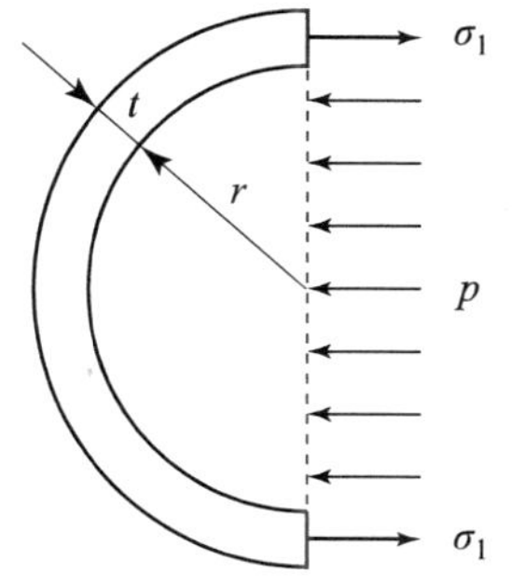

그림 4.3 구형 압력용기 단면의 자유물체도.

곱한 것이다. 식 (4.4)를 정리하면 $\sigma = p \cdot r/2t$로 식 (4.3)과 동일한 결과를 얻는다.

압력용기가 원통형인 경우를 고려하자. 이 압력용기는 식 (4.2)의 특수한 경우로서 임의 국부면적의 직교 곡률이 각각 $r_1 = \infty$와 $r_2 = r$이다. 식 (4.2)에 이 조건을 대입하면 후프응력을 다음과 같이 얻을 수 있다.

$$\sigma_2 = \frac{p \cdot r}{t} \tag{4.5}$$

식 (4.5)는 그림 4.4에 보여진 원통형 압력용기의 반에 대한 자유물체도로부터 힘의 평형에 대한 직접 계산을 통하여 결정할 수 있다.

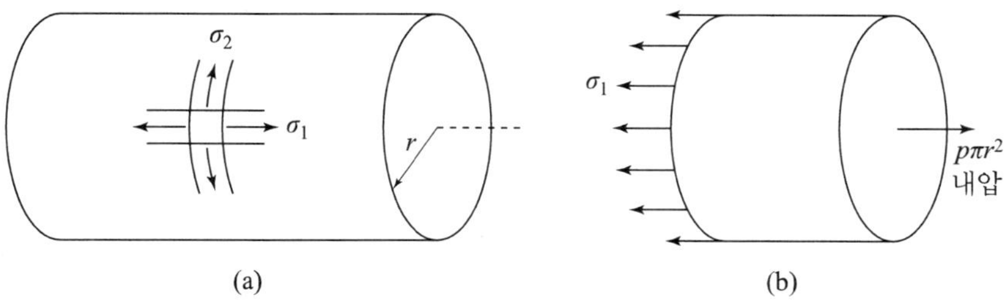

그림 4.4 원통형 압력용기의 응력.

그림 4.4(b)에 대한 평형방정식은

$$\sigma_1 \cdot 2 \cdot \pi \cdot r \cdot t = \pi \cdot r^2 \cdot p \tag{4.6}$$

식 (4.6)을 정리하면 원통형 압력용기의 축방향 응력(σ_1)을 얻는다.

$$\sigma_1 = \frac{p \cdot r}{2t} \tag{4.7}$$

원통형 압력용기에서 축방향 응력(σ_1)은 식 (4.5)에 보인 후프응력(σ_2)의 반임을 확인할 수 있다. 한편, 그림 4.4(a)의 원통형 압력용기를 위아래로 반을 나누어 위쪽 반에 대하여 축방향의 길이 L의 자유물체도를 생각하자. 이 경우 압력(p)이 작용하는 면적은 $2r \cdot L$이므로 이 자유물체도에서 압력의 총력 $2rL \cdot p$는 윗방향으로 작용한다. 또한 압력용기의 후프응력(σ_2)은 자유물체도의 평행한 두 개 벽의 두께를 따라 작용한다. 각 벽의 면적은 $L \cdot t$이므로 두 벽의 면적은 $2Lt$이고 작용하는 응력은 σ_2이므로 이에 따른 총력의 크기는 $\sigma_2 \cdot 2Lt$로 아랫방향으로 작용한다. 이 힘은 앞의 $2rL \cdot p$와 비겨서 정적 평형을 이루어야 하므로 $\sigma_2 = p \cdot r/t$을 얻는다. 이는 원통형 압력용기에 작용하는 후프응력의 식 (4.5)와 동일한 결과이다.

원통형의 압력용기에서 후프응력(σ_2)은 축방향 응력(σ_1)의 두 배이다. 한 질점에서 방향에 따라서 서로 다른 응력의 크기가 작용하는 경우는 일반 구조에서 매우 흔한 응력분포인데 이러한 결과는 비등방성(anisotropic) 재료를 사용하는 것이 등방성 재료를 사용하는 구조에 비하여 구조설계에 적합하다는 동기를 부여하기에 충분하다. 즉, 어떤 구조물이 특정방향으로 항상 큰 응력이 작용한다면 이 방향의 강성을 가장 크게 구조를 설계하는 것을 말한다. 일반 등방성 재료로 제작된 압력용기는 후프응력이 소성강도 이하의 응력이 될 수 있는 두께를 기준으로 설계되므로 이 압력용기는 축방향의 관점에서 요구되는 수준보다 두 배의 강도를 가진다. 구조물의 경량화가 매우 중요한 경우라면 이러한 설계는 최적의 구조라고 말할 수 없다.

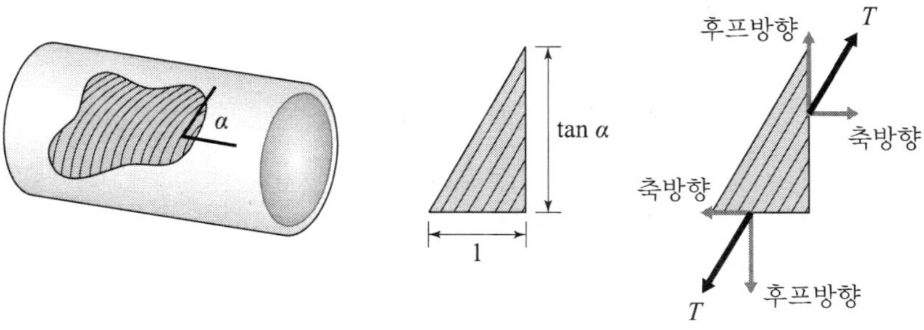

그림 4.5 보강섬유로 제작된 원통형 압력용기.

그림 4.5에는 고강도섬유를 원통주위로 α의 헬리컬 각도로 감아서 제작한 원통형 압력용기를 도시하였다. 그림의 중간에 그려진 직각삼각형 자유물체도에서 단위길이 축방향 밑변에 n개의 섬유가 통과하는데 각각의 섬유는 크기 T의 인장력을 받고 있다. 동일한 자유물체도의 후프방향에는 동일한 n개의 섬유가 $\tan\alpha$ 크기의 길이를 통과한다. 후프와 축방향 응력에 의한 정적평형 조건 상태에서 섬유의 인장력은 다음의 식을 만족한다.

$$\text{후프방향} : nT\sin\alpha = \frac{pr}{t}(1)(t)$$

$$\text{축방향} : nT\cos\alpha = \frac{pr}{2t}(\tan\alpha)(t)$$

후프방향 식을 축방향 식으로 나눈 후 정리하면

$$\tan^2\alpha = 2\text{로부터}\ \ \alpha = 54.7°$$

섬유를 감아서 제작하는 압력용기에서 이것은 매우 의미심장한 각도이다. 이 각도로 감긴 섬유로부터 압력용기는 축방향에 비하여 후프방향으로 두 배 강한 비등방성 재료성질을 얻을 수 있다. 소방호스도 이러한 원리를 고려하여 강한 섬유로 직조하여 제작된다. 이 각도와 다르게 직조하여 소방호스를 제작하면 노즐을 통하여 물이 강하게 토출될 때 호스 안에 작용하는 수압에 의하여 섬유가 재배열 되려는 경향 때문에 노즐이 토출방향의 앞뒤로 심하게 튀어오를 것이다.

벽이 얇은 압력용기에 대해서 앞에서 유도한 (4.2), (4.3) (4.5) (4.7) 등의 식에 대한 정확성은 얼마나 얇은 벽이냐 즉, $r \gg t$에 전적으로 의존한다. 압력용기 벽의 안쪽 면에는 곡률반경 방향으로 수직응력 σ_3(혹은 σ_{rr})이 반드시 존재해야 이 면에 작용하고 있는 압력과 힘의 평형을 이룰 수 있다. 그러나 이 면에 작용하는 응력(σ_{rr})의 크기는 압력 p의 크기와 같은 반면에 원주방향의 응력 σ_2(즉, $\sigma_{\theta\theta}$)은 압력의 크기에 r/t의 오더가 곱해진 크기이다. 따라서 이 비율(r/t)의 값이 클수록 반경방향 응력(σ_{rr})은 원주방향의 응력($\sigma_{\theta\theta}$)에 비교하여 무시될 수 있을 것이다.

예제 4.1

두께 5 mm인 강판을 이용하여 원통형 압력용기를 제작하였다. 이 압력용기는 내압 $p = 1.5$ MPa(150기압)을 받는다. 최대 설계응력을 60 MPa로 정했다면 압력용기가 설계응력을 견딜 수 있기 위한 최대 원통 내부 반지름의 크기를 계산하라.

해설 원통형 압력용기의 임의 면적에서 축방향 응력(σ_1)과 후프응력(σ_2)의 2축응력상태에 놓인다. 축방향 응력은 후프응력보다 작으므로 후프응력에 의한 안전을 고려하면 된다. 식 (4.5)에서 $\sigma_2 = p \cdot r/t$이므로

$$60 \times 10^6 = \frac{1.5 \times 10^6 \cdot r}{5 \times 10^{-3}\ \mathrm{m}}$$

$$\therefore\ r = 0.2\ \mathrm{m} = 200\ \mathrm{mm}$$ ■

4.2 벽이 두꺼운 원통

여기에서는 벽이 비교적 두꺼운 경우라서 원통의 벽두께 방향을 따라서 원주방향 응력분포 편차가 큰 경우를 고려한다. 그림 4.6은 벽이 두꺼운 원통의 단면 내외에 압력 p_i와 p_o이 각각 작용하고 있는 자유물체도이다. 그림에 보인 바와 같이 원통 벽의 내부 반지름은 r_i이고 외부 반지름은 r_o이다.

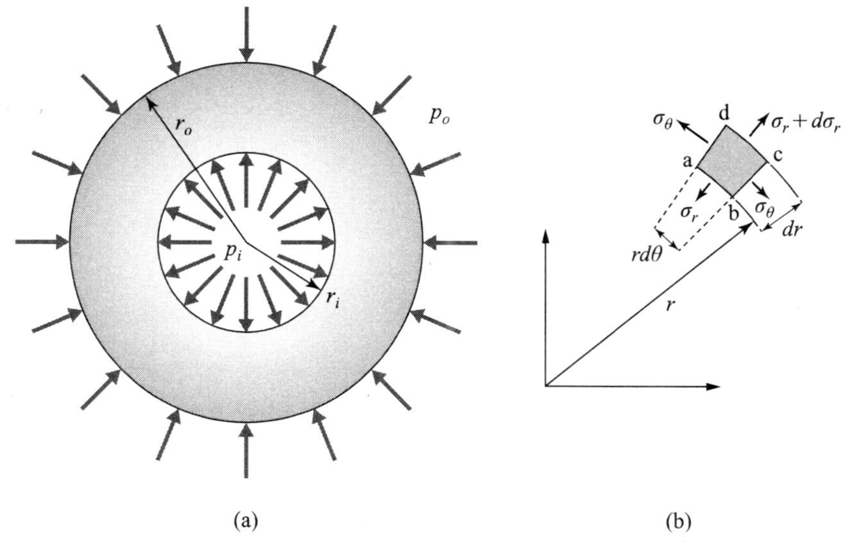

그림 4.6 내외 압력을 받는 원통 단면.

원통 벽의 미소요소를 그림 4.6(b)와 같이 고려하자. 이 요소는 (r, θ)에 위치해 있으며 가로와 세로가 각각 $rd\theta$와 dr로 크기가 $dA = rdrd\theta$이다. 압력과 원통의 대칭성 때문에 수직응력 $\sigma_{\theta\theta}$와 σ_{rr}은 θ의 함수가 될 수 없으며 r만의 함수이고 전단응력은 없다. 축방향(z)의 두께를 단위길이로 고려하면 반지름방향으로 힘의 평형식은 다음과 같다.

$$(\sigma_{rr} + d\sigma_{rr})(r + dr)d\theta = \sigma_{rr} r d\theta + \sigma_{\theta\theta} d\theta dr \tag{4.8}$$

미소요소인 경우이므로 이차항을 무시하면

$$\frac{d\sigma_{rr}}{dr} + \frac{\sigma_{rr} + \sigma_{\theta\theta}}{r} = 0 \tag{4.9}$$

이제 요소 내 변형률을 고려하자. 대칭에 의하여 원주방향(θ)의 변위(v)는 없으며 반지름방향의 변위(u)만 가능하다. 그림 4.6(b) 요소의 호 $\widehat{ab}$의 변위가 u일 때 호 $\widehat{cd}$의 변위는 $u + du$이다. 반지름방향 요소의 변형 전 길이는 dr이므로 반지름방향의 변형률 ϵ_{rr}은 다음과 같다.

$$\epsilon_{rr} = \frac{u + du - u}{dr} = \frac{du}{dr} \tag{4.10}$$

한편, 호 $\widehat{ab}$의 변형 전 길이는 $rd\theta$이고 변형 후에는 반지름 변위로 인하여 $(r+u)d\theta$가 되므로 원주방향 변형률은

$$\epsilon_{\theta\theta} = \frac{(r+u)d\theta - rd\theta}{rd\theta} = \frac{u}{r} \tag{4.11}$$

원통의 양단이 열려있는 경우를 고려하면 $\sigma_{zz} = \sigma_3 = 0$으로 고려하는 원통의 응력상태는 평면응력 조건이다. 후크의 법칙을 적용하면

$$\epsilon_{rr} = \frac{du}{dr} = \frac{1}{E}(\sigma_{rr} - \nu\sigma_{\theta\theta}) \tag{4.12a}$$

$$\epsilon_{\theta\theta} = \frac{u}{r} = \frac{1}{E}(\sigma_{\theta\theta} - \sigma_{rr}) \tag{4.12b}$$

식 (4.12)를 응력성분에 대하여 정리하면

$$\sigma_{rr} = \frac{E}{1-\nu^2}\left(\frac{du}{dr} + \nu\frac{u}{r}\right) \tag{4.13a}$$

$$\sigma_{\theta\theta} = \frac{E}{1-\nu^2}\left(\frac{u}{r} + \nu\frac{du}{dr}\right) \tag{4.13b}$$

식 (4.13)의 응력성분을 식 (4.9)에 대입하면

$$\frac{d^2u}{dr^2} + \frac{1}{r}\frac{du}{dr} - \frac{u}{r^2} = 0 \tag{4.14}$$

이 미분방정식의 일반해는 $u = C_1 r + C_2/r$이므로 식 (4.13)에 이를 대입하면

$$\sigma_{rr} = \frac{E}{1-\nu^2}\left[C_1(1+\nu) - C_2\left(\frac{1-\nu}{r^2}\right)\right] \tag{4.15a}$$

$$\sigma_{\theta\theta} = \frac{E}{1-\nu^2}\left[C_1(1+\nu) + C_2\left(\frac{1-\nu}{r^2}\right)\right] \tag{4.15b}$$

경계조건 $\sigma_{rr}(r_i) = -p_i$와 $\sigma_{rr}(r_o) = -p_o$으로부터

$$C_1 = \frac{1-\nu}{E}\left(\frac{r_i^2 p_i - r_o^2 p_o}{r_o^2 - r_i^2}\right) \quad \text{그리고} \quad C_2 = \frac{1-\nu}{E}\left[\frac{r_i^2 r_o^2 (p_i - p_o)}{r_o^2 - r_i^2}\right]$$

이 계수를 식 (4.15)에 대입하면 응력성분을 다음과 같이 얻는다.

$$\sigma_{rr} = \frac{r_i^2 p_i - r_o^2 p_o}{(r_o^2 - r_i^2)} - \frac{(p_i - p_o) r_i^2 r_o^2}{(r_o^2 - r_i^2) r^2} \tag{4.16a}$$

$$\sigma_{\theta\theta} = \frac{r_i^2 p_i - r_o^2 p_o}{(r_o^2 - r_i^2)} + \frac{(p_i - p_o) r_i^2 r_o^2}{(r_o^2 - r_i^2) r^2} \tag{4.16b}$$

식 (4.16)을 Lamé의 방정식이라고 한다.

한편 식 (4.15)로부터 $\sigma_{\theta\theta} + \sigma_{rr} = 2EC_1/(1-\nu^2)$은 항상 일정한 상수임을 알 수 있으며 축방향(z) 변형률도 항상 상수가 된다. 즉 $\epsilon_{zz} = -\nu(\sigma_{rr} + \sigma_{\theta\theta})/E$. 따라서 $\sigma_{zz} = E\epsilon_{zz} = -\nu(\sigma_{rr} + \sigma_{\theta\theta}) = -c$. 앞에서 언급한 바와 같이 원통의 양끝이 열려 있는 경우를 고려하고 있으므로 축방향(z) 힘의 평형으로부터

$$\int_{r_i}^{r_o} \sigma_{zz} \cdot 2\pi r dr = -\pi c (r_o^2 - r_i^2) = 0 \text{이므로 } \sigma_{zz} = -c = 0$$

만약 고려하고 있는 원통의 양끝이 닫혀 있다면 축방향 응력은 힘의 평형을 다시 고려하여 결정될 수 있다. 이 과정은 벽이 얇은 원통형 압력용기에서 수행한 방법과 동일하다. 이에 따른 결과는 위의 방정식에 중첩시키면 된다. 압력(p_o)은 면적 πr_o^2에 작용한다. 축방향 응력(σ_{zz})는 면적 $\pi(r_o^2 - r_i^2)$에 작용하므로 힘의 평형식은 다음과 같다.

$$\sigma_{zz} = \left(\frac{p_i r_i^2 - p_o r_o^2}{r_o^2 - r_i^2}\right) \tag{4.17}$$

대부분의 경우에 압력용기는 내압과 외압이 동시에 작용하며 양끝은 닫혀 있다. 다음은 벽이 두꺼운 원통형 압력용기에 작용하는 응력을 결정하기 위하여 사용되는 식을 정리한 것이다.

반지름 r 위치에 작용하는 주응력

$$\sigma_1 = \sigma_{\theta\theta} = -A - \frac{B}{r^2}; \qquad \sigma_2 = \sigma_{rr} = -A + \frac{B}{r^2}$$

양끝이 닫힌 경우 축방향 응력

$$\sigma_3 = \sigma_{zz} = -A$$

여기서

$$B = (p_o - p_i)\left(\frac{r_i^2 r_o^2}{r_o^2 - r_i^2}\right); \qquad A = \frac{p_o r_o^2 - p_i r_i^2}{r_o^2 - r_i^2}$$

(1) 내압만 작용하고 있는 경우

$$\sigma_{\theta\theta} = \frac{p_i r_i^2}{r_o^2 - r_i^2}\left[1 + \frac{r_o^2}{r^2}\right]; \ \sigma_{rr} = \frac{p_i r_i^2}{r_o^2 - r_i^2}\left[1 - \frac{r_o^2}{r^2}\right]; \ \sigma_{zz} = \frac{p_i r_i^2}{r_o^2 - r_i^2} \tag{4.18}$$

안쪽 벽면$(r = r_i)$에 작용하는 응력

$$\sigma_{\theta\theta} = p_i\left[\frac{r_o^2 + r_i^2}{r_o^2 - r_i^2}\right]; \quad \sigma_{rr} = -p_i; \quad \sigma_{zz} = \frac{p_i r_i^2}{r_o^2 - r_i^2} \tag{4.19}$$

바깥쪽 벽면$(r = r_o)$에 작용하는 응력

$$\sigma_{\theta\theta} = \left[\frac{2p_i r_i^2}{r_o^2 - r_i^2}\right]; \quad \sigma_{rr} = 0; \quad \sigma_{zz} = \frac{p_i r_i^2}{r_o^2 - r_i^2} \tag{4.20}$$

그림 4.7에는 내압만 작용하는 원통 압력용기의 식 (4.18)의 반지름방향 응력과 후프응력 분포를 도식하였다.

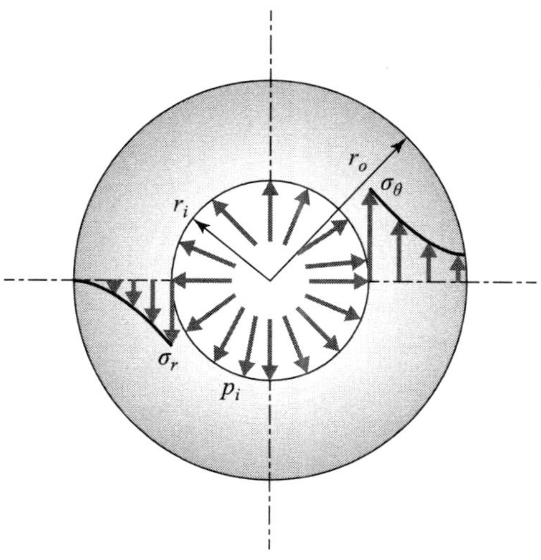

그림 4.7 내압만 작용하는 원통 압력용기의 반지름방향 응력과 후프응력 분포.

(2) 외압만 작용하고 있는 경우

$$\sigma_{\theta\theta} = \frac{-p_o r_o^2}{r_o^2 - r_i^2}\left[1 + \frac{r_i^2}{r^2}\right]; \quad \sigma_{rr} = \frac{-p_o r_o^2}{r_o^2 - r_i^2}\left[1 - \frac{r_i^2}{r^2}\right]; \quad \sigma_{zz} = \frac{-p_o r_o^2}{r_o^2 - r_i^2} \tag{4.21}$$

안쪽 벽면($r = r_i$)에 작용하는 응력

$$\sigma_{\theta\theta} = \left[\frac{-2p_o r_o^2}{r_o^2 - r_i^2}\right]; \quad \sigma_{rr} = 0; \quad \sigma_{zz} = \frac{-p_o r_o^2}{r_o^2 - r_i^2} \tag{4.22}$$

바깥쪽 벽면($r = r_o$)에 작용하는 응력

$$\sigma_{\theta\theta} = -p_o\left[\frac{r_o^2 + r_i^2}{r_o^2 - r_i^2}\right]; \quad \sigma_{rr} = -p_o; \quad \sigma_{zz} = \frac{-p_o r_o^2}{r_o^2 - r_i^2} \tag{4.23}$$

(3) 억지 끼워 맞춤

동일한 재질로 제작된 두 개의 원통을 억지 끼워 맞추어 복합원통으로 제작하는 경우 두 원통 사이의 계면에는 계면압력 p_i가 작용하게 된다. 이 계면압력은 다음의 식으로 계산할 수 있다. 원통 단면에 작용하는 응력의 분포는 그림 4.8을 참조하라.

$$p_i = \frac{E\delta}{b}\left[\frac{(c^2-b^2)(b^2-a^2)}{2b^2(c^2-a^2)}\right] \tag{4.24}$$

여기서 E : 탄성계수, δ : 두 원통의 억지 끼워진 반지름 크기, a : 내측 원통의 안쪽 반지름, b : 계면 반지름, c : 외측 원통의 바깥쪽 반지름 등이며 원통의 양끝이 열려 있고 δ는 계면반지름에 비하여 매우 작은 경우에 대한 식이다.

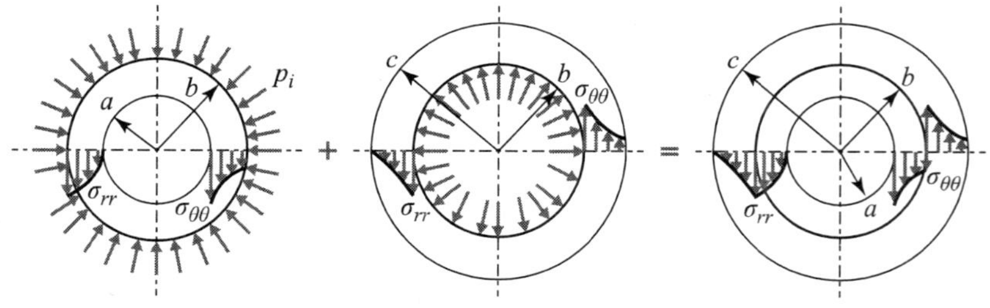

그림 4.8 복합원통 압력용기의 응력분포.

앞선 논의에서 보듯이 압력용기의 응력 해석에 벽이 두꺼운 경우와 얇은 경우의 식이 각각 제시되었다. 얇은 경우의 식은 두꺼운 경우의 특수한 사례이므로 두꺼운 경우의 식이 일반적이다. 간단한 식으로 표현되는 얇은 경우의 식이 일반적인 두꺼운 식의 결과에 비하여 만드는 오차 크기를 표 4.2에서 참조할 수 있다.

표 4.2 원통형 압력용기의 안쪽 반지름(r_i)에 작용하는 주응력 비교 (단위: m, MPa).

				얇은 벽 이론식			두꺼운 벽 이론식			오차	오차	
p_i	r_i	r_o	t	σ_c	σ_t	σ_a	σ_c	σ_t	σ_a	in σ_c	in σ_a	r_o/t
1	0.990	1	0.01	100	0	50	99.503	−1	49.251	0.50%	1.52%	100
1	0.975	1	0.025	40	0	20	39.506	−1	19.253	1.25%	3.88%	40
1	0.950	1	0.05	20	0	10	19.513	−1	9.2564	2.50%	8.03%	20
1	0.900	1	0.1	10	0	5	9.526	−1	4.2632	4.97%	17.28%	10
1	0.875	1	0.125	8	0	4	7.533	−1	3.2667	6.19%	22.45%	8
1	0.850	1	0.15	6.6667	0	3.3333	6.207	−1	2.6036	7.40%	28.03%	6.6667
1	0.800	1	0.2	5	0	2.5	4.556	−1	1.7778	9.76%	40.62%	5
1	0.750	1	0.25	4	0	2	3.571	−1	1.2857	12.00%	55.56%	4
1	0.700	1	0.3	3.3333	0	1.6667	2.922	−1	0.9608	14.09%	73.47%	3.3333
1	0.650	1	0.35	2.8571	0	1.4286	2.463	−1	0.7316	15.99%	95.27%	2.8571
1	0.600	1	0.4	2.5	0	1.25	2.125	−1	0.5625	17.65%	122.22%	2.5
1	0.550	1	0.45	2.2222	0	1.1111	1.867	−1	0.4337	19.00%	156.20%	2.2222
1	0.500	1	0.5	2	0	1	1.667	−1	0.3333	20.00%	200.00%	2

4.3 온도의 분포가 있는 두꺼운 벽의 원통형 압력용기

앞에서 고려한 경우는 온도의 영향이 없는 것이었다. 온도의 분포가 균일하지 않은 경우 압력용기의 지배방정식을 평형방정식, 적합방정식, 변위 - 변형률 관계식, 후크의 법칙 등으로 다음과 같이 구성할 수 있다.

$$\text{평형방정식} : r\frac{d\sigma_{rr}}{dr} = \sigma_{\theta\theta} - \sigma_{rr} \quad \text{또는} \quad \frac{d}{dr}(r\sigma_{rr}) = \sigma_{\theta\theta} \tag{4.25}$$

벽이 두꺼운 원통에서 변형률과 변위의 관계는 원주방향의 변위($v = 0$)가 없으므로 다음 세 개의 식으로 표현된다.

$$\text{변위 - 변형률 관계식} : \epsilon_{rr} = \frac{\partial u}{\partial r}; \quad \epsilon_{\theta\theta} = \frac{u}{r}; \quad \epsilon_{zz} = \frac{\partial w}{\partial z} \tag{4.26}$$

식 (4.26)에서 u를 제거하면 다음의 적합방정식을 얻는다.

$$\text{적합방정식 : } r\frac{d\epsilon_{\theta\theta}}{dr} = \epsilon_{rr} - \epsilon_{\theta\theta} \quad \text{또는} \quad \frac{d}{dr}(r\epsilon_{\theta\theta}) = \epsilon_{rr} \tag{4.27}$$

그리고 온도를 포함한 후크의 법칙은

$$\text{후크의 법칙 : } \epsilon_{rr} = \frac{1}{E}\left[\sigma_{rr} - \nu(\sigma_{\theta\theta} + \sigma_{zz})\right] + \alpha \Delta T \tag{4.28a}$$

$$\epsilon_{\theta\theta} = \frac{1}{E}\left[\sigma_{\theta\theta} - \nu(\sigma_{zz} + \sigma_{rr})\right] + \alpha \Delta T \tag{4.28b}$$

$$\epsilon_{zz} = \frac{1}{E}\left[\sigma_{zz} - \nu(\sigma_{rr} + \sigma_{\theta\theta})\right] + \alpha \Delta T \tag{4.28c}$$

원통형 압력용기의 양끝이 닫혀 있는 경우를 고려하자. 후크의 법칙 (4.28)을 적합방정식 (4.26)에 대입하면

$$\frac{d}{dr}\left(\sigma_{rr} + \sigma_{\theta\theta} + \frac{\alpha E \Delta T}{1-\nu}\right) = 0 \quad \text{또는} \quad \sigma_{rr} + \sigma_{\theta\theta} + \frac{\alpha E \Delta T}{1-\nu} = 2C_1 \tag{4.29}$$

식 (4.29)를 평형방정식 (4.25)의 $\sigma_{\theta\theta}$에 대입하고 정리하면

$$\frac{d}{dr}(r^2\sigma_{rr}) = -\frac{\sigma E \Delta T}{1-\nu} + 2C_1 r \tag{4.30}$$

식 (4.30)을 적분하면

$$\sigma_{rr} = -\frac{\alpha E}{r^2(1-\nu)}\int_{r_i}^{r} \Delta T r dr + \left(1 - \frac{r_i^2}{r^2}\right)C_1 + \frac{C_2}{r^2} \tag{4.31}$$

식 (4.31)을 식 (4.29)에 대입하여

$$\sigma_{\theta\theta} = \frac{\alpha E}{r^2(1-\nu)}\int_{r_i}^{r} \Delta T r dr - \frac{\alpha E \Delta T}{1-\nu} + \left(1 + \frac{r_i^2}{r^2}\right)C_1 - \frac{C_2}{r^2} \tag{4.32}$$

σ_{rr}은 원통의 안쪽 면(r_i)과 바깥 면(r_o)에서 각각 $-p_i$와 $-p_o$이므로 C_1과 C_2는 다음과 같이 식 (4.31)로부터 결정된다.

$$C_1 = \frac{1}{r_o^2 - r_i^2}\left(p_i r_i^2 - p_o r_o^2 + \frac{\alpha E}{1-\nu}\int_{r_i}^{r_o} \Delta T r dr\right) \tag{4.33a}$$

$$C_2 = -p_i r_i^2 \tag{4.33b}$$

축방향(z)의 응력과 변형률(ϵ_{zz})을 구해보자. 양끝이 닫힌 원통 압력용기의 외부에서 축방향(z)으로 외력 F_z을 포함하여 축방향 힘의 평형으로부터 다음과 같은 식이 성립한다.

$$\int_{r_i}^{r_o} \sigma_{zz}(2\pi r)dr = F_z + \pi(p_i r_i^2 - p_o r_o^2) \tag{4.34}$$

식 (4.34)를 포함한 앞의 결과를 식 (4.28c)에 대입하면

$$\epsilon_{zz} = \frac{1-2\nu}{E(r_o^2 - r_i^2)}(p_i r_i^2 - p_o r_o^2) + \frac{F_z}{\pi(r_o^2 - r_i^2)E} + \frac{2\alpha}{r_o^2 - r_i^2}\int_{r_i}^{r_o} \Delta T r dr \tag{4.35}$$

Chapter 4 연습문제

01 원뿔형 압력용기가 문제그림 4.1에 예시되어 있다. 이 압력용기에는 그림과 같이 깊이 h로 물이 가득 채워진 상태로 그림과 같이 공간에 설치되어 아랫방향으로 중력을 받고 있다. 그림의 수평 mn의 위치에서 용기의 막응력(membrane stress)을 계산하라. 또한 이 막응력이 최대가 되는 깊이 y를 계산하라.

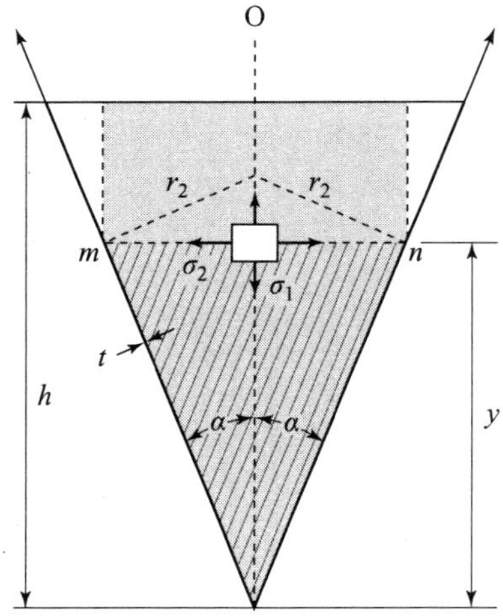

문제그림 4.1

해설

원뿔형 압력용기는 식 (4.2)의 특수한 경우로 $r_1 = \infty$이므로 다음의 식으로 정리된다.

$$\sigma_2 = \frac{pr_2}{t} \tag{a}$$

여기서 r_2는 그림의 mn의 위치에서 원주방향 반지름이다. 물의 비중이 w라면 이 위치에서 수압은

$$p = w(h-y) \tag{b}$$

그리고 r_2는

$$r_2 = \frac{y\tan\alpha}{\cos\alpha} \tag{c}$$

식 (b)와 식 (c)를 식 (a)에 대입하면 mn의 위치에서 후프응력은

$$\sigma_2 = \frac{w(h-y)}{t} \cdot \frac{y\tan\alpha}{\cos\alpha} \tag{d}$$

막응력이 최대가 되는 y를 찾기 위해서 우리는 위의 식 (d)을 미분하여 다음과 같은 식으로 얻을 수 있다.

$$\frac{d\sigma_2}{dy} = \frac{w\tan\alpha}{t\cos\alpha}(h-2y) = 0 \tag{e}$$

식 (e)를 풀면 $y=h/2$. 그리고 이를 식 (d)에 대입하면 최대 막응력을 얻는다.

$$(\sigma_2)_{\max} = \frac{wh^2\tan\alpha}{4t\cos\alpha} \tag{f}$$

같은 위치에서 자오선방향의 응력 σ_1은 그림에서 접선 mn 이하의 빗금 친 부분에 대한 물의 무게가 그림의 mn의 위치 벽 두께에서 지지된다는 사실로부터 계산할 수 있다.

$$\sigma_1 \cdot 2\pi y\tan\alpha \cdot t \cdot \cos\alpha = w(h-y)\pi y^2\tan^2\alpha + w\pi y^2\tan^2\alpha \cdot \frac{y}{3} \tag{g}$$

식 (g)를 풀면

$$\sigma_1 = \frac{w\tan\alpha}{2t\cos\alpha}\left(hy - \frac{2}{3}y^2\right) \tag{h}$$

최대하중을 얻기 위해서 $d\sigma_1/dy = 0$으로부터

$$\frac{d\sigma_1}{dy} = \frac{w\tan\alpha}{2t\cos\alpha}\left(h - \frac{4}{3}y\right) = 0 \tag{i}$$

식 (i)를 풀면 $y=3h/4$. 이를 식 (h)에 대입하면

$$(\sigma_1)_{\max} = \frac{3wh^2\tan\alpha}{16t\cos\alpha}$$

02 두께 0.10 in의 얇은 마그네슘판으로 만들어진 구형 압력용기가 있다. 이 구형 압력용기의 평균지름이 $D=250$ in이고 설계의 허용인장응력은 12,500 psi이다. 설계기준으로 안전한 압력용기를 만들 수 있는 최대 내부압력(p)을 계산하라.

해설

내압 p를 받는 구형 압력용기의 벽에 작용하는 인장응력의 허용응력 $\sigma=12{,}500$ psi의 크기는 $\sigma=pr/2t=pD/4t$의 관계를 만족해야 한다. 이 식에서 내압은

$$p=\frac{\sigma\cdot 4t}{D}=\frac{(12500)(4)(0.10)}{250}=20\text{ psi}$$

정답 $p=20$ psi

03 무게를 무시할 수 있는 구형 압력용기의 평균 반지름은 R이고 벽두께는 t이다. 이 압력용기가 주어진 그림과 같이 천장과 물의 부력에 의해서 외력을 받고 있다. 그림에서 용기는 물에 반 정도 잠겨 있다. 구형 압력용기가 물에 접한 위치에서 주응력 σ_1과 σ_2를 구하라. 물의 비중은 w이다.

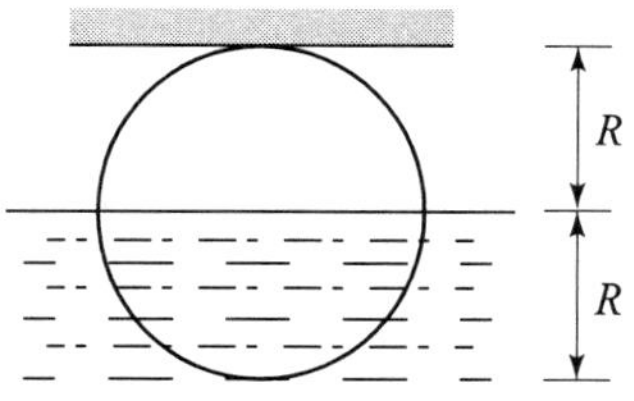

문제그림 4.3

해설

물에 잠겨 있는 구의 부피는 $V=(0.5)4\pi R^3/3=2\pi R^3/3$이므로 물에 의한 부력은 $B=wV=2\pi wR^3/3$이다. 물에 접한 위치에서 구의 단면은 $A=2\pi Rt$이고 부력 B는 수직 방향으로 이 면적에 의하여 지탱되므로 $\sigma_1 A+B=0$으로부터

$$\sigma_1=(-)\frac{B}{A}=(-)\frac{2\pi wR^2}{(3)(2\pi Rt)}=(-)\frac{wR^2}{3t}$$

물에 접한 위치에서 $p=0$이므로 다음의 식으로부터 σ_2를 구할 수 있다.

$$\frac{\sigma_1}{r_1}+\frac{\sigma_2}{r_2}=\frac{p}{t}\text{에서 }\frac{\sigma_1}{R}+\frac{\sigma_2}{R}=\frac{p}{t}=0\text{으로부터}$$

$$\sigma_2=(-)\sigma_1=\frac{wR^2}{3t}\text{가 된다.}$$

정답 $\sigma_1=-wR^2/3t;\quad \sigma_2=+wR^2/3t.$

04 그림에 보여진 바와 같이 원뿔 부분을 잘라낸 원뿔형 용기에 물을 담았다. 물의 비중은 $w=62.4\ \text{lb/ft}^3$ 그리고 벽두께는 $t=0.012\ \text{in.}$ 그림에 보여진 위치의 면적요소 A에서 수직응력 σ_1과 σ_2를 구하라. 원뿔의 밑변길이는 10 ft이다.

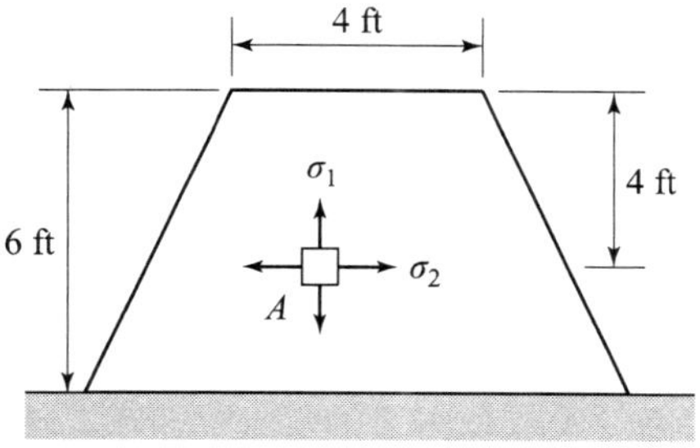

문제그림 4.4

해설

다음 그림을 참조하자.

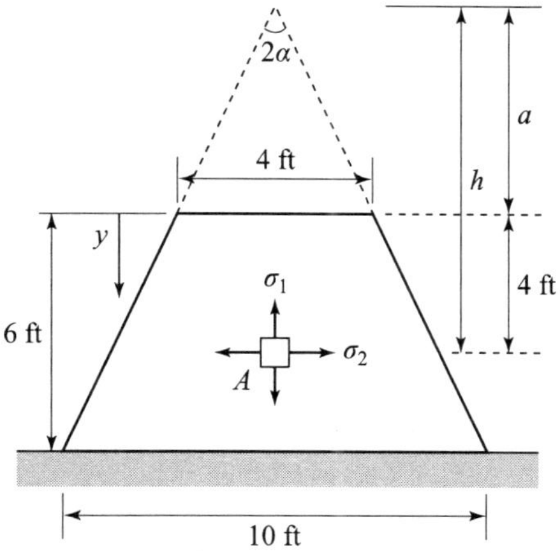

닮은꼴 삼각형 관계로부터

$$\frac{a}{2} = \frac{a+6}{5}; \qquad a = 4 \text{ ft.}$$

용기의 평균반지름 ρ는 y의 함수로 다음과 같다.

$$\rho = (a+y)\tan\alpha = \frac{4+y}{2}$$

용기의 미소부피는

$$dV = \pi\rho^2 dy = \frac{\pi}{4}(4+y)^2 dy$$

4 ft 깊이의 물의 무게는

$$\begin{aligned} W &= \int w\,dV = \int_0^4 w \cdot \frac{\pi}{4}(4+y)^2 dy \\ &= \frac{\pi w}{4} \cdot \left| \frac{(4+y)^3}{3} \right|_0^4 = \frac{\pi w}{12}(8^3 - 4^3) \\ &= \frac{\pi(62.4 \text{ lb/ft}^3)}{12}(8^3 - 4^3) \\ &= 7319 \text{ lb} \end{aligned}$$

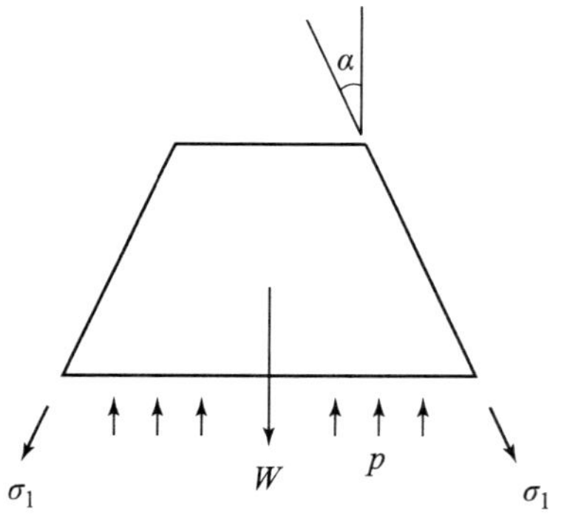

그림을 참고하여 수직방향 힘의 평형식을 세우면

$$\begin{aligned} &-\sigma_1 \cdot 2\pi rt\cos(\alpha) + \pi r^2 p \\ &= -\sigma_1 \cdot 2\pi \cdot 4 \text{ ft} \cdot 0.012 \text{ in} \cdot 12 \cdot \cos(\alpha) + \pi \cdot 4^2 \cdot (w \cdot 4 \text{ ft}) \\ &= W = 7319 \text{ lb} \end{aligned}$$

$$\sigma_1 = \frac{7319 - \pi(4)^2(62.4)(41)}{\cos\alpha(8\pi)(12)(0.012)} \text{ psi} = 1615 \text{ psi}$$

회전형 압력용기의 식 $\sigma_1/\rho_1+\sigma_2/\rho_2=p/t$와 $\rho_2\cos\alpha=4$ ft로부터

$$\sigma_2=\frac{p\rho_2}{t}=\frac{(62.4)(4)(144)(4)(12)}{(\cos\alpha)(0.012)}=7752\ \text{psi}$$

05 각각 길이가 100 ft인 두 개의 강재 파이프의 지름이 각각 D_1과 D_2이다. $D_1/D_2=2$. 이 두 파이프를 수직으로 세워놓고 각 파이프의 내부에 물을 채웠다. 이 두 파이프에서 발생하는 최대 후프응력 $(\sigma_2)_{max}$을 똑같게 하려면 두 파이프 벽의 두께비(wall thickness ratio) t_1/t_2를 얼마로 해야 할까?

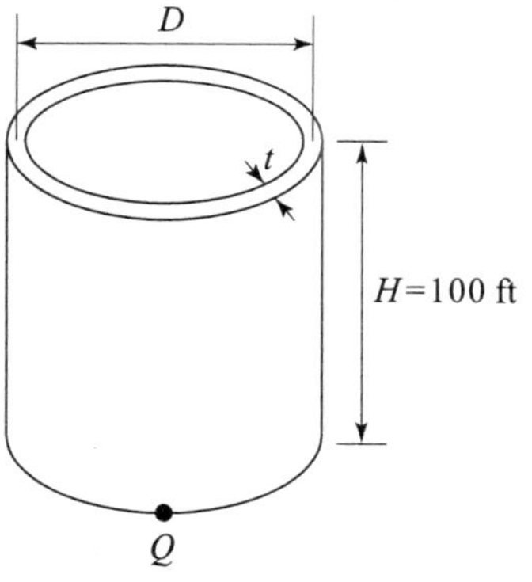

문제그림 4.5

해설

제일 바닥의 점 Q에서 최대 후프응력이 일어난다. 이 최대 후프응력을 σ_Q라 하자.

$$\sigma_Q=\frac{p_Q\cdot\rho_Q}{t};\qquad \rho_Q=\frac{D}{2};\ p_Q=wH$$

$$\sigma_Q=\frac{wHD}{2t}$$

$$\sigma_{Q_1}=\frac{wHD_1}{2t_1};\qquad \sigma_{Q_2}=\frac{wHD_2}{2t_2}$$

$\sigma_{Q_1}=\sigma_{Q_2}$가 되려면,

$$\frac{D_1}{t_1}=\frac{D_2}{t_2};\qquad \frac{t_1}{t_2}=\frac{D_1}{D_2}=2$$

06 복합원통형 구조를 고려한다. 이 복합원통형은 문제그림 4.6에 보여진 바와 같이 강철소재($E_s = 200$ GPa) 원통 안쪽에 황동소재($E_b = 110$ GPa) 원통을 두 원통 사이에 계면압력이 없도록 조립된 후 황동 원통의 내벽에 2 MPa의 압력을 가하였다. 계면에 생성된 계면압력(p_c)과 황동 원통에 생성된 후프 응력의 크기를 구하여라.

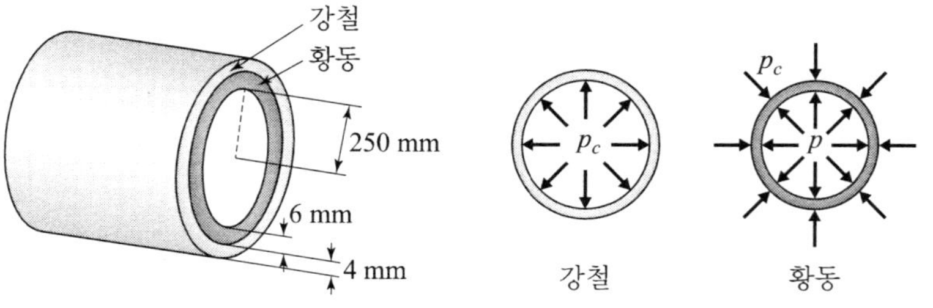

문제그림 4.6 **강철과 황동 원통으로 구성된 복합원통 압력용기.**

해설

안쪽 황동 원통(두께 t_b)에 압력(p)이 가해지면 이 원통은 팽창한다. 그러나 황동 원통의 바깥쪽 강철 원통(두께 t_s)이 황동 원통의 자유로운 팽창을 방해하게 되므로 두 원통 사이에는 접촉압력 p_c가 발생한다. 결과적으로 안쪽 황동 원통의 팽창크기는 두 압력의 차이($p-p_c$)에 의하여 결정되는 반면 바깥쪽의 강철 원통은 p_c에 의하여 팽창한다. 두 원통은 접촉이 일어나는 계면을 맞대고 있으므로 황동의 바깥 반지름은 강철의 안쪽 반지름과 항상 같다. 따라서 두 원통의 반지름방향의 팽창크기는 $\delta_b = \delta_s$이므로

$$\frac{(p-p_c)r_b^2}{E_b t_b} = \frac{p_c r_s^2}{E_s t_s};$$

$$p = \left(1 + \frac{r_s^2}{r_b^2} \cdot \frac{E_b}{E_s} \cdot \frac{t_b}{t_s}\right)p_c = \left[1 + \left(\frac{258^2}{253^2}\right)\left(\frac{110}{200}\right)\left(\frac{6}{4}\right)\right]p_c = 1.8579p_c$$

$p = 2$ MPa을 대입하면 계면압력은 $p_c = 1.0765$ MPa. 이 계면압력 값으로부터 황동 원통의 후프응력을 계산할 수 있다.

$$(\sigma_{\theta\theta})_b = \frac{(p-p_c)r_b}{t_b} = \frac{(2-1.0765)(253)}{6} = 38.94\ \text{MPa}$$

07 구형 풍선의 고무소재가 선형탄성(탄성계수 E, 포와송의 비 $\nu=0.5$)이라고 하자. 이 풍선에 내압 p이 작용할 때 반지름 팽창률 $\lambda_r = r/r_o$이 다음과 같은 관계식이 성립함을 증명하라.

$$\frac{pr_o}{4Et_o} = \frac{1}{\lambda_r^2} - \frac{1}{\lambda_r^3}$$

여기서 r_o과 t_o은 최초 반지름과 벽의 두께이다. 이 함수의 그래프를 그리고 임계값을 계산하라.

해설

구의 표면적 : $4\pi r_o^2 \;\rightarrow\; 4\pi r^2$

구의 부피 : $4\pi r_o^2 t_o \;\rightarrow\; 4\pi r^2 t$

$\nu=0.5$일 때 부피의 변화가 없으므로 즉, $\Delta V/V=0$이므로 $r_o^2 t_o = r^2 t$.

따라서 $t = t_o/\lambda_r^2$

$$\epsilon_{\theta\theta} = \frac{1}{E}(\sigma_{\theta\theta} - \nu\sigma_{rr}) = \frac{1-\nu}{E}\sigma = \frac{1-v}{E}\frac{pr}{2t} = \frac{pr}{4tE}$$

구의 둘레 $2\pi r = 2\pi r_o(1+\epsilon_{\theta\theta}) = 2\pi r_o\left(1+\frac{pr}{4tE}\right)$로부터

$$r = r_o + \frac{prr_o}{4tE} = r_o + r_o \cdot \frac{pr_o}{4t_oE} \cdot \frac{r}{r_o} \cdot \frac{t_o}{t} = r_o + r_o \cdot \frac{pr_o}{4t_oE} \cdot \lambda_r \cdot \lambda_r^2$$이므로

$$\lambda_r - 1 = \lambda_r^3 \cdot \frac{pr_o}{4t_oE}$$

따라서 $\frac{pr_o}{4Et_o} = \frac{1}{\lambda_r^2} - \frac{1}{\lambda_r^3}$.

$$\frac{d}{d\lambda_r}\left(\frac{1}{\lambda_r^2} - \frac{1}{\lambda_r^3}\right) = \frac{-2}{\lambda_r^3} + \frac{3}{\lambda_r^4} = \frac{1}{\lambda_r^4}(-2\lambda_r + 3) = 0$$으로부터

임계값은 $\lambda_r = 1.5$. 즉 $p_{crit} = 0.6Et_o/r_o$.

임계값은 풍선에 최대의 압력이 가해지는 상태이다. 임계값에 도달한 후에 풍선은 불안정한 팽창을 계속 진행하면서 두께가 너무 얇아지면서 터질 것이다.

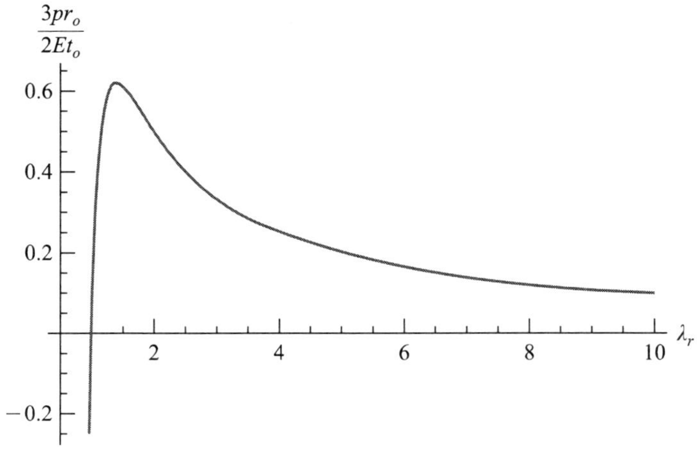

08 앞의 문제 07의 비압축성($\nu = 0.5$) 고무소재가 다음과 같이 비선형으로 정의될 때 내압 p이 작용할 때 반지름 팽창률 $\lambda_r = r/r_o$의 관계식을 유도하라. 또한 함수의 그래프를 그리고 임계값을 계산하라.

$$\sigma_x^t = \frac{E}{3}\left(\lambda_x^2 - \frac{1}{\lambda_x^2\lambda_y^2}\right)$$

σ_x^t는 인장응력, λ_x와 λ_y는 해당 방향의 인장비(stretch ratio)이다.

해설

구의 대칭성으로부터 $\lambda_x = \lambda_y = \lambda$이므로 $2\pi r = \lambda_x \cdot 2\pi r_o = 2\pi\lambda r_o$; $r = \lambda r_o$; $\lambda = r/r_o$ $= \lambda_r$.

$$\sigma_{\theta\theta} = \sigma_{\phi\phi} = \frac{pr}{2t} = \frac{E}{3}\left(\lambda_x^2 - \frac{1}{\lambda_x^2\lambda_y^2}\right) = \frac{E}{3}\left(\lambda_r^2 - \frac{1}{\lambda_r^4}\right)$$

$$\frac{3pr}{2tE} = \frac{3pr_o}{2tE}\lambda_r^3 = \lambda_r^2 - \frac{1}{\lambda_r^4}; \quad \frac{3pr_o}{2tE} = \frac{1}{\lambda_r} - \frac{1}{\lambda_r^7}$$

$$\frac{d}{d\lambda_r}\left(\frac{1}{\lambda_r} - \frac{1}{\lambda_r^7}\right) = \frac{-1}{\lambda_r^2} + \frac{7}{\lambda_r^8} = \frac{1}{\lambda_r^8}(-\lambda_r^6 + 7) = 0$$

임계값은 $\lambda_r = 1.38$. 즉 $p_{crit} = 0.413Et_o/r_o$.

임계값은 풍선에 최대의 압력이 가해지는 상태이다. 임계값에 도달한 후에 풍선은 불안정한 팽창을 계속 진행하면서 두께가 너무 얇아지면서 터질 것이다.

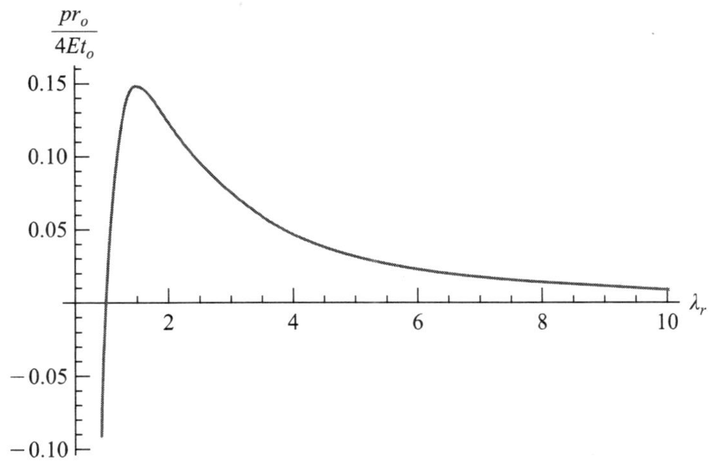

09 두꺼운 벽 원통형 압력용기가 강철소재($E=200$ GPa, $\nu=0.29$)로 제작되었다. 이 원통의 안쪽 반지름은 10 mm이고 바깥쪽 반지름은 50 mm이다. 양끝이 개방되어 있는 이 압력용기의 내부에 300 MPa의 압력을 가할 때 반지름 $r=r_i=10$ mm, $r=25$ mm, $r=r_o=50$ mm의 위치에서 작용하는 σ_{rr}과 $\sigma_{\theta\theta}$를 계산하라.

해설

식 (4.16)의 $\sigma_{rr}=\frac{r_i^2p_i-r_o^2p_o}{(r_o^2-r_i^2)}-\frac{(p_i-p_o)r_i^2r_o^2}{(r_o^2-r_i^2)r^2}$과 $\sigma_{\theta\theta}=\frac{r_i^2p_i-r_o^2p_o}{(r_o^2-r_i^2)}+\frac{(p_i-p_o)r_i^2r_o^2}{(r_o^2-r_i^2)r^2}$으로부터 $p_o=0$인 경우이므로 $\sigma_{rr}=\frac{r_i^2p_i}{r_o^2-r_i^2}\left(1-\frac{r_o^2}{r^2}\right)$와 $\sigma_{\theta\theta}=\frac{r_i^2p_i}{r_o^2-r_i^2}\left(1+\frac{r_o^2}{r^2}\right)$으로부터 계산할 수 있다.

$p_i=300$ MPa와 반지름 $r=r_i=10\,\mathrm{mm}$, $r=25\,\mathrm{mm}$, $r=r_o=50\,\mathrm{mm}$을 각각 위의 식에 대입하면 다음의 표와 같이 정리된 해답을 얻는다.

응력성분	$r=10$ mm	$r=25$ mm	$r=50$ mm
σ_{rr}	−300.0 MPa	−37.5 MPa	0.0 MPa
$\sigma_{\theta\theta}$	325.0 MPa	62.5 MPa	25.0 MPa

10 길이가 매우 길고 두꺼운 벽을 가진 원통형 압력용기의 안쪽 반지름은 $r_i = 100$ mm이고 바깥쪽 반지름은 $r_o = 250$ mm이다. 이 압력용기가 내부에 $p_i = 80$ MPa의 압력을 받고 있다면 압력용기에 형성되는 최대 반지름방향 응력(σ_{rr})과 후프응력($\sigma_{\theta\theta}$)의 크기를 구하라. 이 압력용기의 양끝은 닫혀 있다.

해설

응력은 내벽($r = r_i = 100$ mm)에서 최대가 되므로

$$\sigma_{rr} = \frac{r_i^2 p_i}{r_o^2 - r_i^2}\left(1 - \frac{r_o^2}{r^2}\right) \text{와 } \sigma_{\theta\theta} = \frac{r_i^2 p_i}{r_o^2 - r_i^2}\left(1 + \frac{r_o^2}{r^2}\right) \text{ 그리고 } \sigma_{zz} = \frac{p_i r_i^2}{r_o^2 - r_i^2}$$

에 문제에서 주어진 값을 대입하여 계산할 수 있다.

$$\sigma_{rr} = p_i \frac{r_i^2 - r_o^2}{r_o^2 - r_i^2} = -p_i = -80 \text{ MPa}$$

$$\sigma_{\theta\theta} = p_i \frac{r_i^2 + r_o^2}{r_o^2 - r_i^2} = 80 \frac{100^2 + 250^2}{250^2 - 100^2} = 110.5 \text{ MPa}$$

$$\sigma_{zz} = p_i \frac{r_i^2}{r_o^2 - r_i^2} = 80 \frac{100^2}{250^2 - 100^2} = 15.2 \text{ MPa}$$

5
CHAPTER

굽 힘

이 장에서 우리는 곡률이 있는 보, 즉 축이 굽은 보에 단면에 대칭성이 있는 경우 일반적으로 적용될 수 있는 문제를 정의하고 이에 대한 근사해법을 알아본다. 물론 직선축을 갖는 오일러(Euler)의 보는 곡률이 '0'인 특수한 경우이므로 여기서 유도하는 식의 특수한 경우로 식의 단순화를 통해서 가늘고 긴, 즉 세장비가 큰 직선보의 식으로 유도할 수 있다. 이 문제의 정의에는 문제의 단순화를 위하여 다음과 같은 가정을 만족하는 경우에 국한시킨다.

(1) 하중이 가해지기 전 보의 평면단면은 하중을 받고 있는 중에도 단면이 평면을 유지한다.
(2) 보의 임의 단면에서 작용하는 축방향 수직응력($\sigma_{\theta\theta}$)에 비하여 곡률반경 방향의 수직응력(σ_{rr})과 전단응력($\sigma_{r\theta}$)의 크기는 충분히 작아서 무시할 수 있다. 따라서 응력의 상태는 일차원이다.

5.1 곡률이 있는 보의 굽힘응력

그림 5.1에는 굽은 보에 작용하는 응력성분의 정의와 식의 유도에 사용할 기호가 설명되어 있다.

이 그림에서 R은 단면의 도심(centroid)과 호(arc)의 중심 사이의 거리, 즉 곡률반경이다. 또한 R_n은 변형량이 없는 위치까지의 반지름, 즉 중립축의 위치이다. 그림 5.1에 그려진 바와 같이 z축의 양의 방향을 θ가 증가하는 방향, 즉 면 BC에 수직한 방향으로 설정하자. 자유물체도에서 z방향 힘의 평형식과 도심을 통과하는 x축에 대한 모멘트의 평형식으로부터

$$\sum F_z = \int \sigma_{\theta\theta}\, dA - N = 0 \tag{5.1}$$

$$\sum M_x = \int \sigma_{\theta\theta}(R-r)\, dA - M_x = 0 \tag{5.2}$$

을 얻는다. 식 (5.1)과 식 (5.2)를 풀면

$$N = \int \sigma_{\theta\theta}\, dA \tag{5.1a}$$

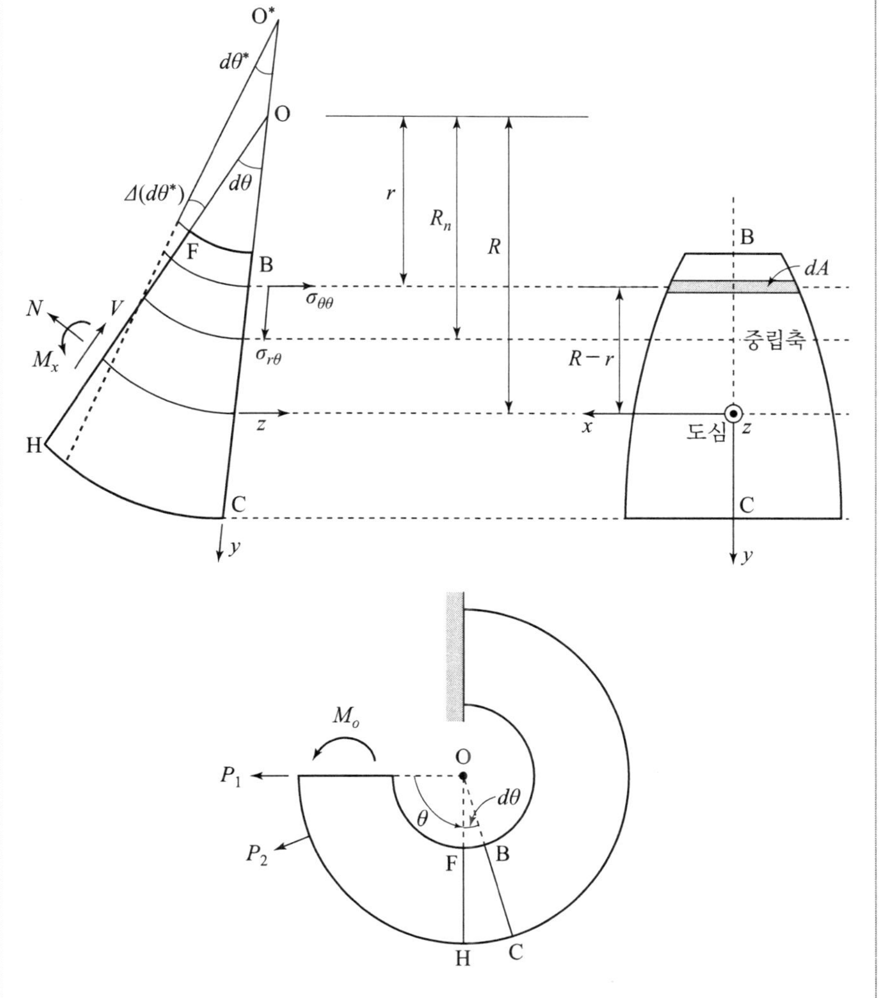

그림 5.1 곡률이 있는 보의 응력과 기호.

$$M_x = \int \sigma_{\theta\theta}(R-r)dA \tag{5.2a}$$

중립축 R_n의 정의에 의하여 임의 단면에서 질점이 θ방향으로 이동하는 변형량은 중립축으로부터 반지름방향으로 떨어진 거리$(R_n - r)$에 선형적으로 비례한다. 그러나 $rd\theta$가 r의 함수이므로 θ방향의 변형률 $\epsilon_{\theta\theta}$는 반지름 r의 비선형 함수가 된다. 한편, 총 길이가 L인 직선보의 경우에는 $rd\theta = y$이므로 $\epsilon_{\theta\theta}$

$= \epsilon_{zz} = y/R_n d\theta = y/L$로 선형적으로 비례한다. 굽은 보의 비선형 변형률 $\epsilon_{\theta\theta}$는 정의에 따라서 다음과 같이 표현된다.

$$\epsilon_{\theta\theta} = \frac{(R_n - r)\Delta(d\theta^*)}{rd\theta} = \left(\frac{R_n}{r} - 1\right)w \tag{5.3}$$

여기서 $w = \Delta(d\theta^*)/d\theta$로 정의되었다. 그리고 σ_{xx}는 충분히 작은 크기로 가정되었으므로 식에서 무시되었다. x축 방향의 응력이 무시되었으므로 굽은 보의 응력상태는 $y-z$ 혹은 $y-\theta$ 평면의 응력상태로 계산할 수 있다. 한편 r방향(y방향)의 응력 σ_{rr}의 영향을 무시할 수 없는 경우도 있지만 본 절의 $\epsilon_{\theta\theta}$ 논의에서는 고려하지 않기로 한다. 후크의 법칙을 적용하면

$$\sigma_{\theta\theta} = E\epsilon_{\theta\theta} = E \cdot \frac{R_n - r}{r} w = \frac{EwR_n}{r} - Ew \tag{5.4}$$

식 (5.4)를 식 (5.1)과 (5.2)에 대입하면 면에 수직한 힘의 총합 N과 x축 주위의 면에 작용하는 모멘트 총합 M_x를 다음과 같이 구한다.

$$N = R_n Ew \int \frac{dA}{r} - Ew \int dA = R_n Ew A_m - EwA \tag{5.5}$$

$$\begin{aligned} M_x &= R_n REw \int \frac{dA}{r} - (R + R_n)Ew \int dA + Ew \int rdA \\ &= R_n REwA_m - (R + R_n)EwA + EwRA \end{aligned}$$

정리하면,

$$M_x = R_n \cdot Ew \cdot (RA_m - A) \tag{5.6}$$

여기서 A는 굽은 보의 단면적이고

$$A_m = \int \frac{dA}{r} \tag{5.7}$$

로 정의된 무차원 가중면적이다.

식 (5.6)은 다음의 식 (5.8)로 다시 쓸 수 있다.

$$R_n E w = \frac{M_x}{RA_m - A} \tag{5.8}$$

식 (5.8)을 식 (5.5)에 대입하면

$$Ew = \frac{R_n E w A_m}{A} - \frac{N}{A} = \frac{A_m M_x}{A(RA_m - A)} - \frac{N}{A} \tag{5.9}$$

식 (5.8)과 (5.9)를 식 (5.4)에 대입하면 최종적으로 굽은 보에 분포하고 있는 축응력에 대한 유용한 식을 구할 수 있다.

$$\begin{aligned}\sigma_{\theta\theta} &= \frac{EwR_n}{r} - Ew \\ &= \frac{M_x}{r(RA_m - A)} - \frac{A_m M_x}{A(RA_m - A)} + \frac{N}{A}\end{aligned}$$

을 간략히 하여

$$\sigma_{\theta\theta} = \frac{N}{A} + \frac{M_x(A - rA_m)}{Ar(RA_m - A)} \tag{5.10}$$

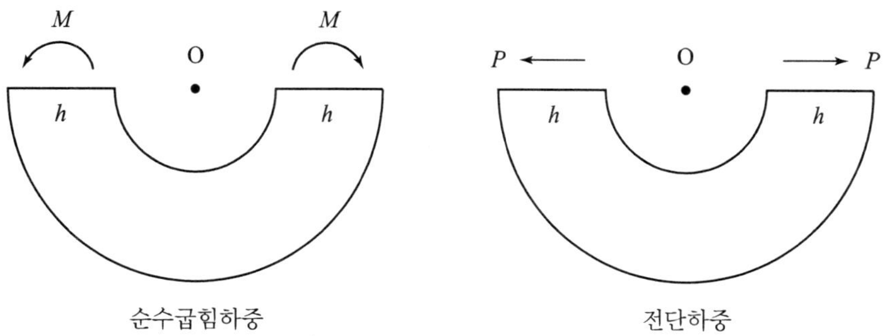

그림 5.2 순수굽힘을 받는 굽은 보와 전단하중을 받는 굽은 보.

$\sigma_{\theta\theta}$에 대한 탄성학 해답에 비교하면 굽은 보의 근사해는 전단하중을 받는 근사해 보다 순수굽힘을 받는 경우의 근사해가 더 정확하다는 것을 확인할 수 있다. 대부분의 굽은 보는 굽힘과 전단하중을 동시에 받는다. 절대 다수의 문제에서 굽은 보의 R/h는 1.0보다 매우 크다. 따라서 직사각형 단면의 굽은 보에 대해서 유도된 식 (5.10)을 적용한 오차는 적시할 만큼 크지 않다. 그러나 I-단면과 T-단면의 굽은 보에 대한 적용의 경우엔 근사식의 결과에 무시하기 어려운 크기의 오차가 포함될 수 있다. 한편, 굽은 보에 대해서 식 (5.10)을 대신해서 직선보에 대한 근사식을 사용한다면 R/h의 값이 상대적으로 작은 경우에 상당한 오차가 포함된다. 예를 들어 R/h가 5.0 정도인 경우 7% 수준의 오차가 예상되는데 더 큰 문제는 이 오차가 보수적이 아니라는 것이다. 일반적으로 R/h가 5.0 이상이라면 굽은 보에 대해서 직선보의 근사식을 사용해도 큰 문제가 없다. 직선보의 R/h는 ∞이다.

5.2 굽은 보의 특별 경우인 직선보

R/h는 ∞이면 굽은 보의 형상은 직선보가 되기 때문에 식 (5.10)의 우변은 '$-M_x y/I_x$'로 간략화 되어야 한다. 굽은 보의 형상을 주목하면 M_x 양의 방향인 경우 음의 값이 된다는 것을 부호의 약속으로부터 확인할 수 있다. $r = R+y$이므로 식 (5.10)의 RA_m은 다음과 같이 쓸 수 있다.

$$RA_m = \int\left(\frac{R}{R+y}+1-1\right)dA = A - \int\frac{y}{R+y}dA$$

$R/h \to \infty$일 때, 식 (5.10)의 분모는 다음과 같이 바꾸어 쓸 수 있다.

$$\begin{aligned} Ar(RA_m - A) &= -A(R+y)\int\frac{y}{R+y}dA \\ &= -A\int\frac{Ry}{R+y}dA - Ay\int\frac{y}{R+y}dA \\ &= -A\int\left(\frac{Ry}{R+y}+y-y\right)dA - Ay\int\frac{y}{R+y}dA \end{aligned}$$

$$= -A\int\left(\frac{Ry}{R+y}-y\right)dA - A\int ydA - Ay\int\frac{y}{R+y}dA$$

$$= A\int\frac{y^2}{R+y}dA - A\int ydA - Ay\int\frac{y}{R+y}dA$$

$$= \frac{A}{R}\int\frac{y^2}{1+(y/R)}dA - A\int ydA - \frac{Ay}{R}\int\frac{y}{1+(y/R)}dA$$

$$= \frac{AI_x}{R}$$

$R/h \to \infty$ 이므로, $y/R \to 0$, $1+(y/R) \to 1$, $\int[y^2/\{1+(y/R)\}]dA \to I_x$ 그리고 $\int[y/(1+y/R)]dA \to 0$. 위의 관계를 대입하면 식 (5.10)의 우변은 다음과 같이 간략화된다.

$$\frac{M_xR}{AI_x}(A-rA_m) = \frac{M_xR}{AI_x}[A-(R+y)A_m]$$

$$= \frac{M_xR}{AI_x}(A-RA_m-yA_m)$$

$$= \frac{M_xR}{AI_x}\left(\int\frac{R+y}{R+y}dA - R\int\frac{dA}{R+y} - y\int\frac{dA}{R+y}\right)$$

$$= \frac{M_xR}{AI_x}\left(\int\frac{y}{R+y}dA - y\int\frac{dA}{R+y}\right)$$

$$= -\frac{M_xR}{AI_x}\left(\int\frac{y/R}{1+(y/R)}dA - \frac{y}{R}\int\frac{dA}{1+(y/R)}\right)$$

$$= -\frac{M_xy}{I_x}$$

즉, 직선보가 순수굽힘 모멘트 M_x를 받을 때 단면의 굽힘응력 $\sigma_{\theta\theta}$는

$$\sigma_{\theta\theta} = -\frac{M_xy}{I_x}$$

가 되어 오일러 보의 수식과 동일함을 확인할 수 있다.

5.3 가중면적 A_m의 계산

가중면적(weighted area) A_m은 식 (5.7)에서 $\int (1/r)dA$로 정의되었다. 직사각형 단면과 원형 단면인 경우에 대해서 다음과 같이 계산할 수 있다.

그림 5.3(a)에 대해서 면적과 도심까지 곡률반경의 계산은

$$A = b(c-a) \qquad \text{그리고} \qquad R = \frac{a+c}{2}$$

따라서 사각형 단면에 대한 가중면적의 계산은

$$A_m = \int_a^c \frac{bdr}{r} = b\ln\frac{c}{a} \tag{5.11}$$

원형 단면 그림 5.3(b)에서 면적은 $A = \pi b^2$이므로 가중면적의 계산은

$$A_m = \int_A \frac{dA}{r} = 2\pi(R - \sqrt{R^2 - b^2}) \tag{5.12}$$

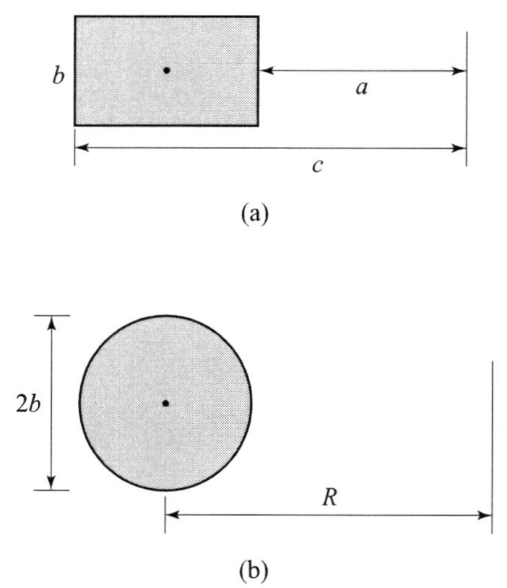

그림 5.3 사각형 및 원형 단면의 가중면적 관련 기호.

복합면적에 대하여 A, A_m, R의 계산은 다음과 같이 수행할 수 있다.

$$A = \sum_{i=1}^{n} A_i; \qquad A_m = \sum_{i=1}^{n} (A_m)_i; \qquad R = \frac{\sum_{i=1}^{n} R_i A_i}{\sum_{i=1}^{n} A_i} \tag{5.13}$$

5.4 단면의 중립축 위치

굽힘하중을 받는 단면의 중립축은 $\sigma_{\theta\theta} = 0$으로 정의된다. 굽은 보의 임의 축 위치에서 미소길이 호의 중심으로부터 중립축 위치까지의 거리는 반지름 R_n이다. 중립축의 위치는 식 (5.10)에 $r = R_n$에서 $\sigma_{\theta\theta} = 0$의 조건으로부터 결정할 수 있으며

$$R_n = \frac{AM_x}{A_m M_x + N(A - RA_m)} \tag{5.14}$$

순수굽힘에 대해서 $N = 0$이므로

$$R_n = \frac{A}{A_m} \tag{5.15}$$

예제 5.1

그림에 보여진 프레임의 단면은 모든 축 위치에서 균일하게 50 mm×50 mm의 정사각형이다. 한 쌍의 수직하중 P가 프레임의 우측 반원형상의 중심으로부터 100 mm만큼 좌측으로 떨어진 곳에 작용한다. 반원형상에서 내측 표면의 곡률반경은 $a = 30$ mm이다. $P = 9.50$ kN에 대하여 프레임에 작용하는 최대 인장응력과 최대 압축응력의 크기를 계산하라.

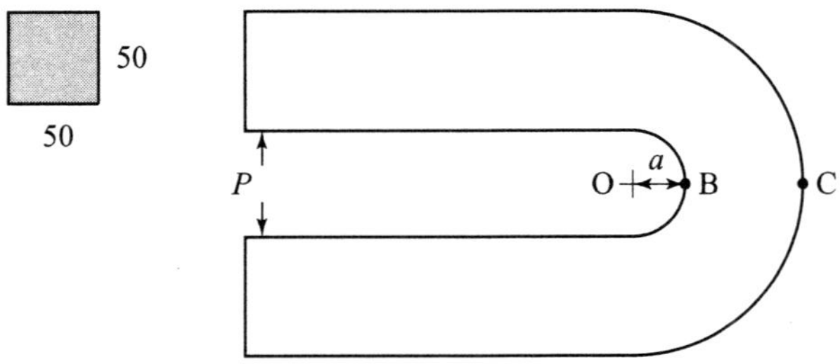

예제그림 5.1

해설

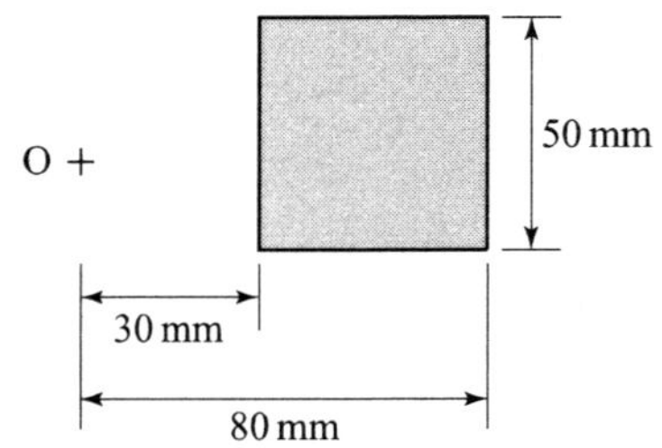

$$A = 50(80 - 30) = 2{,}500\ \text{mm}^2$$

$$A_m = 50 \ln \frac{80}{30} = 49.04\ \text{mm}$$

$$R = \frac{80 + 30}{2} = 55\ \text{mm}$$

따라서 최대 인장응력은 내측 곡면 B에서 일어나며 크기는

$$\begin{aligned}(\sigma_{\theta\theta})_B &= \frac{P}{A} + \frac{M_x(A - rA_m)}{Ar(RA_m - A)} \\ &= \frac{9{,}500}{2{,}500} + \frac{155(9{,}500)[2{,}500 - 30(49.04)]}{2{,}500(30)[55(49.04) - 2{,}500]} \\ &= 106.20\ \text{MPa}\end{aligned}$$

또한 최대 압축응력은 외측 곡면 C에서 일어나며 크기는

$$\begin{aligned}(\sigma_{\theta\theta})_C &= \frac{9{,}500}{2{,}500} + \frac{155(9{,}500)[2{,}500 - 80(49.04)]}{2{,}500(80)[55(49.04) - 2{,}500]} \\ &= -49.30\ \text{MPa}\end{aligned}$$

■

예제 5.2

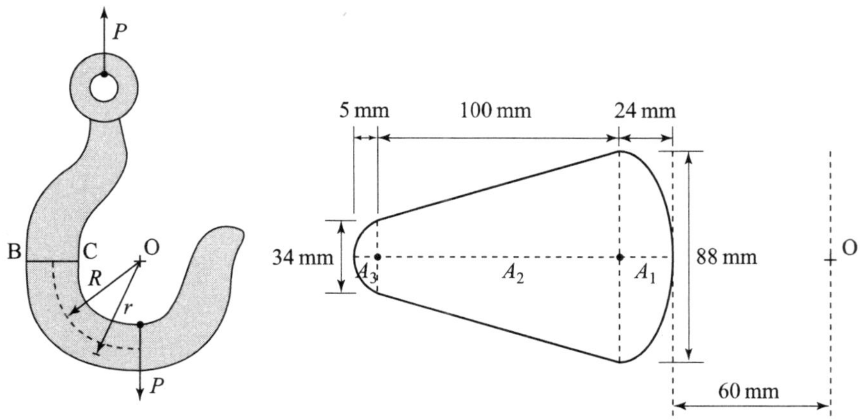

예제그림 5.2

절단면 BC는 크레인 후크에서 가장 특별한 응력의 분포를 갖는 부분이다. 현장에서 찾아 볼 수 있는 많은 종류의 크레인 후크에서 특별한 단면 BC의 형상을 확인하면 예제그림 5.2에 예시된 바와 같이 사다리꼴과 두 개의 반타원 단면의 복합 단면으로 구성되어 있다. 크레인 후크의 소재로 강재(ductile steel)는 항복하중이 $S_Y = 500$ MPa이다. 그림에 예시된 후크가 항복하중 대비 안전계수(SF) 2.0로 설계되었다면 크레인 후크가 견딜 수 있는 최대 하중 P의 크기를 계산하라. 계산을 위하여 다음의 계산요소를 참고하라.

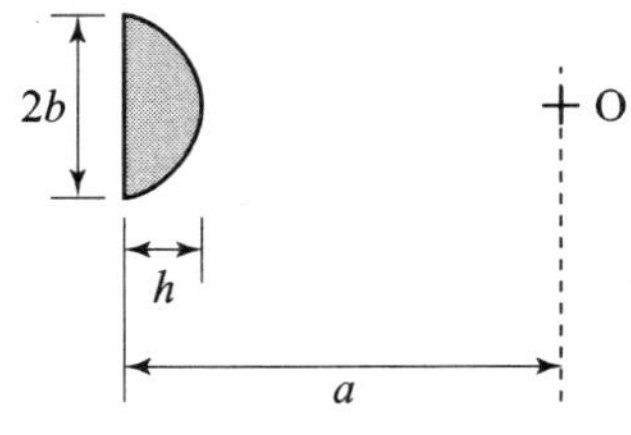

$$A = \pi bh/2; \quad R = a - (4h/3\pi)$$

$$A_m = 2b + \frac{\pi b}{h}\left(a - \sqrt{a^2 - h^2}\right) - \frac{2b}{h}\sqrt{a^2 - h^2}\,\sin^{-1}\left(\frac{h}{a}\right)$$

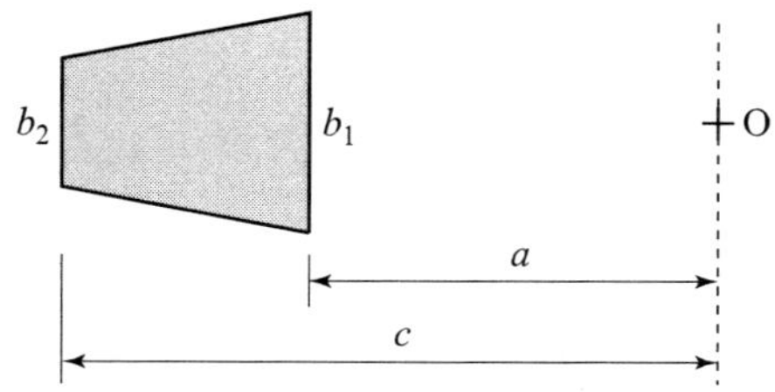

$$A = (b_1 + b_2)/2 \cdot (c - a)$$

$$R = \frac{a(2b_1 + b_2) + c(b_1 + 2b_2)}{3(b_1 + b_2)}$$

$$A_m = \frac{b_1 c - b_2 a}{c - a} \ln\left(\frac{c}{a}\right) - b_1 + b_2$$

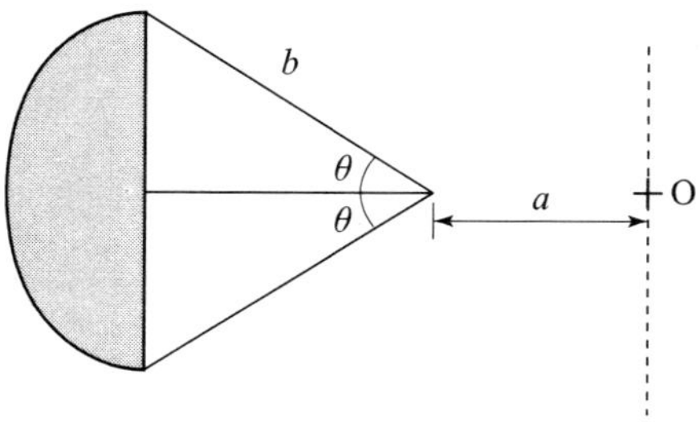

$$A = b^2\theta - (b^2/2)\sin 2\theta$$

$$R = a + \frac{4b\sin^3\theta}{3(2\theta - \sin 2\theta)}$$

$a > b$일 때,

$$A_m = 2a\theta - 2b\sin\theta - \pi\sqrt{a^2 - b^2} + 2\sqrt{a^2 - b^2}\,\sin^{-1}\left(\frac{b + a\cos\theta}{a + b\cos\theta}\right)$$

$b > a$일 때,

$$A_m = 2a\theta - 2b\sin\theta + 2\sqrt{b^2 - a^2}\,\ln\left(\frac{b + a\cos\theta + \sqrt{b^2 - a^2}\,\sin\theta}{a + b\cos\theta}\right)$$

해설

$$A_1 = 1658.76\ \text{mm}^2; \quad R_1 = 73.81\ \text{mm}; \quad A_{m1} = 22.64\ \text{mm}$$

사다리꼴 단면 A_2에 대해서,

$$a = 60 + 24 = 84\ \text{mm}; \quad c = a + 100 = 184\ \text{mm},$$

$$A_2 = 6100\ \text{mm}^2; \quad R_2 = 126.62\ \text{mm}; \quad A_{m2} = 50.57\ \text{mm}$$

반타원형 단면 A_3에 대해서,

$$\theta = 0.5721\ \text{rad}; \quad b = 31.40\ \text{mm}; \quad a = 157.60\ \text{mm},$$

$$A_3 = 115.27\ \text{mm}^2; \quad R_3 = 186.01\ \text{mm}; \quad A_{m3} = 0.62\ \text{mm}$$

총 복합면적에 대해서,

$$A = 6100.00 + 115.27 + 1658.76 = 7874.03\ \text{mm}^2;$$

$$A_m = 50.57 + 0.62 + 22.64 = 73.83\ \text{mm};$$

$$R = \frac{6100.00(126.62) + 115.27(186.01) + 1658.76(73.81)}{7874.03}$$
$$= 116.37\ \text{mm}$$

$\sigma_{\theta\theta}$ 계산을 위해서 필요한 단면의 하중은

$$N = P; \quad M_x = P \cdot R.$$

절점 B와 C에서 $\sigma_{\theta\theta}$의 최대 인장응력과 최대 압축응력이 각각 일어난다.

$$r_B = 60\ \text{mm}; \quad r_C = 60 + 24 + 100 + 5 = 189\ \text{mm}$$

$$(\sigma_{\theta\theta})_B = \frac{P}{7874.03} + \frac{116.37P[7874.03 - 60(73.83)]}{7874.03(60)[116.37(73.83) - 7874.03]}$$
$$= 0.001309P(\text{인장})$$

$$(\sigma_{\theta\theta})_C = \frac{P}{7874.03} + \frac{116.37P[7874.03 - 189(73.83)]}{7874.03(189)[116.37(73.83) - 7874.03]}$$
$$= -0.000535P(\text{압축})$$

그러므로 $P = \dfrac{500}{2.00(0.001309)} = 190{,}900\ \text{N}$ ■

예제 5.3

그림에는 U–형태의 굽은 보가 있다. 이 보의 단면은 대칭인 'ㄷ'형 채널의 단면이며 그림의 좌단에 한 쌍의 힘 2 kN이 상하방향으로 작용하고 있다. 굽은 보의 대칭면인 그림에 표시된 A–A 위치에서 이 단면에 대한 중립반지름 R_n과 최대 인장응력을 계산하라.

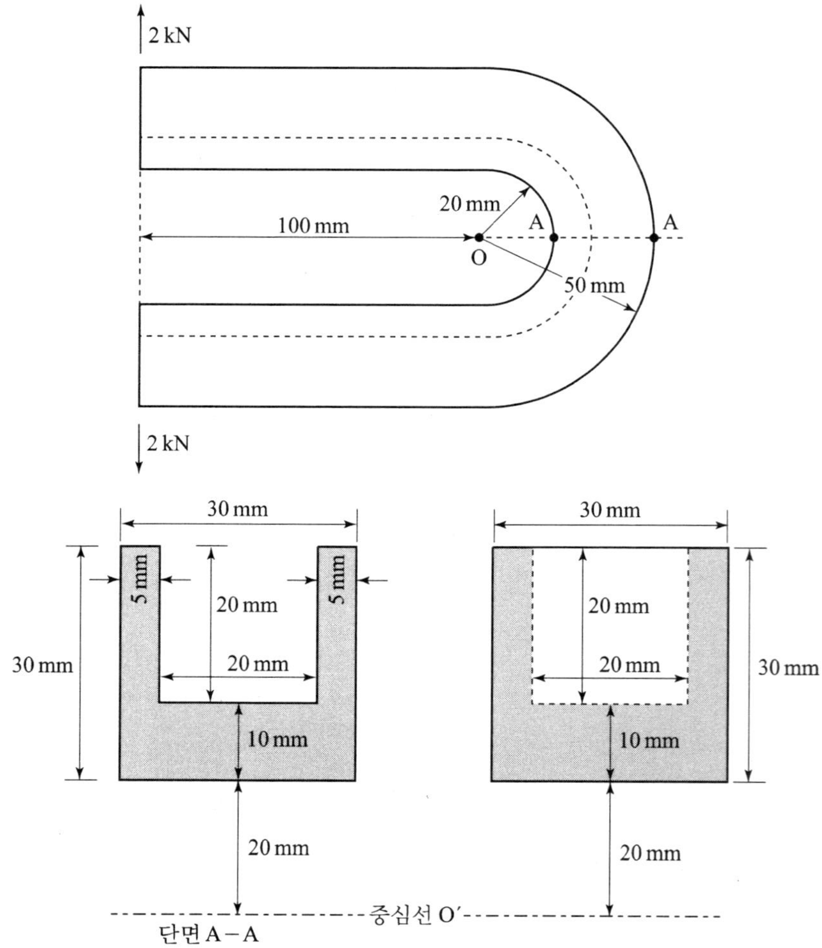

예제그림 5.3

해설 이 문제의 단면은 계산의 단순화를 위하여 채널의 비교적 복잡한 단면을 정사각형(30×30) 단면적 A_1과 점선으로 표시된 정사각형(20×20) 단면적 A_2의 차이 면적($A_1 - A_2$)으로 고려하자.

단면적 A_1에 대하여,

$$A_1 = 900\ \text{mm}^2; \quad a = 20\ \text{mm}; \quad b = 50\ \text{mm};$$

$$\overline{R}_1 = \frac{a+b}{2} = 35\ \text{mm}; \quad t = 30\ \text{mm},$$

$$\text{그리고} \int\int_{A_1} \frac{dA}{r} = t \cdot \ln\left(\frac{b}{a}\right) = 27.48\ \text{mm}.$$

단면적 A_2에 대하여,

$$A_2 = 400\ \mathrm{mm}^2;\quad a = 30\ \mathrm{mm};\quad b = 50\ \mathrm{mm};$$

$$\overline{R}_2 = 40\ \mathrm{mm};\quad t = 20\ \mathrm{mm},$$

$$\text{그리고}\ \int\int_{A_1} \frac{dA}{r} = t \cdot \ln\left(\frac{b}{a}\right) = 10.21\ \mathrm{mm}.$$

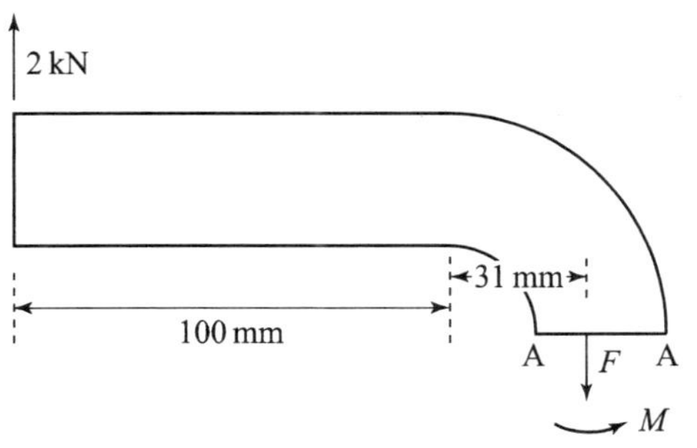

예제 참고그림 5.3

합성면적($A_1 - A_2$)에 대해서,

$$A = A_1 - A_2 = 900 - 400 = 500\ \mathrm{mm}^2$$

$$A\overline{R} = 900 \times 35 - 400 \times 40 = 15{,}500\ \mathrm{mm}^3;\ \overline{R} = \frac{15{,}500}{500} = 31\ \mathrm{mm}$$

$$\iint_A \frac{dA}{r} = 27.48 - 10.21 = 17.27\ \mathrm{mm}$$

따라서 중립반지름 R_n은

$$R_n = A \Big/ \iint_A \frac{dA}{r} = \frac{500}{17.27} = 28.95\ \mathrm{mm}$$

예제 참고그림 5.3은 보의 A-A위치 단면을 포함한 자유물체도이다. 이 그림에서 $F = 2$ kN이고 도심반지름 $\overline{R} = 31$ mm를 회전축으로 모멘트는

$$M = 2(100 + 31) = 262\ \mathrm{Nm}\ (\mathrm{kNmm})$$

식 (5.10)에 대입할 모멘트는 시계방향이므로 $M = -262$ Nm로 대입해야 한다. 예제그림 5.3으로부터 최대 인장응력은 굽은 보 내측의 $r = 20$ mm에서 발생하며 이 응력의 크기는 식 (5.10)으로부터

$$\sigma_{\theta\theta}^{\max} = \sigma_{\theta\theta}(20) = \frac{F}{A} + \frac{M\left(1-\dfrac{R_n}{r}\right)}{A(\overline{R}-R_n)}$$

$$= \frac{2\times10^3}{500} + \frac{-262\times10^3\left(1-\dfrac{28.95}{20}\right)}{500(31-28.95)} = 118.3\text{ MPa} \quad ■$$

표 5.1 굽은 보의 단면에 대한 A, R, A_m의 계산식.

A, R 그리고 $A_m = \int \frac{dA}{r}$ 의 식	
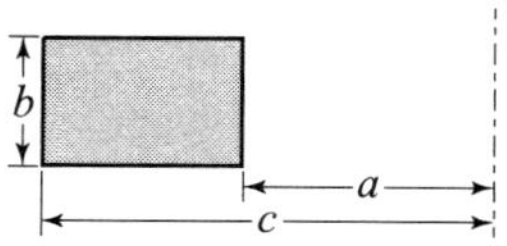 (a)	$A = b(c-a)$; $R = \frac{a+c}{2}$ $A_m = b\ln\frac{c}{a}$
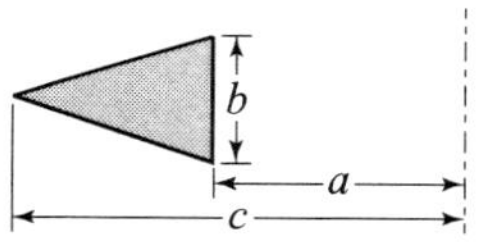 (b)	$A = \frac{b}{c}(c-a)$; $R = \frac{2a+c}{3}$ $A_m = \frac{bc}{c-a}\ln\frac{c}{a} - b$
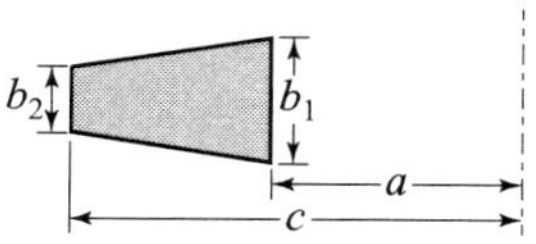 (c)	$A = \frac{b_1+b_2}{2}(c-a)$; $R = \frac{a(2b_1+b_2)+c(b_1+2b_2)}{3(b_1+b_2)}$ $A_m = \frac{b_1c-b_2a}{c-a}\ln\frac{c}{a} - b_1 + b_2$
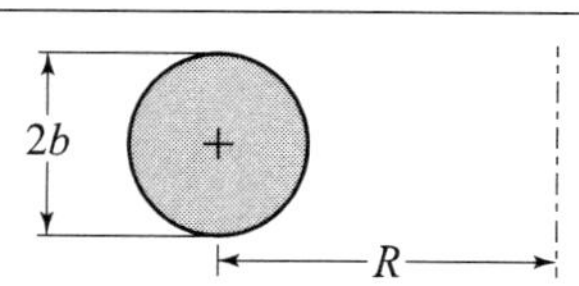 (d)	$A = \pi b^2$ $A_m = 2\pi\left(R-\sqrt{R^2-b^2}\right)$
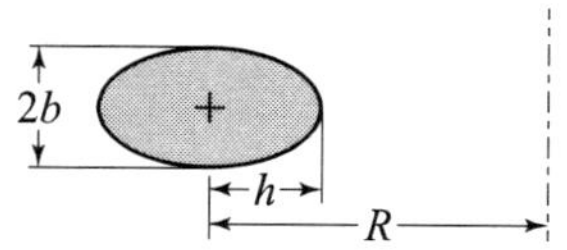 (e)	$A = \pi bh$ $A_m = \frac{2\pi b}{h}\left(R-\sqrt{R^2-h^2}\right)$

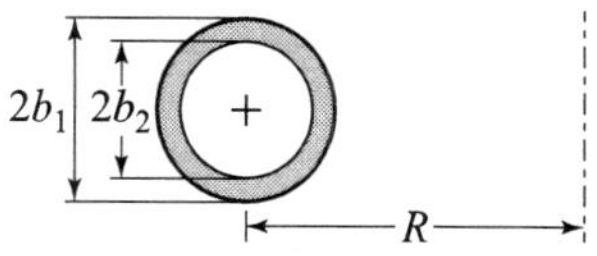 (f)	$A=\pi(b_1^2-b_2^2)$ $A_m=2\pi\left(\sqrt{R^2-b_2^2}-\sqrt{R^2-b_1^2}\right)$
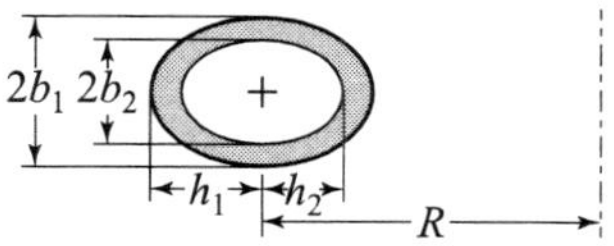 (g)	$A=\pi(b_1h_1-b_2h_2)$ $A_m=2\pi\left(\frac{b_1R}{h_1}-\frac{b_2R}{h_2}-\frac{b_1}{h_1}\sqrt{R^2-h_1^2}+\frac{b_2}{h_2}\sqrt{R^2-h_2^2}\right)$
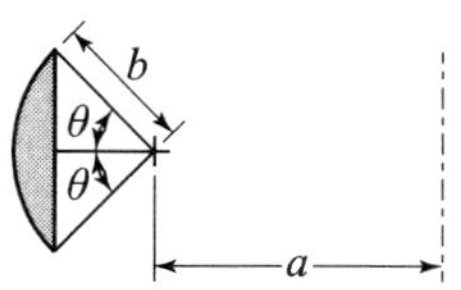 (h)	$A=b^2\theta-\frac{b^2}{2}\sin2\theta;\quad R=a+\frac{4b\sin^3\theta}{3(2\theta-\sin2\theta)}$ For $a>b$, $A_m=2a\theta-2b\sin\theta-\pi\sqrt{a^2-b^2}+2\sqrt{a^2-b^2}\sin^{-1}\left(\frac{b+a\cos\theta}{a+b\cos\theta}\right)$ For $b>a$, $A_m=2a\theta-2b\sin\theta+2\sqrt{b^2-a^2}\ln\left(\frac{b+a\cos\theta+\sqrt{b^2-a^2}\sin\theta}{a+b\cos\theta}\right)$
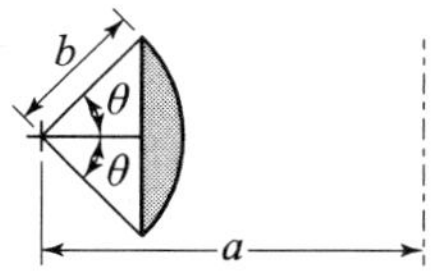 (i)	$A=b^2\theta-\frac{b^2}{2}\sin2\theta;\quad R=a-\frac{4b\sin^3\theta}{3(2\theta-\sin2\theta)}$ $A_m=2a\theta+2b\sin\theta-\pi\sqrt{a^2-b^2}-2\sqrt{a^2-b^2}\sin^{-1}\left(\frac{b-a\cos\theta}{a-b\cos\theta}\right)$
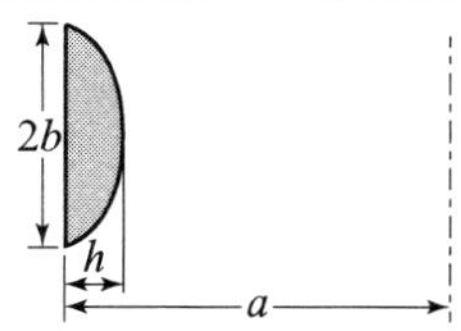 (j)	$A=\frac{\pi bh}{2};\quad R=a-\frac{4h}{3\pi}$ $A_m=2b+\frac{\pi b}{h}\left(a-\sqrt{a^2-h^2}\right)-\frac{2b}{h}\sqrt{a^2-h^2}\sin^{-1}\left(\frac{h}{a}\right)$

5.5 비대칭 굽힘

그림 5.4의 비대칭 단면을 가지는 보에서 z축을 중립축의 위치에 설정하면 축방향 변형률은 중첩법으로 다음과 같으며 또한 1차원 후크의 법칙으로부터 굽힘응력의 분포도 쉽게 구할 수 있다.

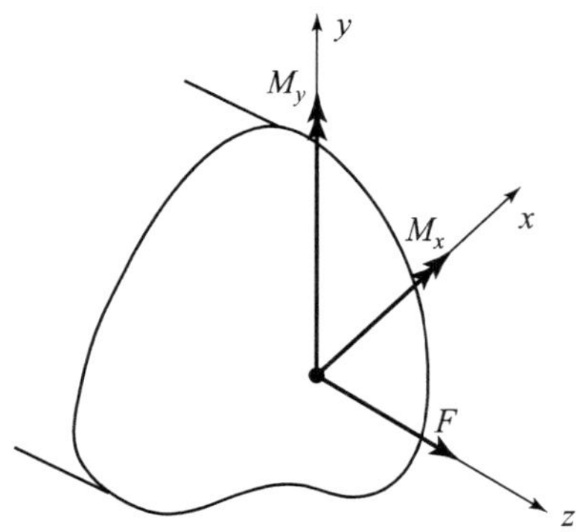

그림 5.4 비대칭 단면을 가진 보의 축하중과 굽힘모멘트.

$$\epsilon_{zz} = \frac{y}{R_x} - \frac{x}{R_y} \tag{5.16}$$

$$\sigma_{zz} = E\epsilon_{zz} = \frac{Ey}{R_x} - \frac{Ex}{R_y} \tag{5.17}$$

중립면에서 정의로부터 $\epsilon_{zz} = 0$이고 아울러 후크의 법칙으로부터 $\sigma_{zz} = 0$이다. 따라서 식 (5.16)으로부터

$$\epsilon_{zz} = \frac{y}{R_x} - \frac{x}{R_y} = 0; \qquad \frac{y}{R_x} = \frac{x}{R_y} \tag{5.18}$$

식 (5.18)은 원점($x = y = 0$)에서 만족됨을 확인할 수 있으며 중립면은 x-y 평면에서 원점을 지나는 직선으로 교차한다.

한편 단면에서 작용하는 축방향 응력의 총합(F)은 다음의 식으로 구한다.

$$\begin{aligned} F &= \iint_A \sigma_{zz} dA = \iint_A \left(\frac{Ey}{R_x} - \frac{Ex}{R_y} \right) dA \\ &= \frac{E}{R_x} \iint_A y dA - \frac{E}{R_y} \iint_A x dA \end{aligned} \tag{5.19}$$

순수굽힘인 경우 중립축은 도심과 일치하므로 $\iint_A ydA = 0$ 그리고 $\iint_A xdA$

$=0$이다. 또한 축하중 F가 단면적 A에 작용할 때 $\sigma_{zz}=\dfrac{F}{A}$가 된다.

축방향 수직응력(σ_{zz})에 의한 굽힘모멘트는

$$M_x = \iint_A (y \cdot \sigma_{zz} dA) \tag{5.20}$$

$$M_y = -\iint_A (x \cdot \sigma_{zz} dA) \tag{5.21}$$

식 (5.17)을 식 (5.20)과 (5.21)에 각각 대입하면

$$\begin{aligned} M_x &= \iint_A \frac{Ey^2}{R_x} dA - \iint_A \frac{Exy}{R_y} dA \\ &= \frac{E}{R_x}\iint_A (y^2) dA - \frac{E}{R_y}\iint_A (xy) dA \end{aligned} \tag{5.22}$$

$$M_y = \frac{E}{R_y}\iint_A (x^2) dA - \frac{E}{R_x}\iint_A (yx) dA \tag{5.23}$$

평면공간에서 2차 면적모멘트(I_{ij})를 다음과 같이 정의한다.

$$I_x = \iint_A y^2 dA; \quad I_y = \iint_A x^2 dA; \quad I_{xy} = \iint_A xy\, dA \tag{5.24}$$

식 (5.24)를 식 (5.22)와 (5.23)에 대입하면

$$\frac{M_x}{E} = \frac{I_x}{R_x} - \frac{I_{xy}}{R_y} \tag{5.25}$$

$$\frac{M_y}{E} = \frac{I_y}{R_y} - \frac{I_{xy}}{R_x} \tag{5.26}$$

만일 2차 면적모멘트 중 관성의 곱 혹은 비대각항 I_{xy}에 따라서 식 (5.25)와 (5.26)에서 x와 y의 관련항들이 서로 결합되거나 비결합된다. 예를 들어 만일 $I_{xy}=0$이라면 식 (5.25)와 (5.26)은 각각 $M_x R_x = EI_x$와 $M_y R_y = EI_y$로 비결합된다. 비결합의 경우를 행렬식으로 정리하면

$$\begin{bmatrix} I_x & -I_{xy} \\ -I_{xy} & I_y \end{bmatrix} \begin{bmatrix} \dfrac{E}{R_x} \\ \dfrac{E}{R_y} \end{bmatrix} = \begin{bmatrix} M_x \\ M_y \end{bmatrix} \tag{5.27}$$

식 (5.27)을 풀면

$$\frac{E}{R_x} = \frac{M_x I_y + M_y I_{xy}}{I_x I_y - I_{xy}^2} \tag{5.28}$$

$$\frac{E}{R_y} = \frac{M_y I_x + M_x I_{xy}}{I_x I_y - I_{xy}^2} \tag{5.29}$$

식 (5.28)과 (5.29)를 식 (5.17)에 대입하면

$$\sigma_{zz} = \frac{(M_x I_y + M_y I_{xy})y - (M_y I_x + M_x I_{xy})x}{I_x I_y - {I_{xy}}^2} \tag{5.30}$$

중립축은 $\sigma_{zz} = 0$이므로 식 (5.30)으로부터 중립축의 방정식을 구할 수 있다.

$$(M_x I_y + M_y I_{xy})y = (M_y I_x + M_x I_{xy})x \tag{5.31}$$

곡률의 정의로부터

$$\frac{d^2 u_y}{dz^2} = -\frac{1}{R_x} \text{와} \quad \frac{d^2 u_x}{dz^2} = +\frac{1}{R_y} \tag{5.32}$$

식 (5.28)과 (5.29)를 식 (5.32)에 대입하면

$$\frac{d^2 u_y}{dz^2} = -\frac{M_x I_y + M_y I_{xy}}{E(I_x I_y - {I_{xy}}^2)} \tag{5.33}$$

$$\frac{d^2 u_x}{dz^2} = \frac{M_y I_x + M_x I_{xy}}{E(I_x I_y - {I_{xy}}^2)} \tag{5.34}$$

2차 면적모멘트를 계산할 때 평행축 이론은 매우 유용하며 다음과 같이 주어진다.

$$I_x = \sum_{i=1}^{n}(I_x)_c + \sum_{i=1}^{n}A_i(\bar{y}_i - \bar{y})^2 \tag{5.35a}$$

$$I_y = \sum_{i=1}^{n}(I_y)_c + \sum_{i=1}^{n}A_i(\bar{x}_i - \bar{x})^2 \tag{5.35b}$$

$$I_{xy} = \sum_{i=1}^{n}(I_{xy})_c + \sum_{i=1}^{n}A_i(\bar{x}_i - \bar{x})(\bar{y}_i - \bar{y}) \tag{5.35c}$$

여기서 아래첨자 c는 도심에서의 2차 면적모멘트, A_i는 i번째 구성단면적의 크기, $(\bar{x}_i,\ \bar{y}_i)$는 i번째 구성단면적의 도심좌표, $(\bar{x},\ \bar{y})$는 전체 복합단면적의 도심좌표이다.

2차 면적모멘트의 좌표변환은 응력이나 변형률과 동일하며 모어원을 이용할 수 있다. 2차 면적모멘트의 좌표변환식은 다음과 같이 유도할 수 있다.

그림 5.5의 두 좌표계 사이에는 $x' = x\cos\theta + y\sin\theta$와 $y' = y\cos\theta - x\sin\theta$의 관계가 있다.

$$\begin{aligned} I_x' &= \iint_A (y')^2 dA = \iint_A (y\cos\theta - x\sin\theta)^2 dA \\ &= \cos^2\theta \iint_A y^2 dA - 2\sin\theta\cos\theta \iint_A xy dA + \sin^2\theta \iint_A x^2 dA \end{aligned}$$

정리하면,

$$I_x' = I_x\cos^2\theta + I_y\sin^2\theta - 2I_{xy}\sin\theta\cos\theta \tag{5.36a}$$

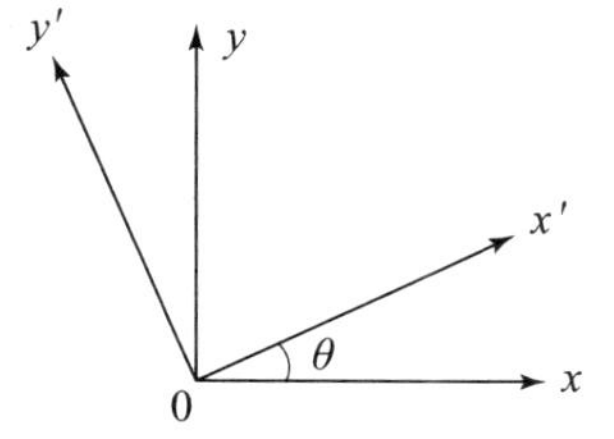

그림 5.5 두 좌표계의 위상차.

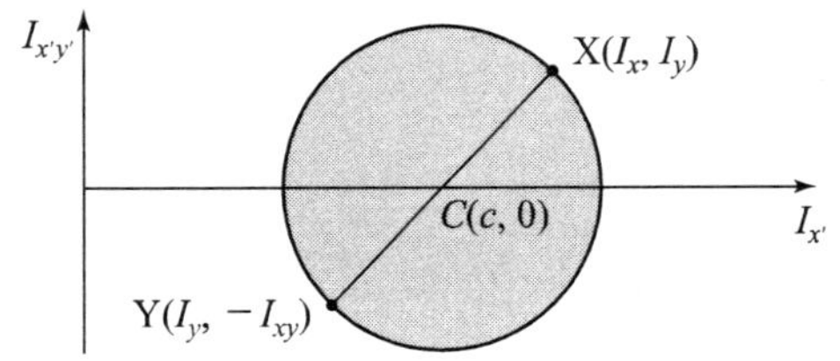

그림 5.6 2차 면적모멘트의 모어원.

같은 방법으로 다른 2차 면적모멘트의 관계도 구할 수 있다.

$$I_y{}' = I_y\cos^2\theta + I_x\sin^2\theta + 2I_{xy}\sin\theta\cos\theta \tag{5.36b}$$

$$I_{xy}{}' = (I_x - I_{xy})\sin\theta\cos\theta + I_{xy}(\cos^2\theta - \sin^2\theta) \tag{5.36c}$$

이상과 같이 식 (5.36)으로부터 응력의 좌표변환과 2차 면적모멘트의 좌표변환은 동일한 수학식에 의한다는 것을 확인하였다. 모어원을 그릴 때에도 각 2차 면적모멘트 성분은 각기 서로 다른 응력성분과 대치하여 응용할 수 있다.

다음은 응력의 성분과 대칭되는 2차 면적모멘트 성분이다. 2차 면적모멘트의 모어원을 그릴 때 유용하게 사용할 수 있다.

$$\sigma_{xx} \to I_x; \qquad \sigma_{xx}{}' \to I_x{}'$$

$$\sigma_{yy} \to I_y; \qquad \sigma_{yy}{}' \to I_y{}'$$

$$\sigma_{xy} \to I_{xy}; \qquad \sigma_{xy}{}' \to -I_{xy}{}'$$

$$C = \frac{I_x + I_y}{2}; \qquad R = \sqrt{\left(\frac{I_x - I_y}{2}\right)^2 + I_{xy}{}^2}$$

특별히 주방향(principal directions: 1, 2)으로 설정된 비대칭 굽힘보의 관련식은 다음과 같이 간단하다.

$$\frac{E}{R_1} = \frac{M_1}{I_1} \text{와 } \frac{E}{R_2} = \frac{M_2}{I_2} \text{의 관계로부터}$$

$$\sigma_{zz} = \frac{M_1 y'}{I_1} - \frac{M_2 x'}{I_2}$$

5.6 마이오소티스의 방법

직선보의 처짐량을 계산할 때 마이오소티스(Myosotis)의 방법을 활용하면 계산을 간편하게 만들 수 있는 경우가 많다. 마이오소티스 방법을 응용하려면 길이가 L이고 굽힘강성이 EI인 외팔보의 자유단에 각각 굽힘모멘트(M), 집중하중(P), 분포하중(w)이 작용할 때 자유단의 회전각도(ϕ)와 처짐량(δ)을 암기하여 활용한다. 이 3가지 경우는 다음의 표 5.2에 정리되어 있다.

표 5.2 마이오소티스의 외팔보 공식.

공식의 그림	회전각(ϕ)	처짐량(δ)
	$\frac{ML}{EI}$	$\frac{ML^2}{2EI}$
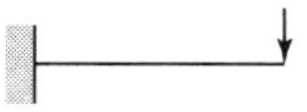	$\frac{PL^2}{2EI}$	$\frac{PL^3}{3EI}$
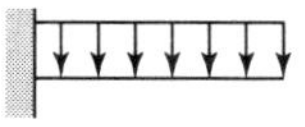	$\frac{wL^3}{6EI}$	$\frac{wL^4}{8EI}$

표의 외팔보 공식은 계수만 추려서 볼 때 122368을 순서대로 쉽게 기억하여 활용할 수 있으며 길이 L의 지수에 대한 기억에 혼동이 있을 경우에는 차원을 따져보면 쉽게 추리할 수 있다. 이 방법은 표에 주어진 6가지 공식을 반복하여 중첩법으로 응용하면 어떤 복잡한 형상의 보에 대한 처짐문제도 해결할 수 있다.

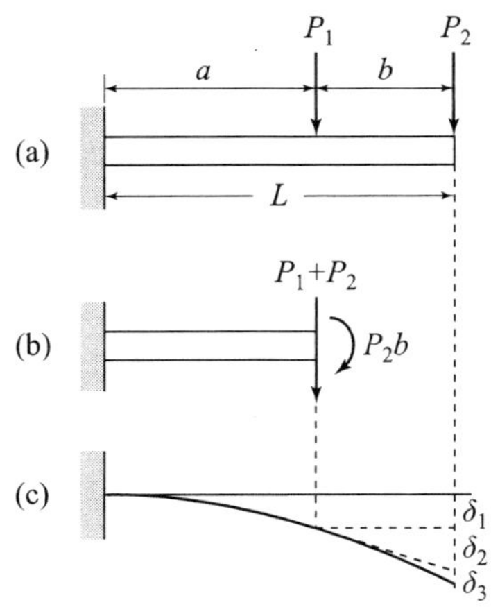

그림 5.7 두 개의 집중하중을 받는 외팔보의 처짐문제.

예를 들어서 그림 5.7(a)에 보여진 바와 같이 외팔보에 집중하중 P_1과 P_2가 동시에 작용하는 경우를 고려해 보자. 그림 5.7(b)에 보여진 바와 같이 우선 하중 P_1의 오른편을 무시한 외팔보 문제를 가정하자. 이 경우에 무시한 오른편 보의 평형조건으로부터 a의 위치에 작용하는 집중하중이 P_1+P_2가 되는 것을 알 수 있다. 또한 같은 경우의 회전방향 평형조건으로부터 굽힘모멘트 P_2b가 동시에 작용하는 것도 알 수 있다. 이제 그림 5.7(b)의 문제에 대하여 자유단의 회전각도(ϕ_1)와 처짐량(δ_1)을 표 5.2로부터 쓸 수 있다. 이제 그림 5.7(c)와 같이 처짐곡선을 개략적으로 스케치할 수 있다. 그림에서 처짐곡선은 3가지 경우의 처짐량이 구분되어 있다. 우선 P_1에서 처짐량 δ_1과 이 위치에서 회전각의 강체회전에 의한 처짐량 $\delta_2=\phi_1 b$ 그리고 P_1 위치에 고정된 길이 b의 외팔보에 P_2가 작용할 때 발생하는 처짐량 δ_3이다. 이제 이 각 3가지 경우를 마이오소티스의 방법으로 합산하면

$$\delta=\left[\frac{(P_1+P_2)a^3}{3EI}+\frac{(P_2b)a^2}{2EI}\right]+\left[\frac{(P_1+P_2)a^2}{2EI}+\frac{(P_2b)a}{EI}\right]b+\left(\frac{P_2b^3}{3EI}\right) \tag{5.37}$$

이 식에서 δ_3의 크기는 마이오소티스의 공식 결과를 바로 사용할 수 있다. 이

것은 그림 5.7(c)의 탄성곡선은 모든 축상의 질점에서 매우 작은 회전각도를 가지기 때문에 δ_3 처짐량이 탄성곡선에 수직이 될 것인지 아니면 하중이 가해지기 전의 외팔보에 수직이 될 것인지에 대한 의문은 의미가 없기 때문이다.

이 문제의 해는 '중첩법'에 의해서도 쉽게 구할 수 있다. 중첩법에 의하면 두 개 이상 다수의 하중에 의하여 발생된 탄성곡선은 각 하중에 의하여 발생된 탄성곡선의 변형량을 단순히 합산할 수 있다. 따라서 그림 5.7(a)에서 자유단에 발생한 처짐량은 P_1과 P_2의 하중이 각각 작용할 때 얻어지는 변형량을 더하면 된다. 하중 P_1은 하중위치의 왼편에 처짐곡선을 만들면서 오른편에는 자유단의 강체회전에 의한 처짐량이 생긴다. 따라서 주어진 외팔보의 자유단에서 발생하는 처짐량은

$$\delta = P_1\left(\frac{a^3}{3EI} + \frac{a^2}{2EI}b\right) + \frac{P_2 L^3}{3EI} \tag{5.38}$$

이 식에서 $L = a + b$이므로 앞에서 마이오소티스의 방법에 의한 식 (5.37)과 동일함을 확인할 수 있다.

Chapter 5 연습문제

01 그림에서 보여진 굽은 보의 단면은 지름($2b$)이 10 mm인 원형이다. 보여진 굽은 보의 안쪽 지름은 40 mm이다. 하중 $P=20$ kN일 때 점 B에서 응력을 계산하라.

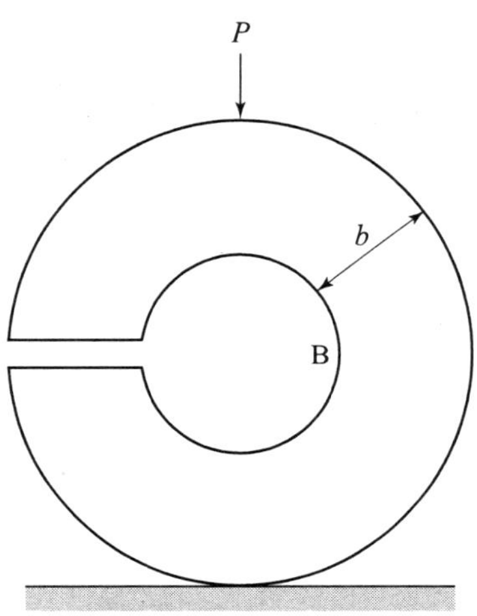

문제그림 5.1

해설

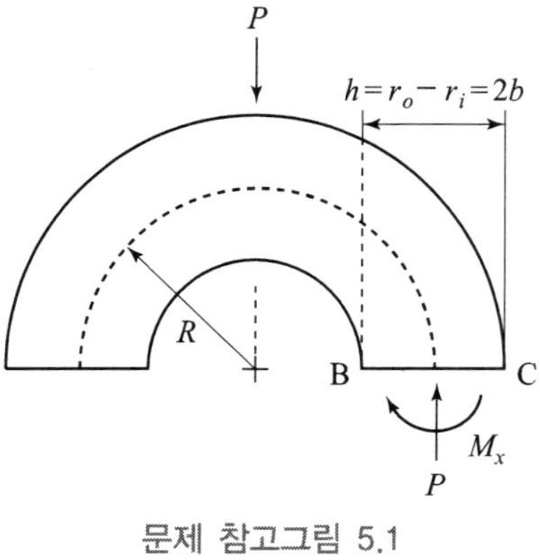

문제 참고그림 5.1

참고그림에서 $M_x = PR$.

단면 $A = \pi b^2 = \pi(5)^2 = 25\pi \times 10^{-6}\ \mathrm{m}^2$.

굽은 보의 중간축까지 반지름 $R = \dfrac{r_o + r_i}{2} = \dfrac{30+20}{2} = 25\ \mathrm{mm}$.

참고그림의 $b = \dfrac{r_o - r_i}{2} = 5\ \mathrm{mm}$.

외력(P)과 굽힘응력($\sigma_{\theta\theta}$) 사이에는 $P = \int_{r_i}^{r_0} \sigma_{\theta\theta} dA$의 관계가 있다.

$$A_m = \int \frac{dA}{r} = 2\pi\left(R - \sqrt{R^2 - b^2}\right) = 2\pi\left(25 - \sqrt{25^2 - 5^2}\right) = 3.17$$

식 (5.10)으로부터 점 B에서 수직응력을 구하면

$$\begin{aligned}(\sigma_{\theta\theta})_B &= \frac{N}{A} + \frac{M_x(A - r_i A_m)}{A r_i (R A_m - A)} \\ &= -\frac{20{,}000}{25\pi \times 10^{-6}} - \frac{20{,}000}{25\pi \times 10^{-6}} \cdot \frac{[25\pi - (20)(3.17)]}{(20)[(25)(3.17) - 25\pi]} \\ &= -255(1 + 1.066)\ \mathrm{MPa} = -526.83\ \mathrm{MPa}\end{aligned}$$

02 사각형 단면을 가진 굽은 보가 그림에서와 같이 90°의 호인데 A-A에 강체 고정되어 있다. 보의 두께는 50 mm이다. A-A선을 따라서 내측 질점과 외측 질점과 도심에서 $\sigma_{\theta\theta}$를 계산하라.

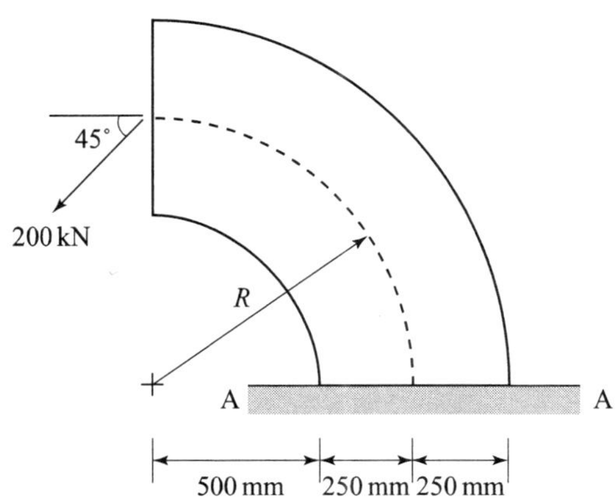

문제그림 5.2

해설

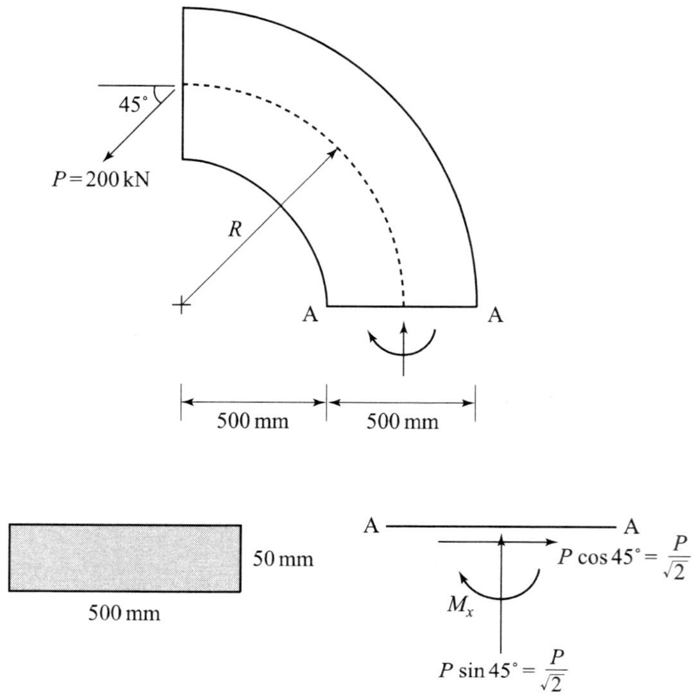

문제 참고그림 5.2

위의 참고그림에는 문제의 굽은 보에 대한 자유물체도와 반력모멘트가 예시되어 있다. A-A직선상에서 작용하는 반력모멘트를 계산하면

$$M_x = \frac{P}{\sqrt{2}} \cdot R \times 2 = \sqrt{2}\,PR = \sqrt{2}(200\ \mathrm{kN})(750\ \mathrm{mm}) = 212\ \mathrm{kN} \cdot \mathrm{m}$$

수직응력을 구하기 위하여 단면의 면적과 가중면적을 계산하면

$$A = (500)(50)\ \mathrm{mm}^2 = 25 \times 10^{-3}\ \mathrm{m}^2$$

$$A_m = (50)\ln\left(\frac{1{,}000}{500}\right)\mathrm{mm} = 0.0347\ \mathrm{m}$$

내측과 외측의 굽힘응력을 계산하면

$$(\sigma_{\theta\theta})_{\text{내측}} = -\frac{200}{\sqrt{2}} \cdot \frac{1}{25 \times 10^{-3}} - \frac{(212)[25 \times 10^{-3} - (0.5)(0.0347)]}{(25 \times 10^{-3})(0.5)[(0.75)(0.0347) - 25 \times 10^{-3}]}$$

$$= -5.66\ \mathrm{MPa} - 126.58\ \mathrm{MPa}$$

$$= -132.24\ \mathrm{MPa}$$

$$
\begin{aligned}
(\sigma_{\theta\theta})_{외측} &= -5.66\text{ MPa} - \frac{(212)(25\times10^{-3}-0.0347)}{(25\times10^{-3})(0.75\times0.0347-25\times10^{-3})} \\
&= -5.66+9.40\text{ MPa} \\
&= 3.74\text{ MPa}
\end{aligned}
$$

03 문제그림 5.3에는 초기 곡률이 있는 곡선 보의 일부가 예시되어 있다. 이 보의 단면 도심으로부터 곡선 보의 중심(O)까지 반지름의 거리는 R이다. 작은 변형에 대하여 중립축(neutral axis)은 단면의 안에 그림과 같이 R_n에 위치한다. 중립면까지 반지름의 크기 R_n은 다음의 식으로 주어진다.

$$
R_n = \frac{A}{\int \frac{dA}{r}}
$$

여기서 A는 단면적이고 r은 O로부터 dA까지의 거리이다. 윈클러(Winkler)의 이론에 의하면 굽힘응력 $\sigma_{\theta\theta}$는 다음과 같이 주어진다.

$$
\sigma_{\theta\theta} = \frac{M(R_n - r)}{r(AR - R_n A)}
$$

단면 사각형의 크기는 0.25 in × 2.0 in이고 모멘트 M = 5,000 lb-in일 때 최대 응력을 계산하라. 도심까지의 거리 R = 15 in이다.

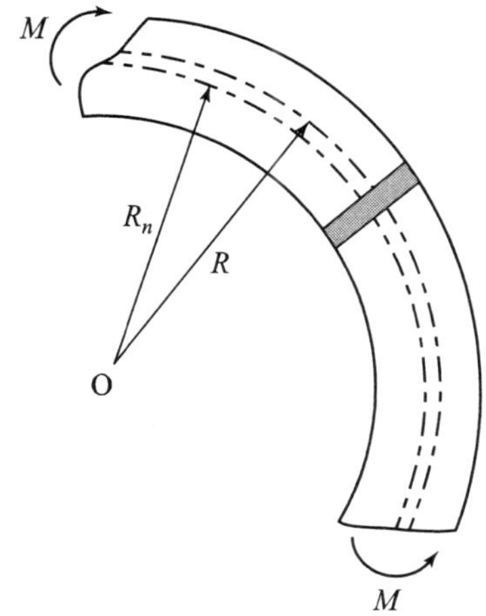

문제그림 5.3

해설

$$A = (0.25)(2) = 0.5\ \text{in}^2$$

$$\int \frac{dA}{r} = \int_{r_i}^{r_0} \frac{t\,dr}{r} = t \cdot \ln\left(\frac{r_o}{r_i}\right) = t \cdot \ln\frac{(R+1)}{(R-1)}$$

$$= \left(\frac{1}{4}\ \text{in}\right)\ln\frac{(15+1)}{(15-1)} = \frac{1}{4}\ln\frac{16}{14} = 0.0333828$$

$$R_n = \frac{A}{\int dA/r} = \frac{0.5}{0.03338} = 14.979$$

$$\sigma_{\theta\theta} = \frac{(5{,}000)(14.979-r)}{r[(0.5)(15)-(14.979)(0.5)]} = \frac{5{,}000(14.979-r)}{0.0105r}\ \text{psi}$$

$$\sigma_{\theta\theta}(r_i) = \frac{5{,}000[14.979-(15-1)]}{(0.0105)(15-1)} = 33{,}299\ \text{psi}$$

$$\sigma_{\theta\theta}(r_o) = \frac{5{,}000[14.979-(15+1)]}{(0.0105)(15+1)} = -30{,}386\ \text{psi}$$

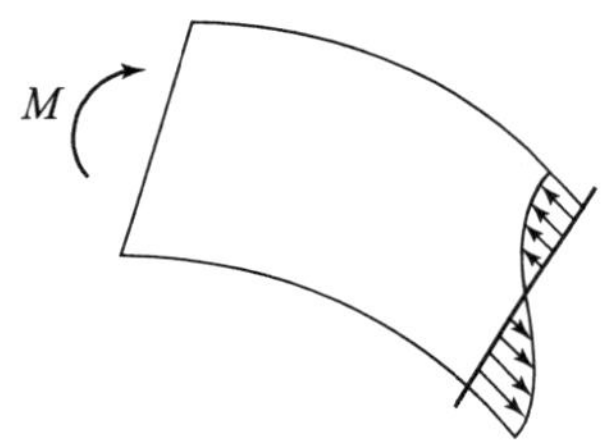

최대 굽힘응력은 내측 원주 $r_i = 14$ in에서 33,299 psi이다.

04 그림에 보여진 갈고리의 단면 A-B에 대하여 응력을 계산하고 그 분포를 그리시오. 필요한 데이터는 다음의 값을 사용하시오.

- 내반경 : $r_i = 50$ mm
- 외반경 : $r_o = 150$ mm
- 수직하중 : $F = 22{,}000$ N
- 단면깊이 : $b = 20$ mm
- 단면폭 : $h = 150 - 50 = 100$ mm
- 단면적 : $A = bh = 20 \times 100 = 2{,}000\ \text{mm}^2$

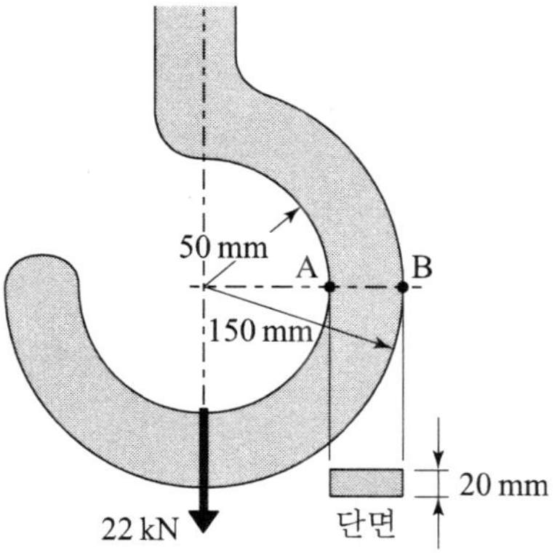

문제그림 5.4

해설

중립 위치 $R_n = \dfrac{h}{\ln(r_o/r_i)} = \dfrac{100}{\ln(150/50)} = 91.024\ \mathrm{mm}$

$$R = r_i + \frac{h}{2} = 100\ \mathrm{mm}$$

$$e = R - R_n = 100 - 91.024 = 8.976\ \mathrm{mm}$$

A-B 섹션의 단면에는 바로 작용하는 점하중과 굽힘모멘트가 작용한다. 점하중에 의한 응력은

$$\sigma_d = \frac{F}{A} = \frac{22\times 10^3}{2,000} = 11\ \mathrm{N/mm^2}$$

$$y = R_n - r = 91.024 - r$$

굽힘모멘트는

$$M_b = (22\times 10^3)(100) = 2.2\times 10^6\ \mathrm{Nmm}$$

굽힘응력의 크기는 다음의 식으로부터 계산할 수 있다.

$$\sigma_b = \frac{M_b(A - rA_m)}{Ar(RA_m - A)} = \frac{M_bA_m(R_n - r)}{Ar(RA_m - A)} = \frac{M_b(R_n - r)}{Ar(R - R_n)} = \frac{M_b y}{Aer}$$

이 식으로부터

$$\sigma_b = \frac{M_b y}{Aer} = \frac{(2.2\times 10^6)(91.024 - r)}{(2000)(8.976)r} = \frac{(122.549)(91.024 - r)}{r}$$

그러므로 점하중과 굽힘모멘트에 의한 복합응력은 다음과 같이 두 하중에 의한 응력을 중첩하여 얻을 수 있다.

$$\sigma = \sigma_d + \sigma_b = 11 + \frac{(122.549)(91.024 - r)}{r}$$

다음의 문제 참고그림 5.4에는 A-B섹션의 단면에 작용하는 축응력의 분포가 도시되었다.

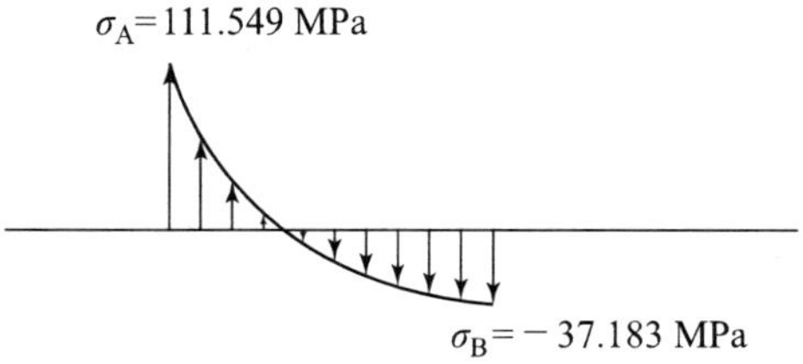

문제 참고그림 5.4

05 그림에 보여진 바와 같이 x만큼 편심하중(수직상향의 힘 $F=5$ kN)을 받는 프레임이 있다. 만약 이 프레임에 허용되는 인장응력이 50 MPa이라면 x의 최대 크기는 얼마가 되어야 하는가? (길이의 단위는 mm)

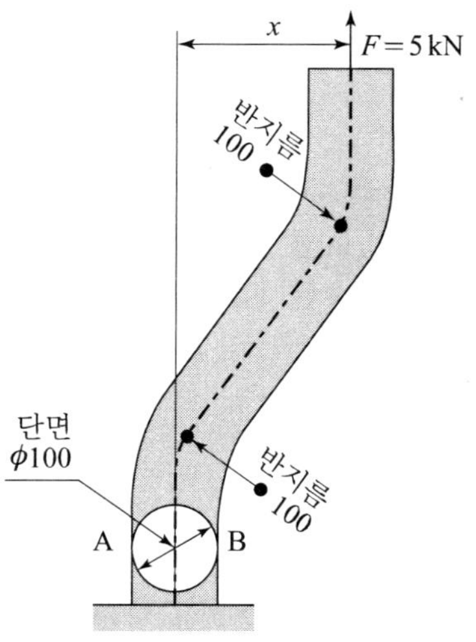

문제그림 5.5

해설

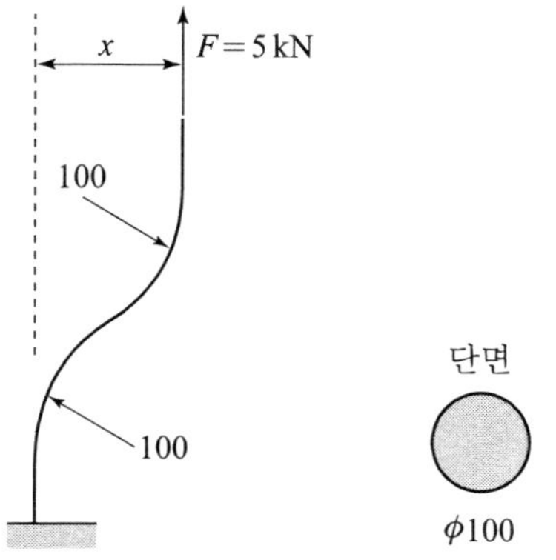

문제 참고그림 5.5.1

주어진 그림에서 도심까지의 반경 $R = 100\,\text{mm}$

내경 $r_i = 100 - \dfrac{100}{2} = 50\,\text{mm}$

외경 $r_o = 100 + \dfrac{100}{2} = 150\,\text{mm}$

중립축의 반경

$$R_n = \frac{A}{A_m} = \frac{\pi\left(\dfrac{r_o - r_i}{2}\right)^2}{2\pi\left[\dfrac{r_i + r_o}{2} - \sqrt{\left(\dfrac{r_i + r_o}{2}\right)^2 - \left(\dfrac{r_o - r_i}{2}\right)^2}\,\right]} = \left(\frac{\sqrt{r_o} + \sqrt{r_i}}{4}\right)^2 = 93.3\,\text{mm}$$

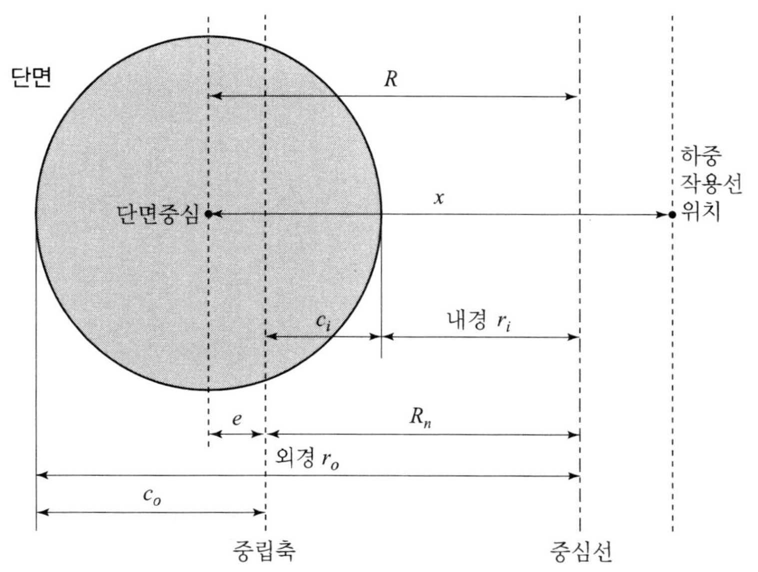

문제 참고그림 5.5.2

$$e = R - R_n = 100 - 93.3 = 6.7\,\mathrm{mm}$$

$$c_i = R_n - r_i = 93.3 - 50 = 43.3\,\mathrm{mm}$$

$$c_o = r_o - R_n = 150 - 93.3 = 56.7\,\mathrm{mm}$$

$$A = \frac{\pi d^2}{4} = \frac{\pi}{4} \times 100^2 = 7853.98\,\mathrm{mm}^2$$

여기서 굽힘모멘트(M_b)는 다음과 같다.

$$M_b = Fx = 5{,}000x\ \mathrm{Nmm}$$

따라서 축력 F가 동시에 작용하는 경우 책의 해설에서와 같이 계산된다.

B점에서 중첩된 최대응력은 $\sigma_B = \dfrac{F}{A} + \dfrac{M_b c_i}{A e r_i}$ 로부터

$50 = \dfrac{5{,}000}{7853.98} + \dfrac{(5{,}000x)(43.3)}{(7853.98)(6.7)(50)}$ 이므로 $x = 599.9\,\mathrm{mm}$가 최대 오프셋 거리이다.

6

CHAPTER

비틀림

6.1 원형 단면 실린더의 비틀림

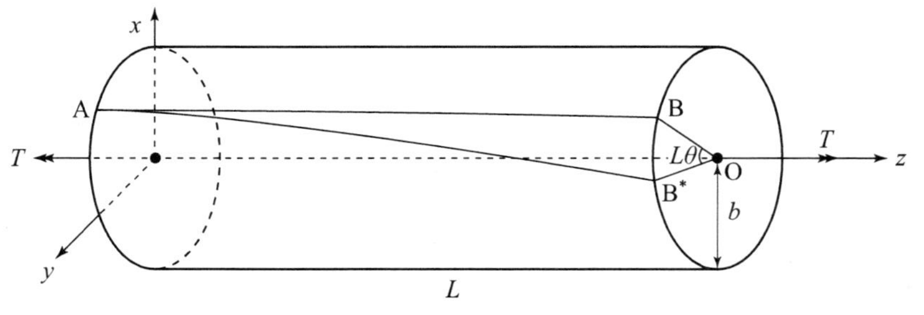

그림 6.1 원형 단면 실린더의 비틀림각.

그림 6.1에는 길이가 L이고 원형 단면을 가진 실린더가 축방향으로 비틀림 하중(T)을 받을 때 AB가 AB*로 비틀린 형상을 도식하였다. 그림에서 보여진 비틀림 축에서는 모든 단면에서 동일한 형상의 변형이 일어난다. 단위축길이당 비틀림각도를 θ라고 하면 $z=0$인 단면을 기준으로 z위치의 단면에서 일어나는 회전각의 크기(β)는,

$$\beta = \theta z \tag{6.1}$$

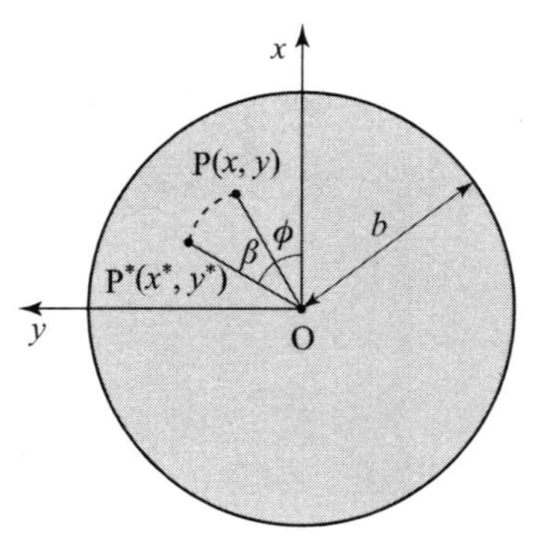

그림 6.2 실린더 단면의 강체 회전.

그림 6.2에는 그림 6.1 비틀림 축의 z 위치의 단면에서 단면이 강체 회전할 때 전(P)과 후(P*)의 질점위치를 도식하였다. 회전 전 질점의 좌표 P(x, y)로부터 회전 후 P*(x^*, y^*)라고 하자. OP는 OP*로 이동하기 위하여 반시계방향으로 β만큼 회전한다. 그림 6.2에서 ϕ는 OP가 x축과 이루는 각도이다. 전(P)과 후(P*)의 x와 y방향 변위량은 u와 v라고 놓자. 회전 전의 질점좌표는 $x = \mathrm{OP}\cos\phi$, $y = \mathrm{OP}\sin\phi$이고 OP=OP*로 길이의 변화가 없다. 그러므로

$$u = x^* - x = \mathrm{OP}[\cos(\beta+\phi) - \cos\phi] \tag{6.2a}$$

$$v = y^* - y = \mathrm{OP}[\sin(\beta+\phi) - \sin\phi] \tag{6.2b}$$

이므로 $x = \mathrm{OP}\cos\phi$, $y = \mathrm{OP}\sin\phi$를 이용하여 다시 정리하면

$$u = x(\cos\beta - 1) - y\sin\beta \tag{6.3a}$$

$$v = x\sin\beta + y(\cos\beta - 1) \tag{6.3b}$$

변위량이 매우 작다($\beta \ll 1$)고 가정하면 $\sin\beta \approx \beta$이고 $\cos\beta \approx 1$이므로 식 (6.3)에 대입하면,

$$u = -y\beta; \quad v = x\beta; \quad w = 0 \tag{6.4}$$

여기서 $w = 0$은 원통 길이의 변화가 없기 때문이다. 다시 식 (6.4)에 식 (6.1)을 대입하면

$$u = -\theta yz; \quad v = \theta xz; \quad w = 0 \tag{6.5}$$

식 (6.5)의 변위에 따른 변형률 성분은,

$$\begin{aligned} &\epsilon_{xx} = \epsilon_{yy} = \epsilon_{zz} = 0; \quad 2\epsilon_{zx} = \gamma_{zx} = -\theta y; \\ &2\epsilon_{zy} = \gamma_{zy} = \theta x; \quad 2\epsilon_{xy} = \gamma_{xy} = 0 \end{aligned} \tag{6.6}$$

또한 G를 '전단계수'라고 정의하면 응력의 성분은,

$$\begin{aligned} &\sigma_{xx} = \sigma_{yy} = \sigma_{zz} = 0; \quad \sigma_{zx} = -\theta Gy; \\ &\sigma_{zy} = \theta Gx; \quad \sigma_{xy} = 0 \end{aligned} \tag{6.7}$$

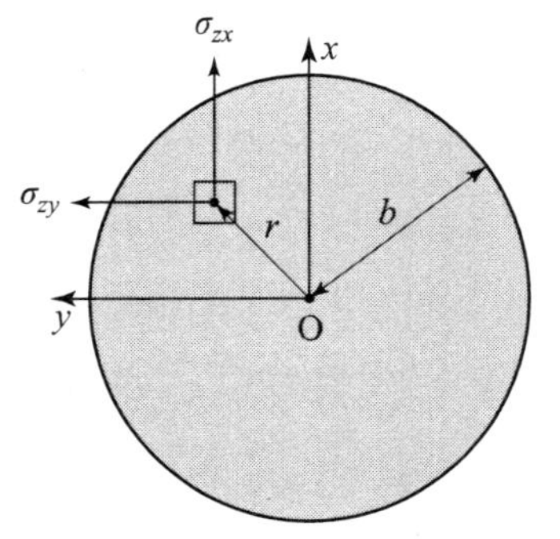

그림 6.3 비틀림 축 단면에서 응력성분의 작용.

축에 가해진 비틀림 모멘트 T는 식 (6.7)과 같은 응력의 분포를 만들고 이 응력의 분포가 만드는 작용을 합산하면 다시 비틀림 모멘트(토크) T가 된다. 따라서 그림 6.3을 참고하여 z축을 중심으로 토크를 계산하면

$$\begin{aligned}\sum M_z &= T = \int_A (x\sigma_{zy} - y\sigma_{zx})dA \\ &= G\theta\int_A (x^2+y^2)dA = G\theta\int_A r^2 dA = G\theta J\end{aligned}$$

여기서 $J=\int_A r^2 dA$로 정의된 가중면적을 '극면적모멘트(polar moment of area)'라고 한다. 계산결과를 다시 정리하면 단위길이당 비틀림각(θ)을 얻는다.

$$\theta = \frac{T}{GJ} \tag{6.8}$$

그림 6.3에서 x와 y방향 단위벡터를 $\vec{i}$와 $\vec{j}$로 표현하면 응력벡터는 $\vec{\tau} = -\theta G y\vec{i} + \theta G x\vec{j}$이므로 $|\vec{\tau}| = \tau = \theta G\sqrt{x^2+y^2} = \theta G r$이다. 따라서 응력의 분포는 원주방향의 전단응력만 분포한다. 토크를 받는 원형 단면 실린더는 '순수전단상태(pure shear state)'이며 이 전단응력의 크기는

$$\tau = \frac{Tr}{J} \tag{6.9}$$

6.2 셍비낭의 세미 - 인버스 방법

앞 절에서는 단면이 원형인 비틀림 축문제에 국한하여 해석을 진행하였다. 앞의 결론에서 확인할 수 있듯이 단면이 원형인 경우엔 극대의 대칭성 때문에 축방향(앞 절에서 z방향)의 변위량 $w=0$이므로 평면이었던 단면적은 비틀림 후에도 평면이 되어 축방향의 뒤틀림(warping)이 일어나지 않는다. 혼동을 피하기 위하여 '뒤틀림'의 뜻으로 '워핑'이란 단어를 사용하겠다. 단면에 워핑이 일어나면 변형 후 축방향의 변위분포가 생기므로 단면은 평면이 아니다. 그러나 일반적인 비틀림 축에 대한 우리의 직관에 따르면 축에 토크를 가하면 거의 모든 경우에 워핑이 발생한다. 이는 원형이 아닌 단면이 원형이 가진 극대의 대칭성을 잃기 때문인데 토크를 받는 일반 단면 실린더 문제는 3차원 문제로 복잡해진다. 이 문제는 해석적으로 셍비낭(Saint-Venant, 1797～1886)에 의하여 설명되었는데 그가 이용한 방법을 '셍비낭의 세미 - 인버스(semi-inverse) 방법'이라 한다. 이 방법은 토크를 받는 변형체의 변위성분의 근사함수를 가정하는 것으로 시작한다. 이 근사해법은 토크를 받는 변형체의 형상변화를 면밀하게 관찰한 데이터를 이용한다.

우선 비틀림 축의 단위길이당 비틀림각도를 θ라고 하자. 이때 기준 단면에서 z만큼 떨어진 단면의 회전각은 식 (6.1)과 같이 $\beta=\theta z$이므로 대칭성에 대한 가정이 없는 일반 단면의 비틀림 실린더에 대한 변위성분을 다음과 같이 쓸 수 있다.

$$u=-\theta yz; \quad v=\theta xz; \quad w=\theta\psi(x,\ y) \tag{6.10}$$

여기서 $\psi(x,\ y)$는 워핑함수(warping function)이다. 식 (6.10)의 변위에 대해서 변형률의 성분을 쓰면

$$\begin{aligned}&\epsilon_{xx}=\epsilon_{yy}=\epsilon_{zz}=\epsilon_{xy}=0; \quad 2\epsilon_{zx}=\gamma_{zx}=\theta\left(\frac{\partial\psi}{\partial x}-y\right);\\ &2\epsilon_{zy}=\gamma_{zy}=\theta\left(\frac{\partial\psi}{\partial y}+x\right)\end{aligned} \tag{6.11}$$

식 (6.11)의 마지막 두 식으로부터 기하학적 적합성(compatibility) 조건을

다음과 같이 쉽게 알 수 있다.

$$\frac{\partial \gamma_{zx}}{\partial y} - \frac{\partial \gamma_{zy}}{\partial x} = 2\theta \tag{6.12}$$

즉, 비틀림 축에서 γ_{zx}와 γ_{zy}의 변형률 성분은 독립적이 아니라는 뜻이며 값을 취할 때 만족시켜야 할 조건이 있다는 의미이다.

식 (6.12)로부터 우리는 질점의 응력과 평형방정식을 유도할 수 있는데 응력의 경우 σ_{zx}와 σ_{zy} 응력성분 이외에는 모두 항상 '0'이 되어야 하며 σ_{zx}와 σ_{zy}도 $(x,\ y)$만의 함수이며 z의 함수가 아니다. 따라서 세 독립방향(예를 들어 x, y, z축 방향)의 평형방정식은 다음으로 간략화 된다.

$$\frac{\partial \sigma_{zx}}{\partial z} = 0; \quad \frac{\partial \sigma_{zy}}{\partial z} = 0; \quad \frac{\partial \sigma_{yz}}{\partial y} + \frac{\partial \sigma_{xz}}{\partial x} = 0 \tag{6.13}$$

식 (6.13)은 프랜틀(Prandtl)의 응력함수 $\phi(x,\ y)$를 적용시키면 자동적으로 만족된다. 응력함수 $\phi(x,\ y)$는 다음과 같이 정의된다.

$$\sigma_{zx} = \frac{\partial \phi}{\partial y}; \quad \sigma_{zy} = -\frac{\partial \phi}{\partial x} \tag{6.14}$$

따라서 프랜틀 응력함수를 적용하면 비틀림 실린더의 문제는 응력함수 $\phi(x,\ y)$를 결정하는 문제로 바뀌며 경계조건으로 $[\phi(x,\ y)]_\Gamma$에 필수조건이 부여된다. 참고로 루트비히 프랜틀(Ludwig Prandtl, 1875～1953)은 독일의 물리학자로 뮌헨공대에서 고체물리학을 전공한 기계설계자이다. 하노버대학과 괴팅겐대학의 교수를 역임하였으며 항공역학과 유체역학 분야에 공적을 남겼다.

그러면 응력함수의 경계조건에 대해서 논의해 보자. 비틀림 변형체의 측면 경계에는 외력이 없으므로 응력이 없다. 따라서 비틀림 변형체 단면적의 경계 Γ에는 그림 6.4에 도식된 것과 같이 응력벡터($\vec{\tau}$)가 반드시 경계에 접하는 방향만 가능하다. 따라서

$$\sigma_{zx} = \tau \sin\alpha; \quad \sigma_{zy} = \tau \cos\alpha \tag{6.15}$$

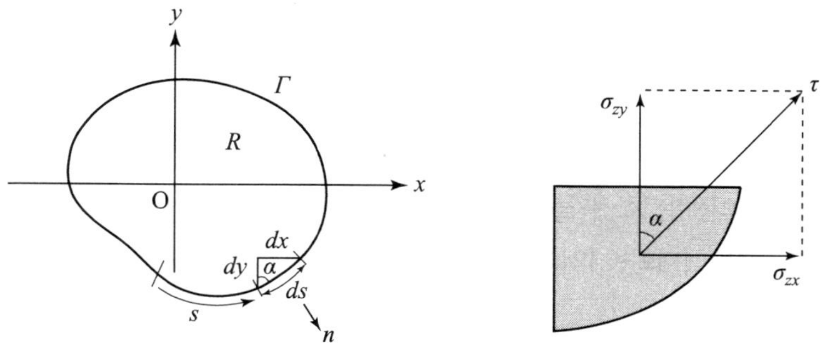

그림 6.4 **비틀림 축의 경계조건.**

여기서 $\sin\alpha = dx/ds$이고 $\cos\alpha = dy/ds$이며 $\tau = \sqrt{(\sigma_{zx})^2 + (\sigma_{zy})^2}$. 또한 경계면의 면의 방향 $\vec{n} = (\cos\alpha)\vec{i} - (\sin\alpha)\vec{j}$로 놓고 편의상 화살표 기호를 생략하면

$$\tau \cdot n = 0; \quad \sigma_{zx}\cos\alpha - \sigma_{zy}\sin\alpha = 0 \tag{6.16}$$

식 (6.16)의 두 번째 식에 $\sin\alpha = dx/ds$와 $\cos\alpha = dy/ds$을 대입하면

$$\sigma_{zx}\frac{dy}{ds} - \sigma_{zy}\frac{dx}{ds} = 0 \tag{6.17}$$

식 (6.17)의 응력성분을 프랜틀 응력함수로 대체하면

$$\frac{\partial\phi}{\partial y}\frac{dy}{ds} - \left(-\frac{\partial\phi}{\partial x}\right)\frac{dx}{ds} = \frac{\partial\phi}{\partial y}\frac{dy}{ds} + \frac{\partial\phi}{\partial x}\frac{dx}{ds} = \frac{d\phi}{ds} = 0 \tag{6.18}$$

식 (6.18)의 마지막 관계식은 경계(Γ)를 따라서 응력함수 'ϕ = 일정'이어야 한다. 일반성을 잃지 않고 우리는 경계에서 일정한 값을 '0'이라고 정할 수 있다. 즉, 경계(Γ)를 따라서 응력함수 '$\phi = 0$'.

고려하고 있는 단면적에서 응력성분 σ_{zx}와 σ_{zy}의 분포는 다음 평형방정식을 만족하여야 한다.

$$\sum F_x = \iint \sigma_{zx}dxdy = \iint \frac{\partial\phi}{\partial y}dxdy = 0 \tag{6.19a}$$

$$\sum F_y = \iint \sigma_{zy} dxdy = -\iint \frac{\partial \phi}{\partial x} dxdy = 0 \tag{6.19b}$$

$$\sum M_z = T = \iint (x\sigma_{zy} - y\sigma_{zx}) dxdy \tag{6.19c}$$

$$= -\iint \left(x\frac{\partial \phi}{\partial x} + y\frac{\partial \phi}{\partial y} \right) dxdy$$

위의 식 (6.19a)와 (6.19b)는 만족됨을 쉽게 알 수 있다.

이제 식 (6.19c)를 살펴보자. 그림 6.5에서 단면적에서 적분을 수행하기 위하여 우선 일정한 y값을 가지는 얇은 띠모양의 영역을 생각하면

$$-\iint x\frac{\partial \phi}{\partial x} dxdy = -\int dy \int x \frac{d\phi}{dx} dx = -\int dy \int_{\phi(A)}^{\phi(B)} x d\phi$$

$$= -\int dy \left([x\phi]_A^B - \int_{x_A}^{x_B} \phi dx \right)$$

$$= \int dy \int_{x_A}^{x_B} \phi dx$$

다음에는 유사한 방법으로 수직방향의 얇은 띠 dx를 고려하면

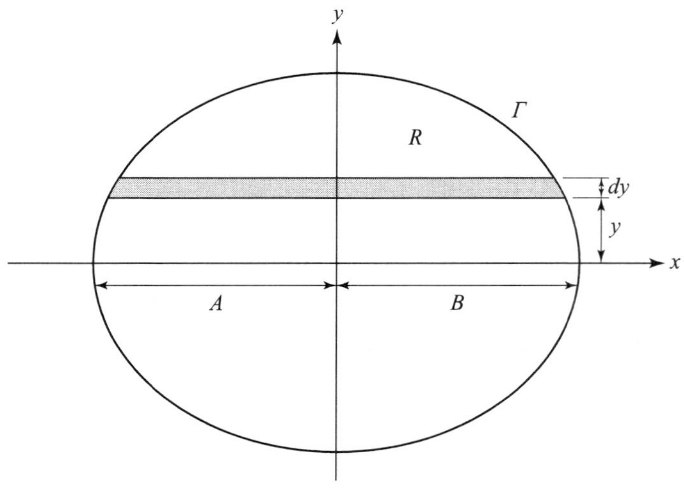

그림 6.5 단면에서 적분 수행방법.

$$-\iint y\frac{\partial\phi}{\partial y}dxdy = -\int dx\int y\frac{\partial\phi}{\partial y}dy = \int dx\int_{y_C}^{y_D}\phi\, dy$$

앞의 두 경우를 더하면 식 (6.19c)의 우변이 되고 최종 토크는

$$T = 2\iint\phi\, dxdy \tag{6.20}$$

우리는 응력함수 ϕ를 비틀림 축문제의 단면적에서 부풀어 오른 표면형상으로 시각화시킬 수 있다.

변형체 역학에서 문제를 푼다는 것은 '평형방정식'과 '기하학적 적합성'의 두 가지를 동시에 만족시키는 답을 찾는 것이다. 위에서 우리는 프랜틀의 응력함수를 적용하면서 '평형방정식'을 만족시켰으므로 '기하학적 적합성'의 조건인 식 (6.12)를 만족시키는 응력함수를 결정하면 된다. 선형 탄성 구성방정식으로부터

$$\sigma_{zx} = \frac{\partial\phi}{\partial y} = G\gamma_{zx};\qquad \sigma_{zy} = -\frac{\partial\phi}{\partial x} = G\gamma_{zy} \tag{6.21}$$

식 (6.21)을 이용하여 식 (6.12)를 다시 정리하면

$$\frac{\partial^2\phi}{\partial x^2} + \frac{\partial^2\phi}{\partial y^2} = -2G\theta \quad (\phi = 0 \text{ on } \Gamma) \tag{6.22}$$

이제 비틀림 문제는 식 (6.20)과 식 (6.22)에 주어진 포와송 방정식을 해결하는 것으로 변경되었다.

응용을 위하여 주어진 비틀림 축의 문제에서 단면적의 경계를 다음의 식으로 표현하자.

$$F(x,\ y) = 0 \tag{6.23}$$

식 (6.22)의 경계조건 때문에 우리는 임의의 상수 B와 함께 응력함수를 다음과 같이 놓을 수 있다.

$$\phi(x,\ y) = BF(x,\ y) \tag{6.24}$$

식 (6.24)의 응력함수 ϕ는 식 (6.23) 때문에 항상 경계조건이 만족되므로 비

틀림 축 문제의 유일한 해답이 된다.

그림 6.6에 보여진 타원형 단면적을 갖는 문제를 고려해 보자.

타원의 방정식은 $F(x,\ y) = x^2/h^2 + y^2/b^2 - 1 = 0$이므로 식 (6.24)에 의하여

$$\phi(x,\ y) = B\left(\frac{x^2}{h^2} + \frac{y^2}{b^2} - 1\right) \tag{6.25}$$

식 (6.22)의 포와송 방정식 $\Delta\phi = -2G\theta$에 식 (6.25)를 대입하여 상수 B에 대하여 풀면

$$B = (-)\frac{h^2 b^2 G\theta}{h^2 + b^2} \tag{6.26}$$

이제 프랜틀 응력함수 식 (6.25)로부터 응력성분을 계산하면

$$\sigma_{zx} = \frac{\partial\phi}{\partial y} = \frac{2By}{b^2} = (-)\frac{2h^2 G\theta y}{h^2 + b^2} \tag{6.27a}$$

$$\sigma_{zy} = (-)\frac{\partial\phi}{\partial x} = (-)\frac{2Bx}{h^2} = \frac{2b^2 G\theta x}{h^2 + b^2} \tag{6.27b}$$

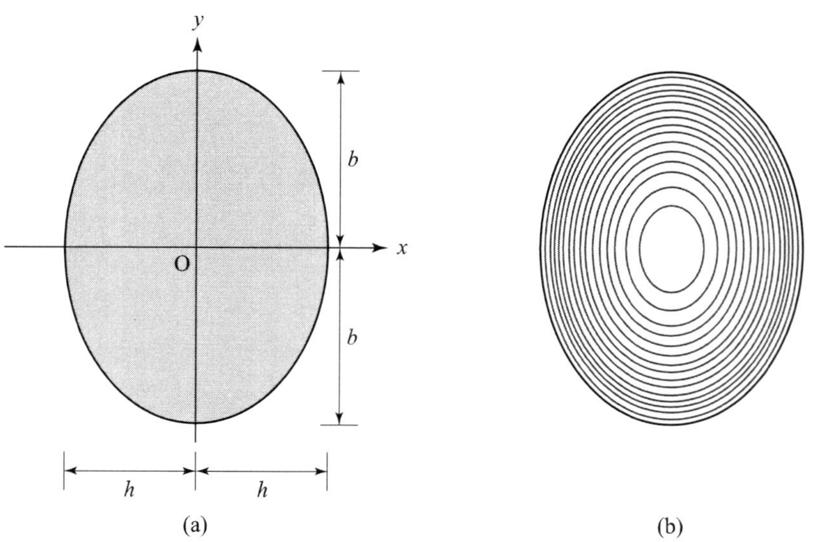

그림 6.6 타원형 단면적($b>h$): (a) 형상 및 치수; (b) 응력함수 등고선.

$\tau = \sqrt{(\sigma_{zx})^2 + (\sigma_{zy})^2}$ 는 $x = h$의 위치에서 최대값이 되므로

$$\tau_{\max} = \sigma_{zy}(x = h) = \frac{2b^2 h G\theta}{h^2 + b^2} \tag{6.28}$$

그리고 식 (6.20)으로부터

$$\begin{aligned} T &= \frac{2B}{h^2}\int x^2 dA + \frac{2B}{b^2}\int y^2 dA - 2B\int dA \\ &= \frac{2B}{h^2} I_y + \frac{2B}{b^2} I_x - 2BA = (-)\pi Bhb \end{aligned} \tag{6.29}$$

따라서 식 (6.29)로부터 B에 포함된 단위길이당 비틀림각 θ를 결정할 수 있으므로 문제가 해결되었다.

$$\theta = \frac{T(b^2 + h^2)}{G\pi b^3 h^3}; \qquad \tau_{\max} = \frac{2T}{\pi b h^2} \tag{6.30}$$

이번엔 단면이 정삼각형인 경우를 생각하자. 그림 6.7에는 정삼각형 단면이 도식되었다.

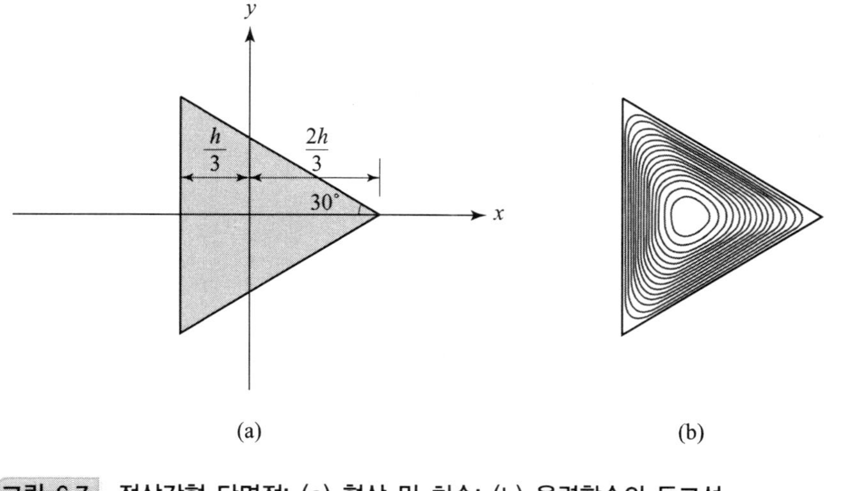

그림 6.7 정삼각형 단면적: (a) 형상 및 치수; (b) 응력함수의 등고선.

그림에 보여진 경계의 식 $F(x,\ y) = 0$은 다음과 같다.

$$F(x,\ y) = \left(x - \sqrt{3} - \frac{2h}{3}\right)\left(x + \sqrt{3} - \frac{2h}{3}\right)\left(x + \frac{h}{3}\right) - 1 = 0 \tag{6.31}$$

이후 앞의 타원형 단면적 경우와 같이 $\phi(x,\ y) = BF(x,\ y)$로 응력함수를 가정하고 진행하면 다음의 결론을 얻는다.

$$\phi(x,\ y) = \frac{G\theta}{2h}\left(x - \sqrt{3} - \frac{2h}{3}\right)\left(x + \sqrt{3} - \frac{2h}{3}\right)\left(x + \frac{h}{3}\right) - 1 = 0 \tag{6.32}$$

최대전단응력과 단위길이당 비틀림각도는

$$\tau_{\max} = \frac{15\sqrt{3}\,T}{2h^3}; \qquad \theta = \frac{15\sqrt{3}\,T}{Gh^4} \tag{6.33}$$

그림 6.8에 보여진 바와 같이 직사각형 단면적을 가지는 비틀림 축의 경우를 살펴보자.

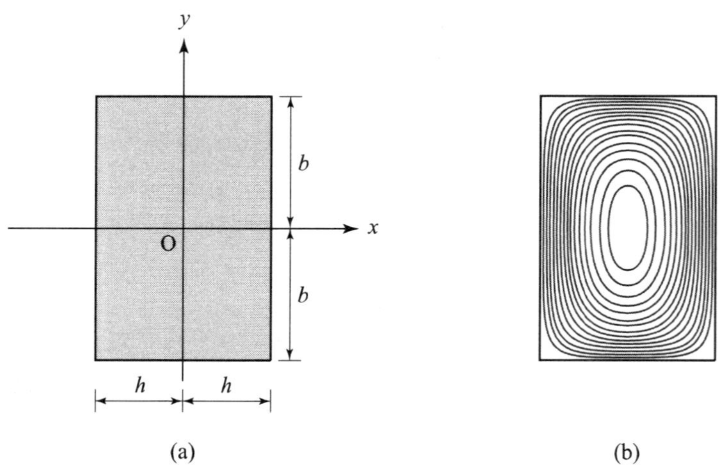

그림 6.8 직사각형 단면적: (a) 형상 및 치수; (b) 응력함수의 등고선.

직사각형 경계 표현에 푸리에급수를 이용하여 응력함수를 구할 수 있다.

$$\phi = G\theta(h^2 - x^2) - \frac{32G\theta h^2}{\pi^3} \sum_{n=1,3,5\cdots}^{\infty} \frac{(-1)^{(n-1)/2}}{n^3 \cosh \frac{n\pi b}{2a}} \cosh \frac{n\pi y}{2a} \tag{6.34}$$

그림과 같이 직사각형 단면의 긴 쪽 변의 길이는 $2b$, 짧은 쪽 변의 길이는 $2h$인 경우 최대전단응력은 긴 쪽 변의 중앙에서 발생한다.

$$\tau_{\max} = \frac{T}{k_1(2b)(2h)^2} \tag{6.35}$$

단위길이당 비틀림각도의 크기는

$$\theta = \frac{T}{k_2(2b)(2h)^3 G} \tag{6.36}$$

여기서 k_1과 k_2는 표 6.1에 주어진 바와 같이 b/h의 비에 의존하는 상수이다.

표 6.1 직사각형 단면적의 k_1과 k_2.

b/h	1.0	1.5	1.75	2.0	2.5	3.0	4.0	6.0	8.0	10.0	∞
k_1	0.208	0.231	0.239	0.246	0.258	0.267	0.282	0.299	0.307	0.313	0.333
k_2	0.141	0.196	0.214	0.229	0.249	0.263	0.281	0.299	0.307	0.313	0.333

S.Timoshenko, Strength of Materials, Part 1, Elementary Theory and Problems. Van Nostrand, New York.

위의 표 6.1을 참조하지 않고 최대전단응력과 단위길이당 비틀림각을 다음의 근사식으로 계산할 수도 있다.

$$\tau_{\max} = \frac{T}{(2b)(2h)^2}\left(3 + 1.8\frac{h}{b}\right) = \frac{T}{(2b)(2h)^3}[3(2b) + 1.8(2h)] \tag{6.37}$$

$$\theta = \frac{42TJ}{GA^4} = \frac{42TJ}{G(2b)^4(2h)^4} \tag{6.38}$$

6.3 탄성막 유추법

프랜틀은 1903년에 비틀림 하중을 받는 비원형 축에서 전단응력의 분포를 구하기 위하여 이 탄성막(elastic membrane) 유추법을 제안하였다. 비누막은 인장을 받는 끈의 2차원 확장개념과 유사하다. 실험적으로 막의 변형에서 소재의 무게가 무시될 수 있는 탄성막의 예로 비누막(soap-film)이 있다. 축의 단면적 경계를 따라서 얇은 와이어로 틀을 만들어서 이 틀의 내부에 비누막을 입힌 후 막에 적당량의 압력분포를 가하면 압력은 비누막에 형성되는 인장력에 의하여 힘의 균형을 이루게 된다. 이 때 비누막의 임의 질점 주위의 작은 요소에 대하여 지배방정식을 세우면 이는 수학적으로 식 (6.22)와 동일한 라플라스 방정식이 된다. 따라서 두 지배방정식의 계수비교를 통해서 비틀림 축 단면에 분포하는 전단응력을 계산할 수 있게 되고 이를 탄성막 유추법이라고 한다. 프랜틀 응력함수로 표현된 비틀림 축의 지배방정식을 다시 적어보자.

$$\frac{\partial^2\phi}{\partial x^2}+\frac{\partial^2\phi}{\partial y^2}=-2G\theta \quad (\phi=0 \ \text{on} \ \Gamma) \tag{6.22}$$

$$\sigma_{zx}=\frac{\partial\phi}{\partial y};\qquad \sigma_{zy}=(-)\frac{\partial\phi}{\partial x} \tag{6.14}$$

앞에서 간략히 설명한 바와 같이 비틀림 축의 단면적(x-y평면)은 동일한 형상(x-y평면)을 가지는 경계선 틀(Γ) 내에서 탄성막으로 덮인다. 그림 6.9와

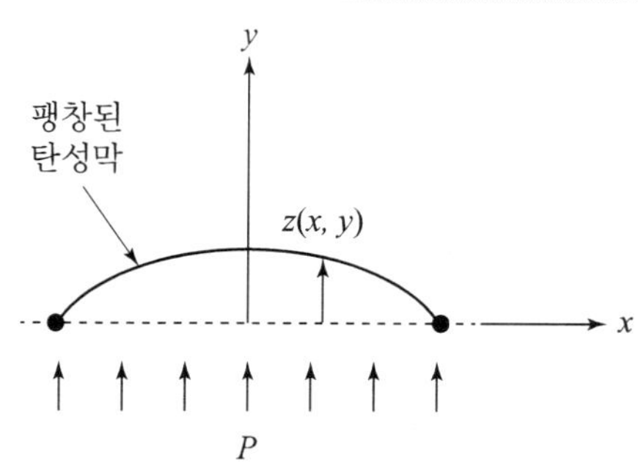

그림 6.9 단면적 경계선(Γ)과 탄성막의 예시.

같이 압력을 받는 탄성막은 z축 방향으로 부풀어 오르게 되어 틀을 덮은 탄성막은 압력을 받은 후에 경계선 틀(Γ) 내에서 유효한 $z(x,\ y)$ 함수로 된다.

이제 탄성막의 $z(x,\ y)$ 함수를 유도하기 위하여 그림 6.10을 참조하자.

그림 6.10의 작은 면적 ABCD의 투영은 x-y평면에서 (가로 dx) × (세로 dy)이다. 이 직사각형의 AD를 따라서 표면장력(S)이 막의 접선방향으로 작용하므로 이의 수직방향(z) 힘은,

$$(F_V)_{AD} = (-S)(dy)\sin\alpha \approx (-S)(dy)\tan\alpha = (-S)(dy)\frac{\partial z}{\partial x} \tag{6.39}$$

한편 BC를 따라서 표면장력에 의한 수직방향 힘은,

$$(F_V)_{BC} = (S)(dy)\tan\left(\alpha + \frac{\partial \alpha}{\partial x}dx\right) = S\,dy\frac{\partial}{\partial x}\left(z + \frac{\partial z}{\partial x}dx\right) \tag{6.40}$$

같은 방법으로 AB와 DC에 대해서도 구하면,

$$-S\,dx\frac{\partial z}{\partial y}; \qquad S\,dx\frac{\partial}{\partial y}\left(z + \frac{\partial z}{\partial y}dy\right) \tag{6.41}$$

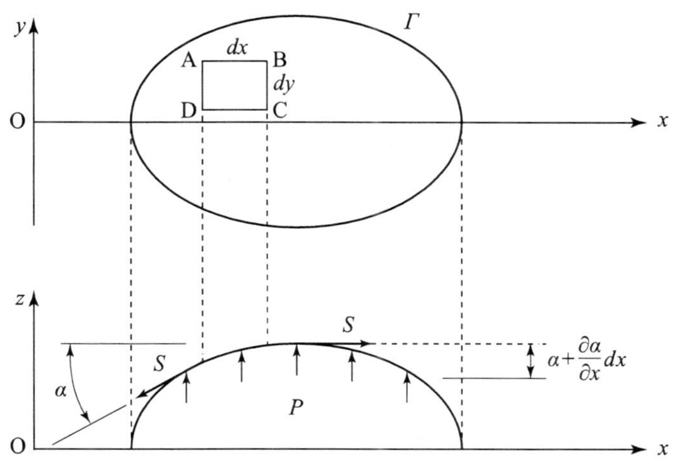

그림 6.10 단면적 경계선(Γ)과 탄성막 $z(x,\ y)$.

식 (6.39)~(6.41)은 압력에 의한 힘 $pdxdy$와 균형을 이루어야 하므로 수직 방향 힘의 총합은

$$\begin{aligned} p\,dxdy - Sdy\frac{\partial z}{\partial x} + Sdy\frac{\partial}{\partial x}\left(z + \frac{\partial z}{\partial x}dx\right) \\ - Sdx\frac{\partial z}{\partial y} + Sdx\frac{\partial}{\partial y}\left(z + \frac{\partial z}{\partial y}dy\right) = 0 \end{aligned} \tag{6.42}$$

식 (6.42)에서 상대적으로 다른 항에 비하여 크기가 매우 작은 고차항을 무시하고 양변을 $dxdy$로 나누면

$$\frac{\partial^2 z}{\partial x^2} + \frac{\partial^2 z}{\partial y^2} = -\frac{p}{S} \tag{6.43}$$

탄성막의 지배방정식 (6.43)은 포와송 방정식이다. 이 식을 프랜틀 응력함수로 표현한 비틀림 문제의 식 (6.22)와 비교하면

$$z = c\phi; \qquad \frac{p}{S} = c \cdot 2G\theta \tag{6.44}$$

여기서 'c'는 임의의 상수이다. 식 (6.44)의 두 식을 좌변, 우변끼리 나누면

$$\frac{z}{p/S} = \frac{\phi}{2G\theta}; \qquad \phi = \frac{2G\theta S}{p}z \tag{6.45}$$

따라서 식 (6.45)의 의미는 탄성막의 수직변위 z가 프랜틀 응력함수 ϕ에 비례한다는 것이다. 그리고 전단응력성분 σ_{zx}, σ_{zy}는 식 (6.14)와 같이 응력함수 ϕ의 x와 y에 대한 미분값이므로 탄성막의 수직변위 z의 x와 y축 방향에 대한 기울기에 비례한다.

또한 식 (6.20)을 참조하면 비틀림 모멘트 T는 탄성막과 x-y평면이 만드는 공간의 크기에 비례한다. 표 6.2에는 탄성막 유추와 비틀림 문제 지배식을 정리하였다.

표 6.2 비틀림 문제에서 탄성막 유추.

	탄성막 문제	비틀림 문제
주요인자	탄성막 수직변위 z 탄성막 하의 압력 p 탄성막의 표면장력 S	응력함수 ϕ 전단계수 G 단위비틀림각 θ
지배방정식	$\frac{\partial^2 z}{\partial x^2} + \frac{\partial^2 z}{\partial y^2} = -\frac{p}{S}$ (영역) $\frac{dz}{ds} = 0$ (경계곡선 조건)	$\frac{\partial^2 \phi}{\partial x^2} + \frac{\partial^2 \phi}{\partial y^2} = -2G\theta$ (영역) $\frac{d\phi}{ds} = 0$ (경계곡선 조건)
관심변수	최대 기울기 $\left(\frac{\partial z}{\partial n}\right)_{\max}$	최대전단응력 $\tau_{\max} = -\left(\frac{\partial \phi}{\partial n}\right)_{\max}$
체적	탄성막공간 $V = \int_A z\,dA$	토크 $T = 2\int_A \phi\,dA$

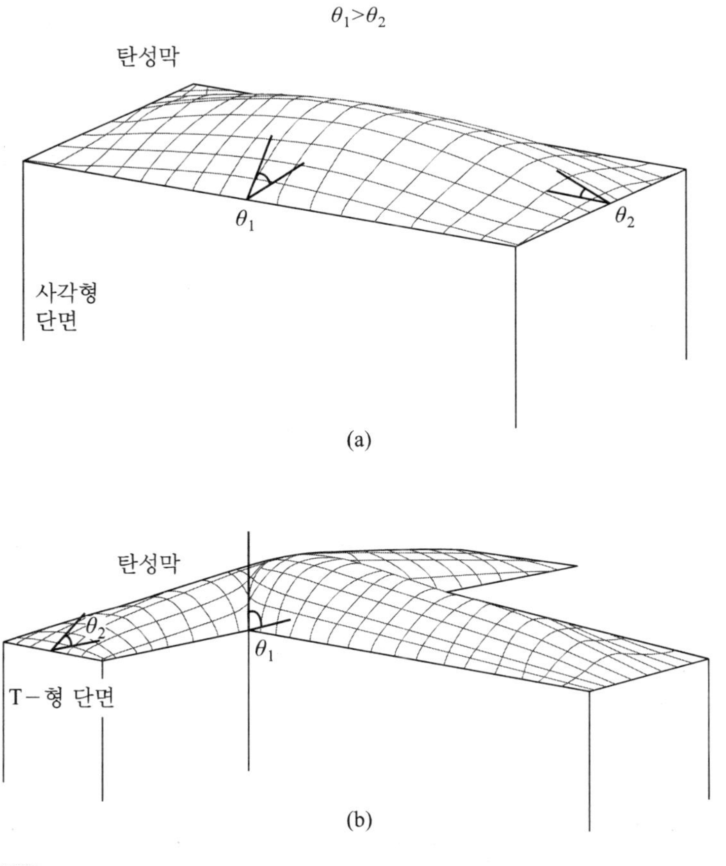

그림 6.11 직사각형과 T－형 단면에 형성된 탄성막 형상.

그림 6.11에는 비틀림 문제에서 단면에 형성된 탄성막 형상의 예를 보여준다. 이러한 여러 형상의 관찰을 통해서 계산을 하지 않고도 탄성막의 최대기울기 위치 및 등고선의 배치 등을 직관적으로 예측할 수 있는 능력을 배양할 수 있다.

그림 6.12에 그려진 폭이 좁은 직사각형 단면을 가진 비틀림 축의 경우에 탄성막 유추법을 적용해 보자.

그림 6.12에서 단면적은 x축 방향으로 길고 y축 방향으로 좁다. 따라서 그림 6.12(b)에서 도식된 탄성막의 돔모양은 x축 방향으로 길어야 하므로 이 방향으로 양끝의 매우 좁은 시작부분을 제외하면 높이의 변화가 거의 없다. 즉, 탄성막의 변형된 모양은 x의 함수가 아니다. 반면 y방향은 매우 좁으므로 y^2

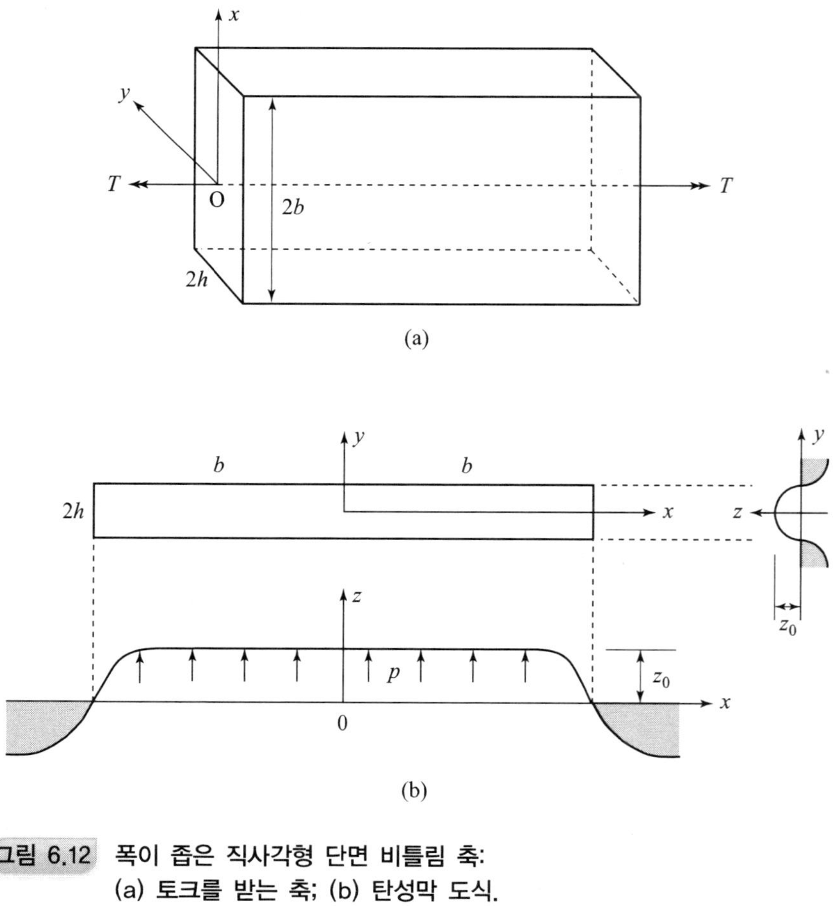

그림 6.12 폭이 좁은 직사각형 단면 비틀림 축:
(a) 토크를 받는 축; (b) 탄성막 도식.

에 비례하는 포물선 모양으로 탄성막이 변형된다고 가정하는 것은 매우 타당하다. 이러한 추론에 의하여 탄성막의 변형된 형상함수 $z(x,\ y)$는

$$z(x,\ y) = z_0\left[1-\left(\frac{y}{h}\right)^2\right] \tag{6.46}$$

식 (6.46)을 탄성막의 포와송 방정식 (6.43)의 좌변에 대입하면

$$\frac{\partial^2 z}{\partial x^2} + \frac{\partial^2 z}{\partial y^2} = (-)\frac{2z_0}{h^2} \tag{6.47}$$

유추법에 따른 식 (6.44)로부터 $-2z_0/h^2 = -2cG\theta$이므로 이 관계와 식 (6.46)을 식 (6.45)의 두 번째 식에 대입하면

$$\begin{aligned}\phi &= \frac{2G\theta S}{p}z = \frac{2G\theta S}{p}\cdot z_0\left[1-\left(\frac{y}{h}\right)^2\right]\\ &= \frac{2G\theta S}{p}\cdot cG\theta h^2\cdot\left[1-\left(\frac{y}{h}\right)^2\right]\\ &= 2G\theta\left(\frac{S}{p}\right)\cdot cG\theta h^2\cdot\left[1-\left(\frac{y}{h}\right)^2\right]\\ &= 2G\theta\left(\frac{1}{2cG\theta}\right)\cdot cG\theta h^2\cdot\left[1-\left(\frac{y}{h}\right)^2\right]\end{aligned}$$

이를 정리하면

$$\phi = G\theta h^2\left[1-\left(\frac{y}{h}\right)^2\right] \tag{6.48}$$

식 (6.48)을 식 (6.14)에 대입하면 x방향으로 길고 좁은 직사각형 단면에 작용하는 전단응력 성분을 다음과 같이 계산할 수 있다.

$$\sigma_{zx} = -2G\theta y; \qquad \sigma_{zy} = 0 \tag{6.49}$$

또한 $x=0,\ y=\pm h$에서 최대 전단력이 발생하며 이 크기는

$$\tau_{\max} = (\sigma_{zx})_{\max} = 2G\theta h \tag{6.50}$$

식 (6.20)과 식 (6.8)로부터 토크의 크기가 T일 때 계산하면

$$T = 2\int_{-b}^{+b}\int_{-h}^{+h} \phi\, dx dy = \frac{1}{3} G\theta (2b)(2h)^3 = GJ\theta \tag{6.51}$$

식 (6.51)로부터 극면적모멘트는

$$J = \frac{1}{3}(2b)(2h)^3 \tag{6.52}$$

식 (6.51)에서

$$\theta = \frac{3T}{G(2b)(2h)^3} = \frac{T}{GJ} \tag{6.53}$$

식 (6.50)에서

$$\tau_{\max} = \frac{3T}{(2b)(2h)^2} = \frac{T(2h)}{J} \tag{6.54}$$

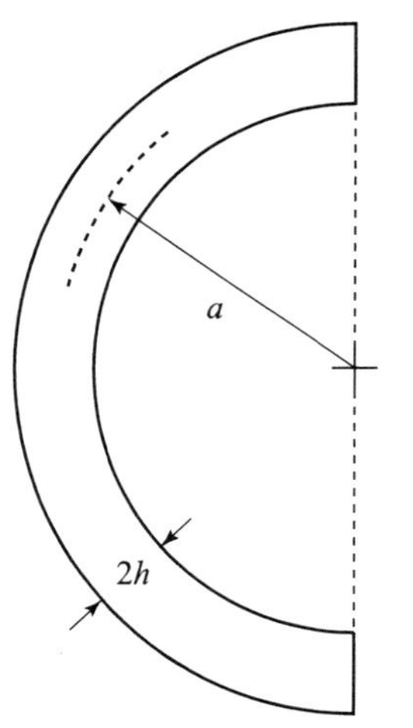

그림 6.13 반원형 단면.

이번엔 앞의 경우와 같이 좁고 긴 직사각형 단면의 비틀림보의 단면적 모양이 그림 6.13과 같이 반원형태인 경우에 대하여 최대전단응력과 단위축길이당 비틀림각의 크기를 구해보자. 그림 6.11에서 긴 쪽 변의 치수는 $2b$이었고 반원형태 원주의 길이는 $2b=\pi a$의 관계가 있다. 이 관계를 고려하면 식 (6.52)는

$$J=\frac{(2b)(2h)^3}{3}=\frac{(\pi a)(2h)^3}{3} \tag{6.55}$$

식 (6.54)로부터 최대전단응력은

$$\tau_{\max}=\frac{2Th}{J}=\frac{3T}{4\pi ah^2} \tag{6.56}$$

또한 식 (6.53)으로부터 단위축길이당 비틀림각은

$$\theta=\frac{T}{GJ}=\frac{3T}{8\pi Gah^3} \tag{6.57}$$

6.4 벽이 얇은 중공 비틀림 축

이 절에서는 곡률반경에 비해서 벽의 두께가 훨씬 작은 즉, 단면의 벽이 얇은 비틀림 축을 고려한다. 특별한 언급이 없는 한 고려하는 벽의 중심선은 폐곡선으로 다중연결(multiply connected)형상이다. 이 벽이 얇은 경우엔 전단응력이 두께방향으로 일정하다고 가정할 수 있다는 것이 특징이다. 즉 σ_{ij}는 두께(t)의 함수가 아니다. 또한 이 절에서 유도되는 식들은 원형 단면 등 제한이 없으며 임의 형상에 모두 적합하다.

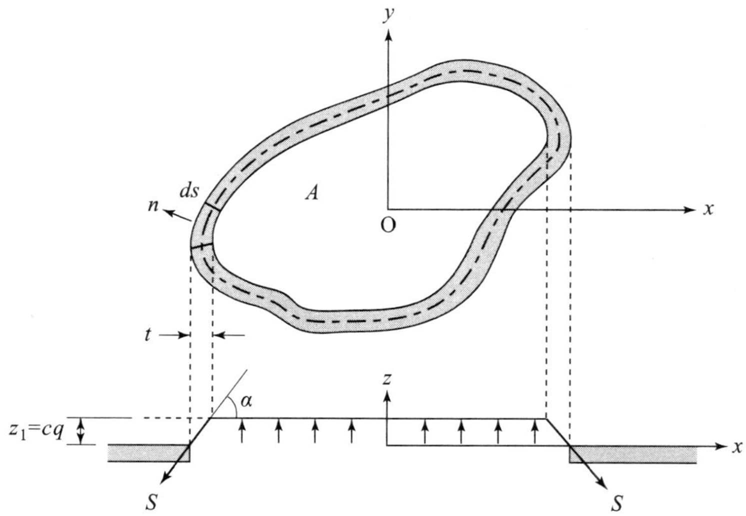

그림 6.14 얇은 벽 단면과 탄성막의 예.

그림 6.14에서 단면의 평면 x-y에서 중공(hollow) 실린더이므로 단면의 경계선은 외측 폐곡선(Γ_o)과 내측 폐곡선(Γ_i)으로 나뉘어 있다. 셍비낭의 세미 인버스방법에서 고려하는 프랜틀의 응력함수는 경계선에서 일정한 상수값을 가져야 하는 조건이 있으므로 $\Gamma_o = C_1$ 그리고 $\Gamma_i = C_2$ 등이 되어야 한다. 두 개의 상수 중 한 개는 임의의 상수이므로 그림 6.14에서는 $\Gamma_o = C_1 = 0$와 $\Gamma_i = C_2 = z_1$으로 선택하였다. 평면 x-y에서 단면의 벽을 중심을 따르는 폐곡선(Γ) 상 임의의 질점에서 폐곡선의 외부측 단위벡터 $\vec{n}$을 편의상 화살 기호를 생략하였다. 그림 6.14에서 탄성막의 형상은 폐곡선 Γ_i의 안쪽 빈 공간에서는 전단응력이 없으므로 높이가 일정한 평면이어야 하고 바깥쪽 폐곡선 $\Gamma_o = C_1 = 0$의 바깥쪽 공간에도 전단응력이 없으므로 높이가 일정한 평면이어야 하므로 그림 6.14에 보인 바와 같이 두 평면사이 공간이 응력함수의 공간이 되어야 한다. 따라서 벽을 중심을 따르는 폐곡선(Γ) 상 임의의 질점에서 전단응력의 크기는 수직방향($\vec{n}$)에 대한 기울기이므로

$$\tau = \frac{\partial \phi}{\partial n} \quad (\Gamma \text{ 상 임의의 점에서 계산}) \tag{6.58}$$

식 (6.45)를 식 (6.58)에 대입하면

$$\tau = \frac{\partial\phi}{\partial n} = \frac{2G\theta S}{p} \cdot \frac{\partial z}{\partial n} = \frac{2G\theta S}{p}\tan\alpha = \frac{1}{c}\sin\alpha \tag{6.59}$$

여기서 S는 탄성막의 표면장력이다.

전단흐름(shear flow)을 다음으로 정의하자.

$$q = \tau \cdot t \tag{6.60}$$

힘 요소의 회전방향 균형을 위해서 얇은 벽을 따른 폐곡선 상 임의의 위치에서 이 전단흐름은 항상 일정해야 한다. 즉 얇은 벽 단면의 비틀림 축에서 전단응력은 작용하는 위치의 두께에 반비례한다. 식 (6.20)으로부터

$$T = 2\iint \phi dA = 2A\phi_1 = \frac{2Az_1}{c} = 2Aq = 2A\tau t \tag{6.61}$$

그림 6.14에서 전단응력은 기울기에 비례하며 이때 기울기는 z_1/t이다. 전단응력은 응력함수로부터 구할 수 있으므로 $\tau = \phi_1/t$이므로 $\phi_1 = \tau \cdot t = q$. 또한 응력함수와 탄성막 변형량의 관계는 $z_1 = c \cdot \phi_1$ 등이 식 (6.61)의 변환에 이용되었다.

z방향으로 힘의 평형식을 세우면

$$\sum F_z = pA - \oint S \cdot \sin\alpha \cdot ds = 0;$$

$$pA - S \cdot \oint \sin\alpha \cdot ds = 0 \tag{6.62}$$

식 (6.59)에서 $\sin\alpha = c \cdot \tau$이므로 식 (6.62)에 대입하면,

$$pA = cS\oint \tau ds \quad \rightarrow \quad \frac{1}{A}\oint \tau ds = \frac{p}{cS} = 2G\theta \tag{6.63}$$

예제 6.1

비틀림 축의 단면이 그림에 보여진 바와 같이 중공원형 단면이다. 이 단면의 바깥지름은 $D_o = 22$ mm 그리고 안쪽 지름은 $D_i = 18$ mm이며 평균지름과 두께는 각각 $D = 20$ mm, $t = 2$ mm이다. 평균지름 위치에서 전단응력이 $\tau = 70.0$ MPa이라고 하자. 축을 구성하는 재료의 전단계수가 $G = 77.5$ GPa일 때 단면에 작용하는 총 토크의 크기(T)와 단위축길이당 비틀림각(θ)을 구하라.

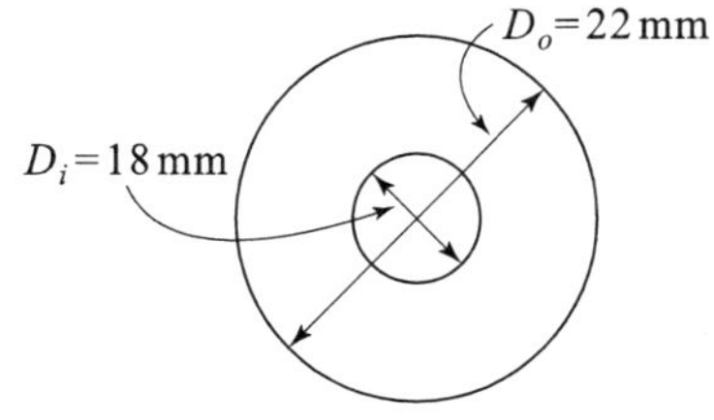

예제그림 6.1

해설

$$A = \frac{\pi D^2}{4} = 100\pi \text{ mm}^2$$

$$T = 2A\tau t = 2(100\pi)(70)(2) = 87{,}960 \text{ Nm} = 87.96 \text{ kNm}$$

두께(t)는 일정하므로,

$$\theta = \frac{1}{2GA}\oint \tau ds = \frac{\tau\pi D}{2GA}$$

$$= \frac{70(\pi)(20)}{2(77{,}500)(100\pi)} = 0.0000903 \text{ rad/mm}$$

■

한편, 여기서는 얇은 벽의 단면이 폐곡선형태가 아닌 개방된 곡선형태인 경우에 대하여 고려해 보자. 그림 6.15(a)에는 얇고 긴 직사각형 단면에서 전단응력의 분포의 예를 도식적으로 보여준다.

그림 6.15(b)에서처럼 직사각형 단면의 일부인 가상의 튜브와 같은 폐곡선 단면을 생각하자. 가상 튜브의 벽두께는 δy이고 이 가상 튜브영역에서 지지하는 토크의 크기는 δT이다. 그러면 단위길이당 비틀림각의 크기는 다음과 같이 계산된다.

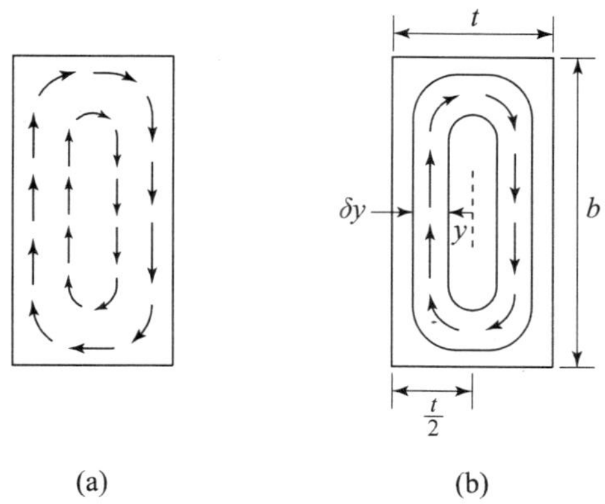

그림 6.15 얇고 긴 직사각형 단면의 전단응력 분포.

$$\frac{\beta}{L} = \theta = \frac{1}{2GA}\oint \tau ds = \frac{q}{2GA}\oint \frac{ds}{t} = \frac{q}{2GA}\frac{2b}{\delta y}$$
$$= \frac{\delta T/2A}{2GA}\frac{2b}{\delta y} = \frac{\delta T(2b)}{4A^2 G\delta y} = \frac{\delta T}{8by^2 G\delta y} \tag{6.64}$$

여기서 가상튜브의 면적은 $A = 2by$이다. 식 (6.64)에는 다음의 과정이 이용되었다. 식 (6.63)과 식 (6.61)의 $T = 2Aq = 2A\tau t$에서

$$2G\theta = \frac{1}{A}\oint \tau ds \qquad \text{그리고} \qquad \tau = \frac{T}{2At}$$

이 관계로부터

$$2G\theta = \frac{1}{A}\oint \frac{T}{2At}ds = \frac{T}{2A^2}\oint \frac{ds}{t} \tag{6.65}$$

식 (6.65)를 정리하면

$$\theta = \frac{T}{4A^2 G}\oint \frac{ds}{t} \tag{6.66}$$

한편, 식 (6.64)에서 $\delta T = 8by^2 G\theta\,\delta y$이므로 단면에 작용하는 총 토크의 크기는

$$T = \int \delta T = \int_0^{t/2} 8by^2 G\theta dy = 8bG\theta \left[\frac{y^3}{3} \right]_0^{t/2} = \frac{bt^3 G\theta}{3} \tag{6.67}$$

따라서

$$\theta = \frac{T}{G\left(\frac{bt^3}{3}\right)} = \frac{T}{GJ} \tag{6.68}$$

식 (6.61)로부터

$$\tau = \frac{T}{2At} \quad \rightarrow \quad \tau = \frac{\delta T}{2A\delta y} = \left(\frac{24Ty^2\delta y}{t^3} \right) \frac{1}{2A\delta y} = \frac{6Ty}{bt^3} \tag{6.69}$$

최대전단응력은 $y = t/2$에서

$$\tau_{\max} = \frac{6Ty_{\max}}{bt^3} = \frac{3T}{bt^2} \tag{6.70}$$

이상 식 (6.64)~(6.70)은 개방형 임의 곡선형상을 단면으로 가지는 비틀림 축의 문제에 활용될 수 있다.

한편, 얇은 벽 폐곡선 형상의 단면에 대해서 셈비낭의 방법이 아닌 해석적 방법으로 재논의 해보자. 그림 6.16에는 폐곡선 형상 단면에 작용하는 전단응력의 분포가 도시되어 있다.

이 그림에 보여진 단면에는 전단력 V_y가 작용하는 경우이다. 그리고 그림에서 보여진 바와 같이 전단응력 τ의 반시계방향을 양의 방향으로 약속하자. 그림 6.16의 우측 자유물체도에서 축방향의 총 전단력을 구하면

$$\Delta F_z = \tau_B t_B \delta z - \tau_A t_A \delta z = (q_B - q_A)\delta z = \frac{V_y A^* \bar{y}^*}{I_x} \delta z \tag{6.71}$$

여기서 A^*는 그림 6.16에서 A-B구간의 관심 있는 단면적(음영처리 부분)이고, $\bar{y}^*$는 A^*면적의 도심위치이다.

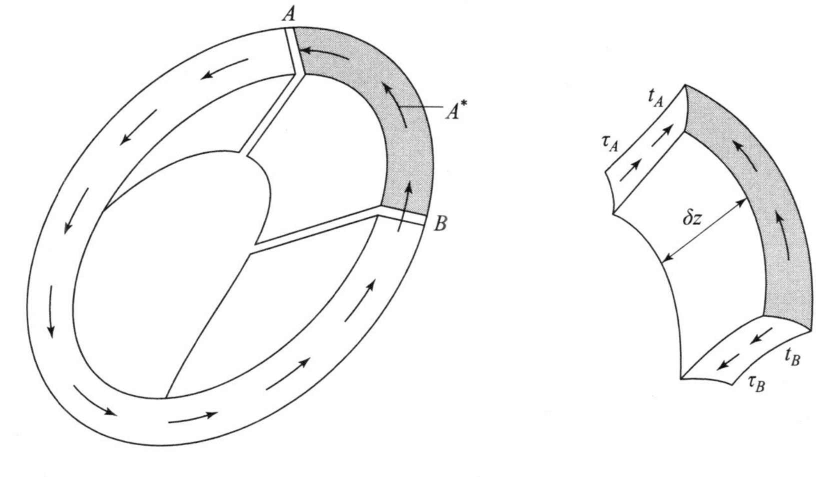

그림 6.16 폐곡선 형상 단면에 작용하는 전단응력의 분포.

식 (6.71)로부터

$$q_B = \frac{V_y A^* \bar{y}^*}{I_x} + q_A \tag{6.72}$$

이 식에서 $A^*\bar{y}^*$는 단면의 일차모멘트$(Q = \int_{A^*} y\,dA)$이다.

만일 우리가 기준점으로 임의의 질점 A를 선정하고 $q_A = C$로 임의의 상수로 쓴다면

$$q_B = \frac{V_y A^* \bar{y}^*}{I_x} + C \tag{6.73}$$

다음의 예제 6.2를 통하여 연습해보자.

예제 6.2

그림에 주어진 단면에 대해서 전단응력 분포를 구하라.

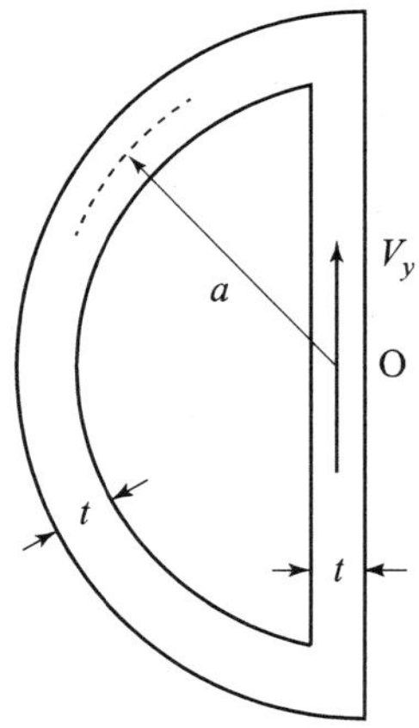

예제그림 6.2

해설

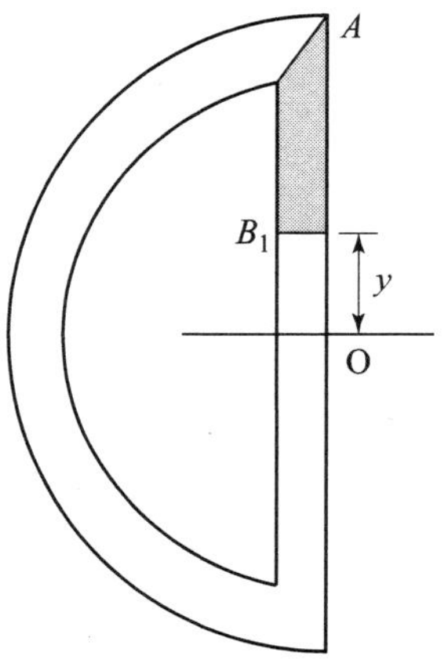

예제 참고그림 6.2.1

왼편 참고그림 6.2.1에서

$$I_x = \frac{\pi a^3 t}{2} + \frac{(2a)^3 t}{12} = 2.237a^3 t$$

$$q_{B_1} = \frac{V_y(a-y)t(a+y)}{2(2.237a^3 t)} + C$$

$$= \frac{V_y}{4.474a}\left(1 - \frac{y^2}{a^2}\right) + C$$

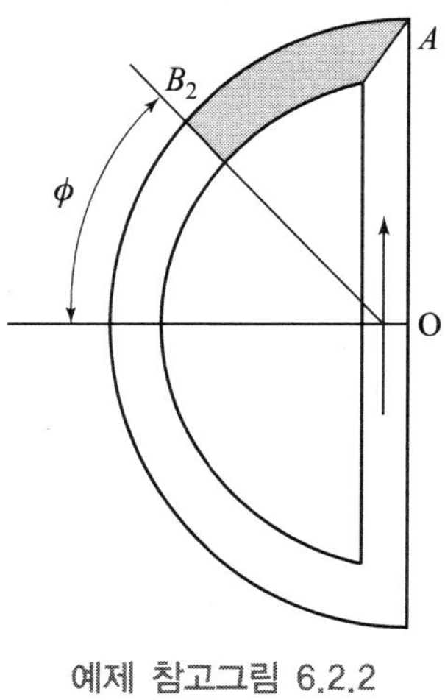

예제 참고그림 6.2.2

왼편 참고그림 6.2.2에서

$$q_{B_2} = (-)\int_{\phi}^{\pi/2} \frac{V_y a \sin(\theta) at \cdot d\theta}{2.2237a^3 t} + C$$

$$= (-)\frac{V_y \cos\phi}{2.237a} + C$$

$$M_o = V_y \times O = \int_{-\pi/2}^{\pi/2} a q_{B_2}(\phi) a\, d\phi$$
$$= (-)\frac{V_y a}{2.237}\int_{-\pi/2}^{\pi/2} \cos\phi\, d\phi + \pi a^2 C$$
$$= O$$
$$\therefore \; C = 0.285\frac{V_y}{a}$$
■

6.5 다수의 얇은 벽 중공 단면을 가진 비틀림 문제

벽이 얇은 중공 비틀림 축의 단면은 그림 6.17과 같이 여러 개의 칸막이로 구성될 수 있다. 그림에서 참조단면 a-a을 통하여 도식된 비누막 단면을 통하여 프랜틀 응력함수의 해를 가정할 수 있다. 총 N개의 중공 칸에서 i번째 중공 칸에 대한 막의 높이를 각각 z_i로 가정하자. 단면에 가해진 비틀림 하중 T에 대하여 미지수는 N개의 q_i와 단위길이당 비틀림각 θ이므로 우리는 총 $N+1$개의 미지수를 결정해야 한다. 이때 θ의 크기는 같은 단면상의 모든 중공 칸에서 동일할 것이다. 앞 절에서 논의한 바와 같이 우리가 알 수 있는 $N+1$개의 방정식은 다음과 같다.

단면에 가한 비틀림 하중과 프랜틀 함수가 만드는 부피의 관계로부터

$$T = 2\sum_{i=1}^{N} A_i \frac{z_i}{c} = 2\sum_{i=1}^{N} A_i q_i \tag{6.74}$$

그리고 비틀림각에 대한 식은

$$\theta = \frac{1}{2GA_i}\oint_{t_i} \frac{q_i - q'}{t} d\ell, \quad i = 1,\ 2,\ 3,\ \cdots,\ N \tag{6.75}$$

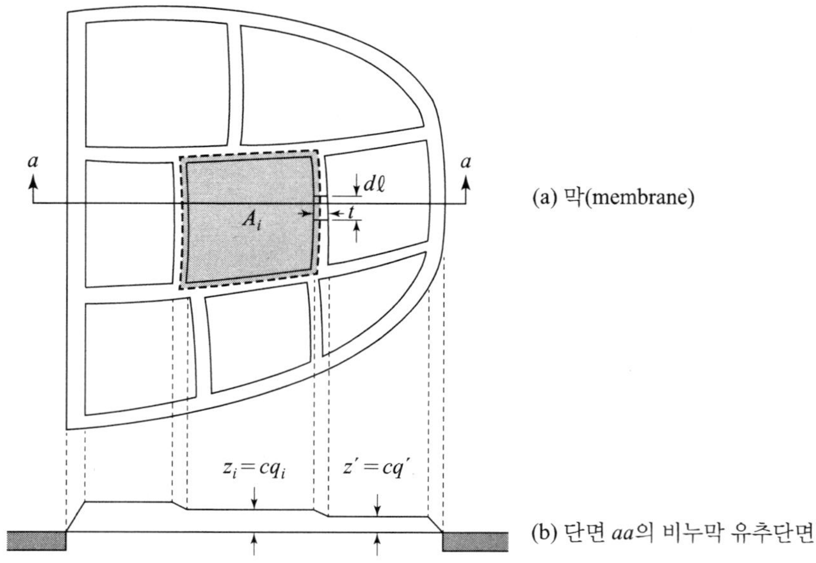

그림 6.17 다수의 얇은 벽 중공 단면을 가진 비틀림 축.

여기서 A_i는 i번째 중공 칸에 해당하는 면적이며 q'은 그림의 $d\ell$ 위치에서 i번째 중공 칸과 이웃한 중공 칸에 속한 전단흐름이고 ℓ_i는 i번째 중공 칸의 둘레길이를 나타낸다. 이때 둘레길이는 벽의 중앙선을 따라 측정하는 길이이다. 최외곽의 벽에 대한 q'은 '영'이 될 것이다. 최대전단응력은 프랜틀 함수의 기울기가 최대가 되는 벽에서 존재하므로 $(q_i - q')/t$가 최대값이 되는 경우이다.

예제 6.3

벽이 얇은 중공 비틀림 축의 단면이 예제그림 6.3에 보여진 바와 같이 두 개의 중공 칸으로 구성되어 있다. 축의 소재는 알루미늄 합금으로 전단계수는 $G=26$ GPa이다. 응력집중을 고려하지 않고 최대전단응력이 40 MPa인 경우 단면에 작용하는 총 비틀림 하중(토크) T와 단위길이당 비틀림각 θ를 구하여라.

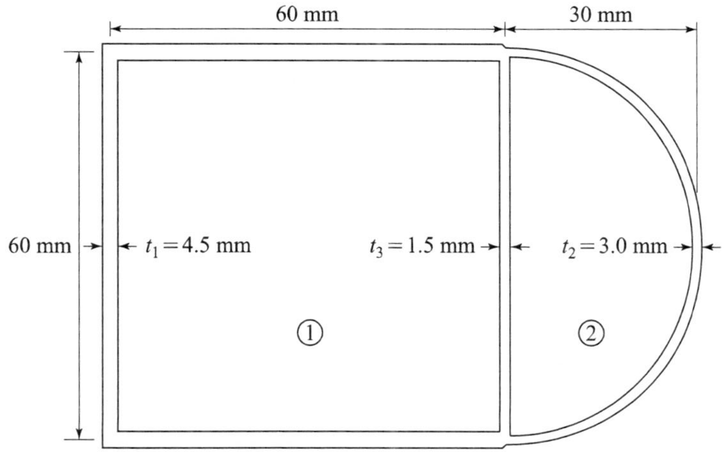

예제그림 6.3

해설 최대전단응력 작용하는 위치는 예제그림 6.3에서 벽의 두께를 표현한 t_1, t_2 그리고 t_3 중에 있다. 최대전단응력 위치를 찾으려면 전단흐름의 비 q_1/q_2를 알아야 한다. 우선 식 (6.74)와 (6.75)로부터 다음의 식을 쓸 수 있다.

$$T = 2(A_1q_1 + A_2q_2) = 7200q_1 + 2827q_2 \tag{a}$$

$$\theta = \frac{1}{2GA_1}\left[\frac{q_1\ell_1}{t_1} + \frac{(q_1 - q_2)\ell_3}{t_3}\right] = \frac{1}{7200G}\left[\frac{180q_1}{4.5} + \frac{60(q_1 - q_2)}{1.5}\right] \tag{b}$$

$$\theta = \frac{1}{2GA_2}\left[\frac{q_2\ell_2}{t_2} + \frac{(q_2 - q_1)\ell_3}{t_3}\right] = \frac{1}{900\pi G}\left[\frac{30\pi q_2}{3} + \frac{60(q_2 - q_1)}{1.5}\right] \tag{c}$$

식 (b)와 (c)의 비틀림각은 같아야 하므로 이 두 식으로부터 전단흐름의 비를 계산할 수 있다.

$$\frac{q_1}{q_2} = 1.220$$

이 값은 t_1/t_2보다 작기 때문에 $t_1 = 4.5\,\mathrm{mm}$에서는 최대전단응력이 발생하지 않는다. 이제 최대전단응력이 t_2에서 일어난다고 가정하자. 그러면

$$q_2 = \tau_{\max}t_2 = (40)(3) = 120\ \mathrm{N/mm} \tag{d}$$

$$q_1 = (1.220)(120) = 146.4\ \mathrm{N/mm} \tag{e}$$

$$q_1 - q_2 = 26.4 \text{ N/mm}$$

$$\tau_1 = \frac{q_1}{t_1} = \frac{146.4}{4.5} = 32.5 \text{ MPa}$$

$$\tau_2 = \frac{q_2}{t_2} = 40 \text{ MPa}$$

$$\tau_3 = \frac{q_1 - q_2}{t_3} = 17.6 \text{ MPa}$$

식 (e)와 (d)에서 각각 구한 q_1과 q_2의 크기는 $\tau_2 = \tau_{\max} = 40$ MPa이라는 가정에서 시작한 것이므로 위 계산의 결과와 비교하여 이 가정은 유효한 것으로 확인된다. 이제 q_1과 q_2를 식 (a)와 (b)에 대입하여 토크와 비틀림각을 다음과 같이 계산한다.

$$\begin{aligned} T &= (7200)(146.4) + (2827)(120) \\ &= 1{,}393{,}000 \text{ N} \cdot \text{mm} = 1.393 \text{ kN} \cdot \text{m} \end{aligned}$$

$$\begin{aligned} \theta &= \frac{1}{(7200)(26{,}000)}\left[\frac{(180)(146.4)}{4.5} + \frac{(60)(26.4)}{1.5}\right] \\ &= 0.0000369 \text{ rad/mm} = 0.0369 \text{ rad/m} = 2.114°\text{/m} \end{aligned}$$

■

예제 6.4

예제그림 6.4에는 세 개의 중공 칸으로 단면이 구성된 강철튜브(G = 80 GPa)가 12 kN·m의 토크를 받고 있는 문제를 예시하였다. 그림에 보여진 벽의 두께는 $t_1 = t_2 = t_3 = 6$ mm이고 $t_4 = t_5 = 3$ mm의 두 종류이다. 주어진 문제에서 발생하는 최대전단응력($\tau_{\max}$)과 단위길이당 비틀림각(θ)을 계산하라. 그림에서 모든 치수는 mm이다.

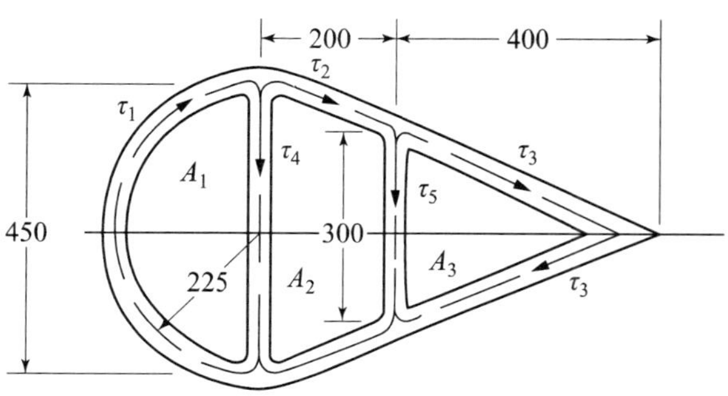

예제그림 6.4

해설 그림에 도식된 전단흐름을 참고하면 다음과 같이 식을 쓸 수 있다.

$$\tau_1 t_1 = \tau_2 t_2 + \tau_4 t_4, \qquad \tau_2 t_2 = \tau_5 t_5 + \tau_3 t_3$$

전단흐름과 토크의 관계식 $T = 2Aq = 2A\tau t$로부터

$$T = 2A_1 t_1 \tau_1 + 2A_2 t_2 \tau_2 + 2A_3 t_3 \tau_3 = 12{,}000\ \mathrm{N \cdot m}$$

또한 식 (6.75)로부터 다음의 세 개 식을 쓸 수 있다.

$$\tau_1 s_1 + \tau_4 s_4 = 2G\theta A_1$$

$$-\tau_4 s_4 + 2\tau_2 s_2 + \tau_5 s_5 = 2G\theta A_2$$

$$-\tau_5 s_5 + 2\tau_3 s_3 = 2G\theta A_3$$

여기서 $s_1 = 0.7069\ \mathrm{m}$, $s_2 = 0.2136\ \mathrm{m}$, $s_3 = 0.4272\ \mathrm{m}$, $s_4 = 0.45\ \mathrm{m}$, $s_5 = 0.3\ \mathrm{m}$, $A_1 = 0.079522\ \mathrm{m}^2$, $A_2 = 0.075\ \mathrm{m}^2$, $A_3 = 0.06\ \mathrm{m}^2$ 등이다. 이상 여섯 개의 식으로부터 여섯 개의 미지수를 계산할 수 있다. 연립방정식을 풀면 전단응력은 각각 $\tau_1 = 4.902\ \mathrm{MPa}$, $\tau_2 = 5.088\ \mathrm{MPa}$, $\tau_3 = 3.809\ \mathrm{MPa}$, $\tau_4 = -0.373\ \mathrm{MPa}$, $\tau_5 = 2.558\ \mathrm{MPa}$ 등이고 비틀림각은 $\theta = 0.0002591\ \mathrm{rad/m} = 0.0148°/\mathrm{m}$로 계산된다. 따라서 최대전단응력은 $\tau_{\max} = \tau_2 = 5.088\ \mathrm{MPa}$이다. 앞의 전단응력 결과에서 마이너스 부호는 예제그림 6.4의 방향이 반대이어야 한다는 것을 의미한다. ■

Chapter 6 연습문제

01 주어진 그림에는 H형강에 수직방향 전단력 50 kN이 작용하고 있다. 보여진 단면의 도심에 대해서 2차 면적모멘트는 $I_x = 39.4 \times 10^6\ \mathrm{mm}^4$라고 하자. 다음 각 물음에 답하라.

(1) 주어진 단면에 작용하는 전단응력의 분포를 계산하라.
(2) 최대전단응력의 크기를 계산하라.
(3) 수직방향(y) 전단응력의 평균을 계산하라.
(4) 웹(web)에서 지지되는 전단력의 비율을 계산하라.
(5) 웹에서 전단응력의 평균을 계산하라.

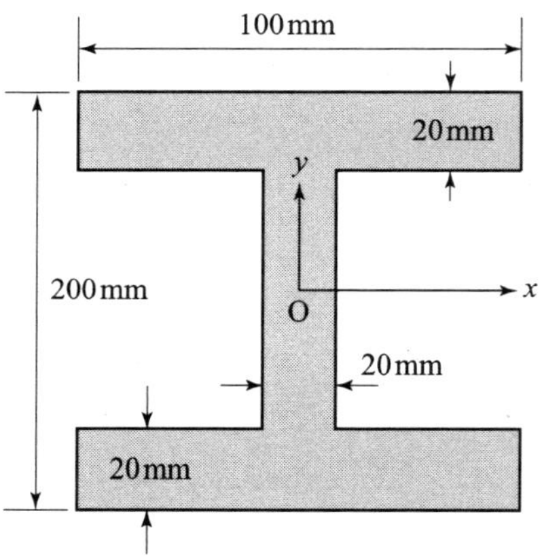

문제그림 6.1

해설

(1)

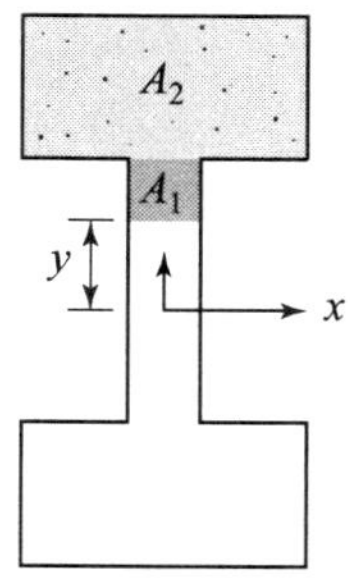

문제 참고그림 6.1.1

$$A^*\bar{y}^* = A_1\overline{y_1} + A_2\overline{y_2}$$

$$= (80-y)\times 20\times\frac{80+y}{2} + 100\times 20\times 90$$

$$= 244{,}000 - 10y^2\ \mathrm{mm}^3$$

따라서 web에서 전단응력의 분포는

$$\tau = \frac{50\times 10^3\times(244{,}000-10y^2)}{39.4\times 10^6\times 20}$$

$$= 15.5 - 0.634\times 10^{-3}y^2\ \mathrm{MPa}$$

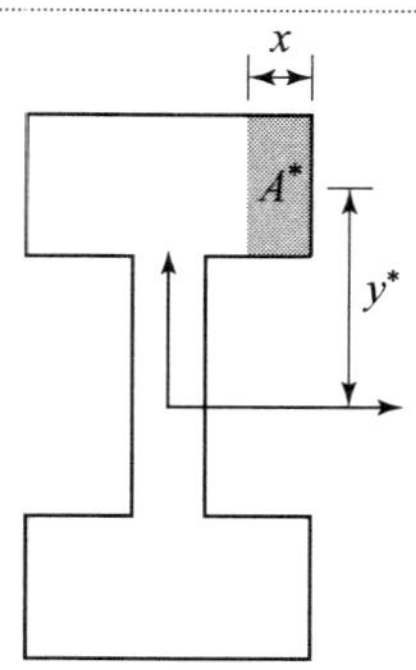

문제 참고그림 6.1.2

플랜지에 대해서

$$A^*\bar{y}^* = x\times 20\times 90 = 1{,}800x\ \mathrm{mm}^3$$

따라서 전단응력의 분포는

$$\tau = \frac{50\times 10^3\times 1{,}800x}{39.4\times 10^6\times 20} = 0.1142x\ \mathrm{MPa}$$

(2) 두께는 동일하게 주어졌으므로 최대전단응력은 중립축($y=0$)위치의 웹에서 일어난다. 이 위치에서 $A^*\bar{y}^*$가 최대이기 때문이다.

$$\tau_{\max} = 15.5\ \mathrm{MPa}$$

(3) $A = 2\times 100\times 20 + 160\times 20 = 7{,}200\ \mathrm{mm}^2$

$$\tau_{avg} = \frac{50\times 10^3}{7{,}200} = 6.9\ \mathrm{MPa}$$

(4) $F = \int_{-80}^{80}(15.5 - 0.634\times 10^{-3}y^2)\times 20\cdot dy = 45{,}272\ \mathrm{N} = 45.3\ \mathrm{kN}$

$$\therefore\ \frac{45{,}272}{50{,}000} = 0.905(90.5\%)$$

(5) $\tau_{avg}^{web} = \dfrac{F}{A_{web}} = \dfrac{45{,}272}{160\times 20} = 14.1\ \mathrm{MPa}$

02 그림에서 반원주형태의 단면이 보여져 있다. 전단중심(C)에 전단력(V_y)이 작용하는 경우 단면에는 비틀림이 발생하지 않는다. 이 단면의 전단중심(shear center)을 결정하라.

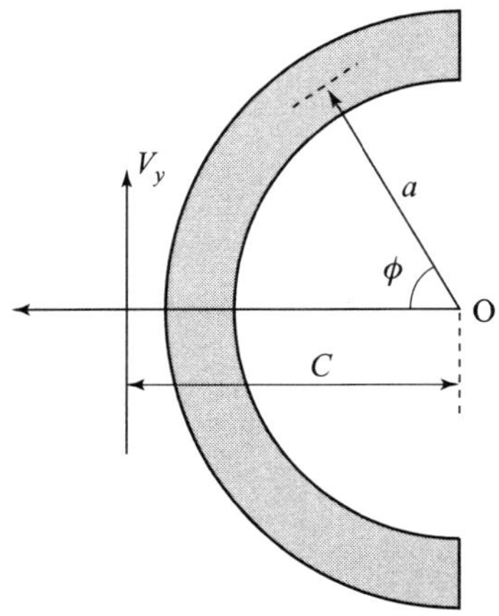

문제그림 6.2

해설

$$V_y \times C = \iint_A (a)\tau dA = \int_{-\pi/2}^{\pi/2} (a)\left(\frac{2V_y \cos\phi}{\pi a t}\right) at\, d\phi$$

$$= \frac{2V_y a}{\pi}\int_{-\pi/2}^{\pi/2} \cos\phi\, d\phi = \frac{4V_y a}{\pi}$$

$$\therefore\ C = \frac{4a}{\pi} \approx 1.27a$$

03 벽이 얇은 폐곡선형태의 단면에 토크 20 Nm가 가해진다. 단면에서 일어나는 최대전단응력의 크기와 단위축길이당 비틀림각을 계산하라. 축은 강철소재로 구성되었으며 전단계수는 $G = 80$ GPa. 그림에서 모든 치수의 단위는 mm이다.

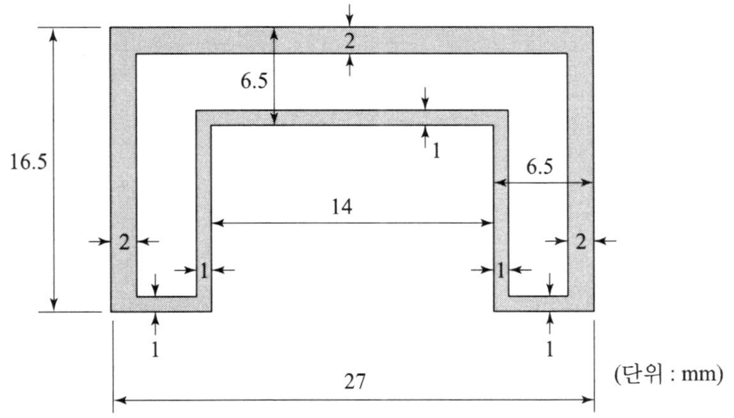

문제그림 6.3

해설

$$A = 5 \times 15 + 5 \times 15 + 5 \times 15 = 225\ \mathrm{mm}^2$$

$$\tau = \frac{20}{2 \times 225 \times 1} = 44.4\ \mathrm{kPa}$$

단면의 경계(Γ)는 1 mm 두께의 Γ_1과 2 mm 두께의 Γ_2로 구성되었다.

$$\Gamma_1 = 5 + 10 + 15 + 10 + 5 = 45\ \mathrm{mm}$$

$$\Gamma_2 = 15 + 25 + 15 = 55\ \mathrm{mm}$$

$$\oint \frac{d\Gamma}{t} = \frac{45}{1} + \frac{55}{2} = 72.5$$

$$4A^2 = 4 \times 225^2 \times 10^{-12}$$

$$\theta = \frac{TL}{4A^2G}\oint \frac{d\Gamma}{t} = \frac{20 \times 1 \times 72.5}{4 \times (225^2 \times 10^{-12}) \times (80 \times 10^9)} = 0.0895\ \mathrm{rad/m}$$

04 그림에 보여진 중공원형 실린더와 중공사각형 튜브는 폭(b)과 두께(t)가 동일하다. 두 단면에 동일한 토크를 가해서 발생하는 전단응력의 비(ratio)를 계산하고 또한 단위축길이당 비틀림각도의 비값도 계산하라. 사각형 단면의 모서리 부분에서 응력집중현상을 무시하라.

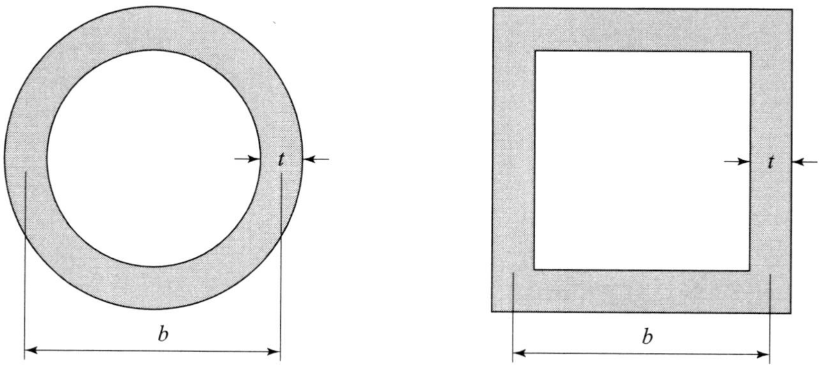

문제그림 6.4

해설

전단응력의 비를 구하면

$$\tau = \frac{T}{2At} \text{로부터 } \frac{\tau'}{\tau''} = \frac{A_0''}{A_0'} = \frac{b^2}{\pi b^2/4} = \frac{4}{\pi} = 1.273$$

$2G\theta = \frac{\tau}{A}\oint ds$로부터 $\theta' = \frac{\tau' \pi b}{2GA_0'}$과 $\theta'' = \frac{\tau'' 4b}{2GA_0''}$의 비를 구하면

$$\frac{\theta'}{\theta''} = \frac{\tau' A_0''}{\tau'' A_0'}\frac{\pi b}{4b} = \frac{\tau'}{\tau''}\frac{A_0''}{A_0'}\frac{\pi}{4} = \frac{4}{\pi} = 1.273$$

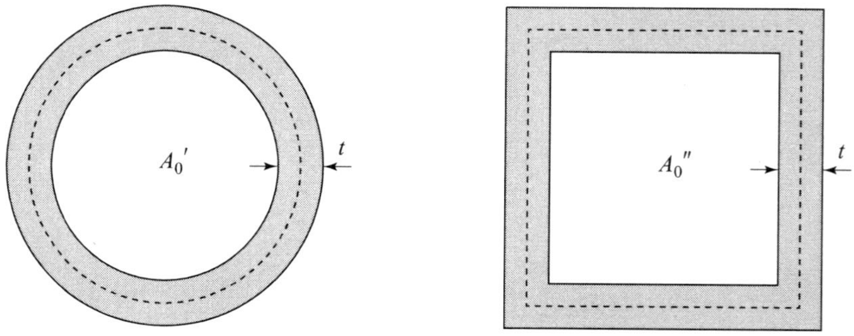

문제 참고그림 6.4

05 그림과 같이 디귿자 모양의 단면을 가진 철제보가 10 kN의 전단력을 받고 있다. 단위길이당 발생하는 비틀림각(θ)과 단면에 작용하는 최대전단응력(τ_{max})을 계산하라. 재료의 전단계수는 $G = 80$ GPa이다. 그림 (b)에서 C는 전단중심(shear center)의 위치이다.

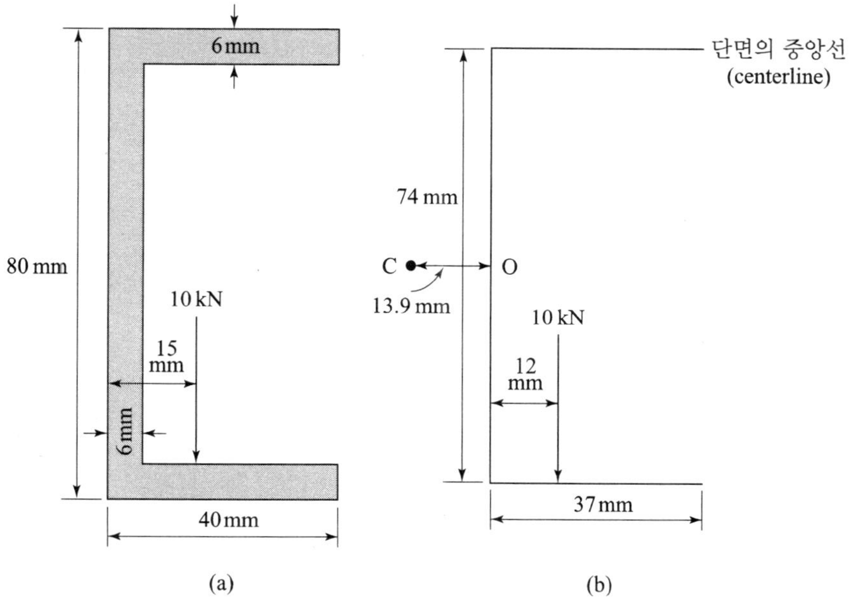

문제그림 6.5

해설

얇은 직사각형(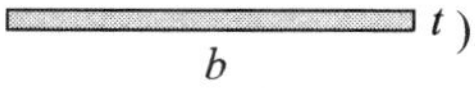) 단면의 경우를 고려한다.

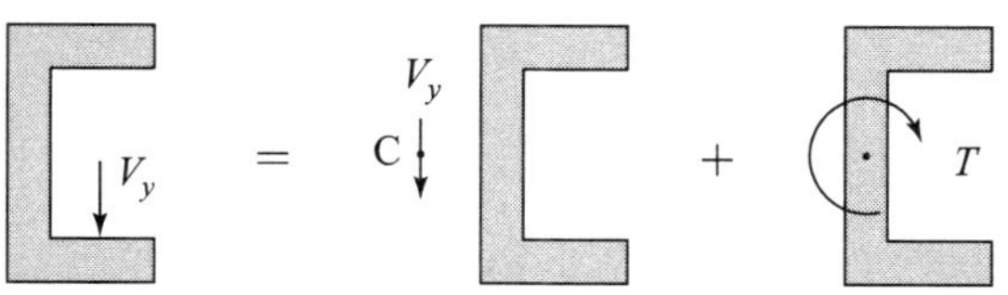

$$T = \frac{bt^3G\theta}{3} \equiv KG\theta$$

중립축에서 전단응력이 최대가 된다. 이 위치에서 A^*와 $\bar{y}^*$를 구하자. 문제그림 6.5(b)에서 플랜지의 길이(37 mm)를 a, 두께(6 mm)를 t라고 하면 $A^* = 2at$ 그리고 $\bar{y}^* =$

$(a^2t+a^2t/2)/2at=3a/4$가 된다. 따라서 $Q=A^*\bar{y}^*=\dfrac{3a^2t}{2}$이다. 한편 단면의 관성모멘트 I_x는 다음과 같다.

$$I_x=\frac{(2a)^3t}{12}+2\left[(at)(a^2)+\frac{at^3}{12}\right]=\frac{8a^3t}{3}+\frac{at^3}{6}\approx\frac{8a^3t}{3}$$

그리고

$$\frac{I_x}{Q}=\frac{2}{3a^2t}\times\frac{8a^3t}{3}=\frac{16a}{9}$$

또한 중첩법을 사용하면
전단중심(C)에 $V_y=10\text{ kN}$이 작용할 때

$$\text{최대전단응력 } \tau_{\max}=\frac{9V_y}{16at}=\frac{(9)(10{,}000)}{(16)(37)(6)}=25.3\text{ MPa}$$

전단중심 오프셋에 작용하는 V_y에 의한 토크는

$$T=10{,}000\times(13.9+12)\times10^{-3}=259\text{ Nm}\ \ (\text{시계방향})$$

채널의 두께 $t=6\text{ mm}$이고 벽의 길이는 $b=37+74+37=148\text{ mm}$.

$$\text{따라서 } K=\frac{bt^3}{3}=\frac{148\times6^3}{3}=10.7\times10^3\text{ mm}^4$$

즉, 단위길이당 비틀림각의 크기는

$$\theta=\frac{T}{GK}=\frac{259}{(80\times10^9)(10.7\times10^3)(10^{-12})}=0.30\text{ rad/m}=17.3°/\text{m}$$

토크가 만드는 최대전단응력은

$$\tau=\frac{Tt}{K}=\frac{259\times10^3\times6}{10.7\times10^3}=145\text{ MPa}$$

따라서 V_y와 T에 의한 총 최대전단응력은

$$\tau_{\max}=25+145\text{ MPa}=170\text{ MPa}$$

06 지시판을 지탱하는 막대가 지면에 수직으로 세워져 있다. 이 수직막대는 문제그림 6.6에 주어진 세 가지 모양의 축단면(정사각형 한 변은 30 mm, 띠 모양의 경우 주어진 두께는 모두 4 mm)을 가지고 있다. 바람 등의 영향으로 이 막대가 100 Nm 크기의 토크를 받는 경우 최대전단응력을 구하시오.

[힌트] 다음의 직사각형 단면에 대하여 최대전단응력과 단위길이당 비틀림각을 주어진 식을 이용하여 구할 수 있다.
기호 '●'로 표시한 위치에서 최대전단응력이 발생한다.

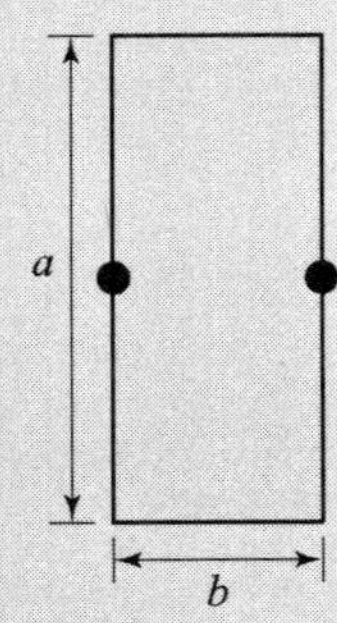

a/b	k_1	k_2
1.0	0.208	0.1406
1.2	0.219	0.1661
1.5	0.231	0.1958
2.0	0.246	0.229
2.5	0.258	0.249
3.0	0.267	0.263
4.0	0.282	0.281
5.0	0.291	0.291
10.0	0.312	0.312
∞	0.333	0.333

최대전단응력 $\tau_{\max} = \dfrac{T}{k_1 ab^2}$

비틀림각 $\phi = \dfrac{TL}{k_2 ab^3 G}$

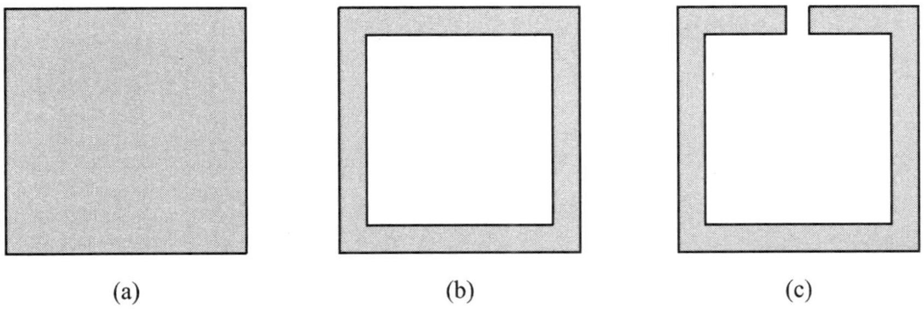

문제그림 6.6

해설

각 단면에 대해서 계산하면 다음과 같다.

(a)

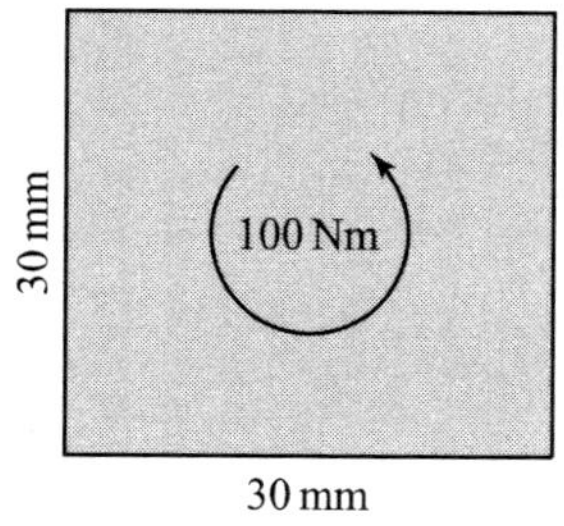

문제 참고그림 6.6.1

문제에 주어진 표를 이용하자.

$a/b=1$. 이때 $k_1=0.208$이고 $k_2=0.1406$이므로

$$\tau_{\max}=\frac{T}{k_1ab^2}=\frac{100\text{ Nm}}{0.208(30\times10^{-3})(30\times10^{-3})}$$

$$=1.78\times10^7\text{ Pa}=17.8\text{ MPa}$$

(b)

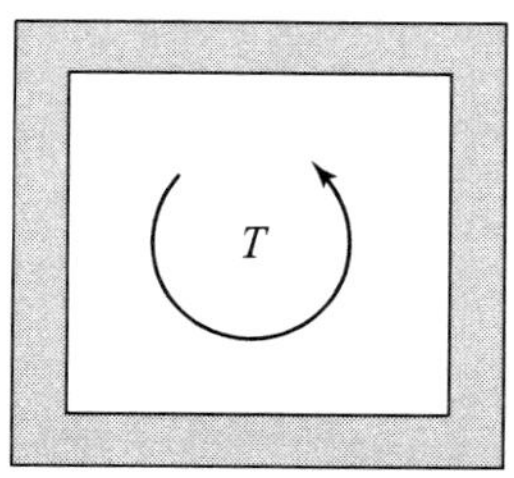

문제 참고그림 6.6.2

$T=100$ Nm

$t=4$ mm

$A_m=(30-4)^2=26^2=676\text{ mm}^2$

$$\tau=\frac{T}{2tA_m}=\frac{(100)(10^3)}{(2)(4)(676)}\text{ N/mm}^2=18.5\text{ MPa}$$

(c)

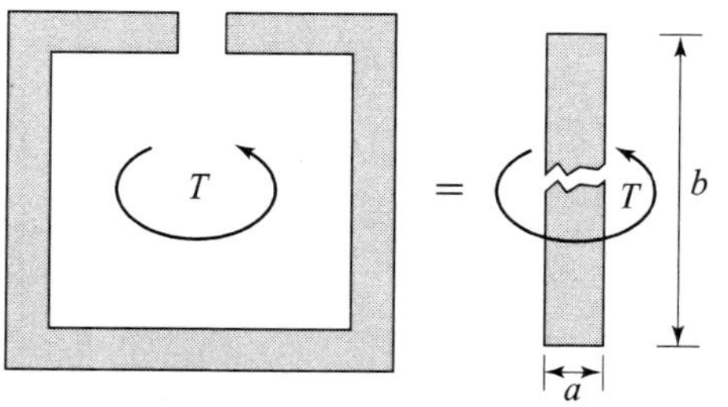

문제 참고그림 6.6.3

$a=t=4$ mm

$b=(4)(26)=104$ mm

$b/a=104/4=26\approx\infty$

$k_1=0.333=1/3$

$$\tau_{\max}=\frac{T}{k_1ab^2}$$

$$=\frac{(3)(100)(10^3)}{(4)(104)^2}\ \frac{\text{N}}{\text{mm}^2}$$

$=6.9$ MPa

07 네 개의 칸으로 구성된 벽이 얇은 단면이 그림에 보여져 있다. 이 단면의 비틀림상수(torsional constant)를 결정하시오. 벽의 두께는 모두 $t=0.2$ in 이다.

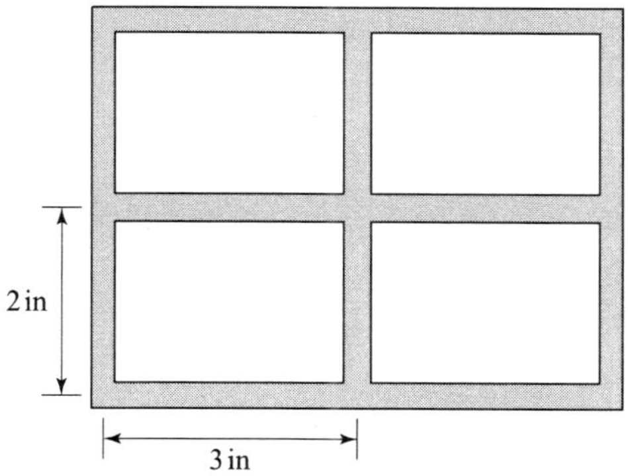

문제그림 6.7

해설

이 해설에서 $\overline{q}_i$는 전단흐름을 의미하는 기호이다.

$$A_1=A_2=A_3=A_4=2\times 3=6\ \text{in}^2$$

첫째 셀에 대하여:

$$q\oint\frac{ds}{t}=\overline{q}_1\left(\frac{2(3)}{0.2}+\frac{2(2)}{0.2}\right)-\left(\overline{q}_2\cdot\frac{2}{0.2}+\overline{q}_3\cdot\frac{3}{0.2}\right)=A_1=6$$

둘째 셀에 대하여:

$$\overline{q}_2\cdot\frac{10}{0.2}-\left(\overline{q}_1\cdot\frac{2}{0.2}+\overline{q}_4\cdot\frac{3}{0.2}\right)=6$$

셋째 셀에 대하여:

$$\overline{q}_3\cdot\frac{10}{0.2}-\left(\overline{q}_1\cdot\frac{3}{0.2}+\overline{q}_4\cdot\frac{2}{0.2}\right)=6$$

넷째 셀에 대하여:

$$\overline{q}_4\cdot\frac{10}{0.2}-\left(\overline{q}_2\cdot\frac{3}{0.2}+\overline{q}_3\cdot\frac{2}{0.2}\right)=6$$

위의 네 식을 행렬식으로 정리하면

$$\begin{bmatrix} 10 & -2 & -3 & 0 \\ -2 & 10 & 0 & -3 \\ -3 & 0 & 10 & -2 \\ 0 & -3 & -2 & 10 \end{bmatrix} \begin{bmatrix} \overline{q_1} \\ \overline{q_2} \\ \overline{q_3} \\ \overline{q_4} \end{bmatrix} = \begin{bmatrix} 1.2 \\ 1.2 \\ 1.2 \\ 1.2 \end{bmatrix}$$

이 행렬식을 풀면

$$\overline{q_1} = \overline{q_2} = \overline{q_3} = \overline{q_4} = 0.24\ \text{in}^2$$

따라서 $J = 4\sum_{i=1}^{4} A_i \overline{q_i} = 4(A_1\overline{q_1} + A_2\overline{q_2} + A_3\overline{q_3} + A_4\overline{q_4}) = 4(6)(0.24 \times 4) = 23.04\ \text{in}^4$

7
CHAPTER

탄성불안정

좌굴현상은 그림 7.1과 같이 구조물이 토크에 의한 압축응력 혹은 압축력을 받고 있을 때에 일어난다. 우리가 구조를 세우기 시작한 이래 역사적으로 많은 구조의 붕괴는 좌굴에 의한 경우가 많다. 대규모 건축물에는 많은 기둥이 세워지고 기둥의 숫자가 많을수록 구조적으로 안전하지만 건축구조의 내부 개방성을 확보하기 위하여 기둥의 숫자를 줄이려는 지향점이 부딪히게 되므로 건축과 같은 구조건설에서는 기둥의 형상 및 개수에 대한 최적설계가 중요하게 되었다. 너무 적은 숫자의 기둥은 과도한 압축력을 기둥에 가하게 되어 좌굴에 의한 구조 전체의 붕괴로 이어질 수 있다. 따라서 탄성불안정(elastic instability)에 대한 문제는 종종 '기둥(column)'이란 제목으로 다루어지고 있다.

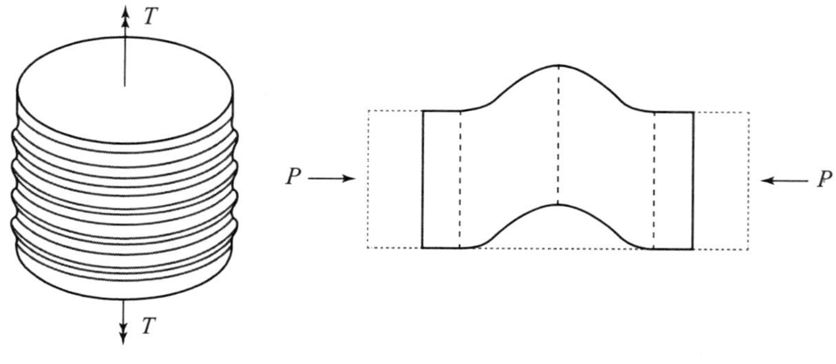

그림 7.1 좌굴의 예.

7.1 압축하중을 받는 균일 보

그림 7.2에는 압축하중을 받는 직선보가 있다. 그림 7.2(a)는 하중을 받기 전 보의 형상이며 그림 7.2(b)는 좌굴이 일어난 후의 형상이다.

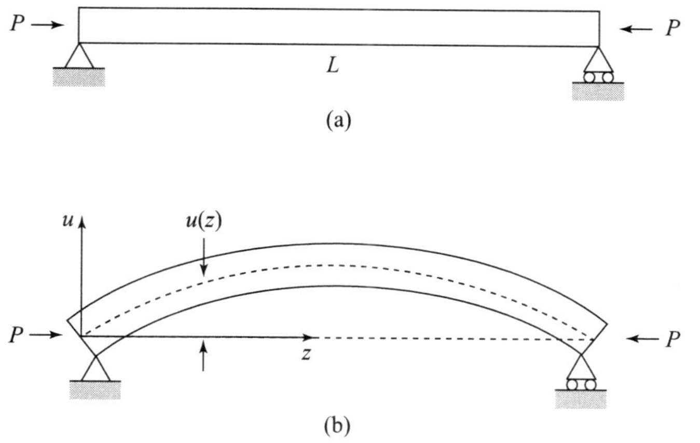

그림 7.2 압축하중을 받는 직선보.

그림 7.2(b)에서 질점은 좌굴이 일어나기 전 수평선에서 횡방향으로 이동을 한다. 직선보 축을 좌표축 z에 맞추어 놓고 임의의 z에서 횡방향으로 일어난 변위를 $u(z)$라고 하자. 그림 7.3은 좌굴이 일어난 상태의 전체 보와 보의 부분에 대한 자유물체도를 보여준다.

그림 7.3(b)의 좌측끝점에 대해서 모멘트 평형식을 세우면

$$M = Pu \tag{7.1}$$

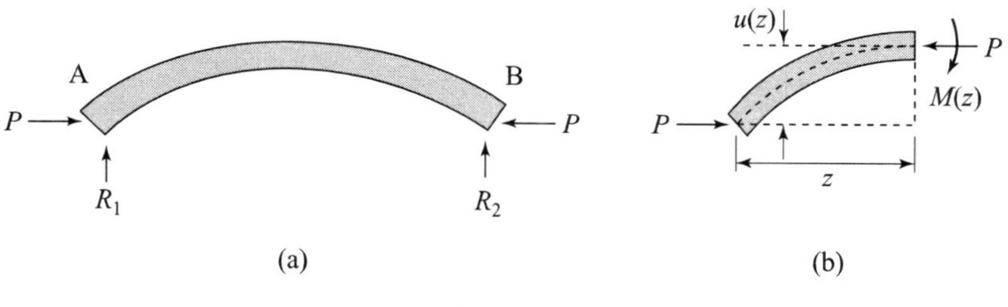

그림 7.3 좌굴이 일어난 보의 자유물체도.

보이론에서

$$EI\frac{d^2u}{dz^2} = -M = -Pu \tag{7.2}$$

식 (7.2)로부터 다음의 미분방정식을 얻는다.

$$EI\frac{d^2u}{dz^2} + Pu = 0 \tag{7.3}$$

양변을 EI로 나누면

$$\frac{d^2u}{dz^2} + \frac{P}{EI}u = 0 \tag{7.4}$$

식 (7.4)의 제2차 상미분방정식을 풀면 일반해는

$$u = A\cos\lambda z + B\sin\lambda z, \quad \text{여기서 } \lambda = \sqrt{\frac{P}{EI}} \tag{7.5}$$

식 (7.5)의 경계조건은

$$u(z=0) = 0, \quad u(z=L) = 0 \tag{7.6}$$

경계조건 식 (7.6)을 식 (7.5)에 대입하면

$$A = 0, \quad B\sin\lambda L = 0 \tag{7.7}$$

식 (7.7)의 두 번째가 의미 있는 해가 되려면

$$\sin\lambda L = 0; \quad \lambda L = \pi,\ 2\pi,\ 3\pi,\ \cdots \tag{7.8}$$

식 (7.8)에서 가장 작은 값이 좌굴이 일어나기 위한 최소한의 압축력에 대한 것이다. 즉, 이 최소 압축력을 P_c라고 하면

$$\lambda L = \sqrt{\frac{P_c}{EI}}L = \pi; \quad P_c = \frac{\pi^2 EI}{L^2} \tag{7.9}$$

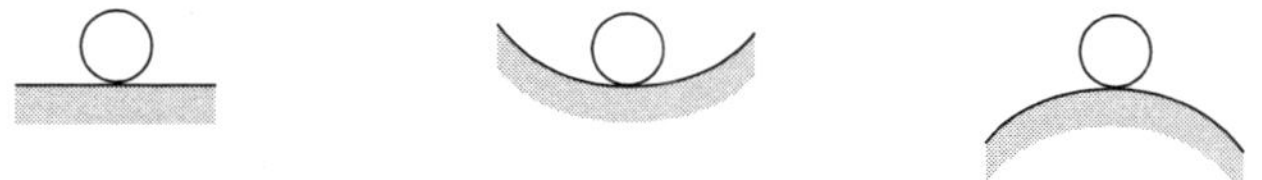

그림 7.4 **탄성안정성.**

만일 $P > P_c$이면 좌굴 즉, 탄성불안정이 일어날 수 있다는 것이고 반대로 $P < P_c$이면 좌굴이 일어날 수 없으므로 탄성안정상태이며, $P = P_c$면 중립적인 안정상태이다. 이러한 구분은 그림 7.4에 개념적으로 도식되어 있다.

안정된 평형상태 판단은 현 평형상태에서 외력을 가하여 위치를 약간 이동시킨 후 외력을 제거하면 원래 상태로 회귀될 수 있는지 여부에 따라서 결정된다. 회귀되면 안정상태, 회귀되지 않고 멀어지면 불안정상태, 이동된 위치에 그대로 머무르면 중립 안정상태라고 한다. 여기서 평형상태에서 잠시 가했던 외부힘을 교란(disturbance)이라고 한다.

식 (7.8)에서 볼 수 있듯이 식 (7.7)을 만족하는 해는 무수히 많다. 최소 좌굴조건이었던 $\lambda L = \pi$ 이외에 $\lambda L = 2\pi,\ 3\pi,\ 4\pi,\ \cdots$에 해당하는 조건을 '고차모드'라고 부른다. 고차모드는 이보다 저차모드가 시스템에 일어나면 발생할 수 없다. 즉, 고차모드를 시스템에 일으키려면 저차모드가 발생하지 않도록 적절하게 구속해야 한다. 직선보에서 적절한 구속이란 보의 중앙($z = L/2$)에 단순지지구속을 추가함으로써 가능하다. 고차모드의 해 중 하나인 $u = B\sin(2\pi z/L)$는 $\lambda L = 2\pi$ 모드와 일치하는 해인데 이는 $z = L/2$에서 '0'이다. 반면 $\lambda L = \pi$과 일치하는 변위 $u = B\sin(\pi z/L)$는 양끝($x = 0,\ L$) 이외의 질점 위치에서는 '0'이 아니어야 한다. 따라서 중앙위치에 구속을 부과하면 보가 좌굴되기 위해 필요한 압축력은 최소 다음의 하중보다 커야 한다.

$$P = \frac{4\pi^2 EI}{L^2} \tag{7.10}$$

식 (7.10)은 $\lambda L = 2\pi$와 일치하는 모드로써 이 좌굴형상은 그림 7.5와 같다.

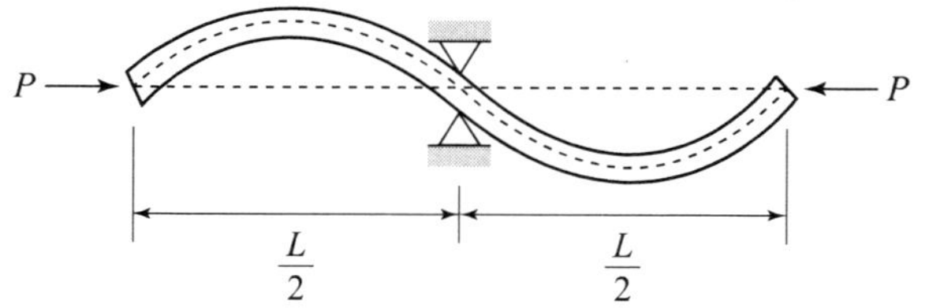

그림 7.5 변위구속 조건에 따른 2차 좌굴모드.

위에서 식 (7.4)로 고려한 문제는 고전적인 '고유치(eigenvalue)문제'이다. 고유치문제의 방정식은 제차미분방정식의 꼴이며 고유치를 해로 택하지 않으면 의미없는 해를 얻게 된다. 식 (7.4)의 경우에 각 고유치 $\lambda_i = i\pi/L$는 $P_i = i^2\pi^2 EI/L^2$로 임계압축력 P_i의 값에 대응하고 각 i번째 고유치에는 보의 좌굴된 형상, 즉 고유모드 $u_i(z)$가 정의된다. 이 고유모드를 '고유함수(eigenfunc-tion)'라고 한다. 고유함수의 임의의 상수배(예를 들어 여기선 B)는 모두 식 (7.4)의 고유치문제 방정식을 만족한다. i번째 고유함수의 그래프를 그려보면 횡변위 $u(z)$가 $(i-1)$번 '0'을 지나는 것은 전형적인 고유함수의 특징이다. 또한 일반적으로 서로 다른 모드의 고유함수들은 서로 직교(orthogonal)하는 특징이 있는 집합이다. 현재 고려하는 고유치문제에서 얻어진 고유함수는 서로 직교하는 sine 푸리에의 항이다.

7.2 초기 구조결함의 영향

제작상의 결함 등 어떤 이유에서 주어진 보가 완전한 직선형상이 아니라고 하자. 그림 7.6에는 제작상 불완전한 직선보가 예시되어 있다.

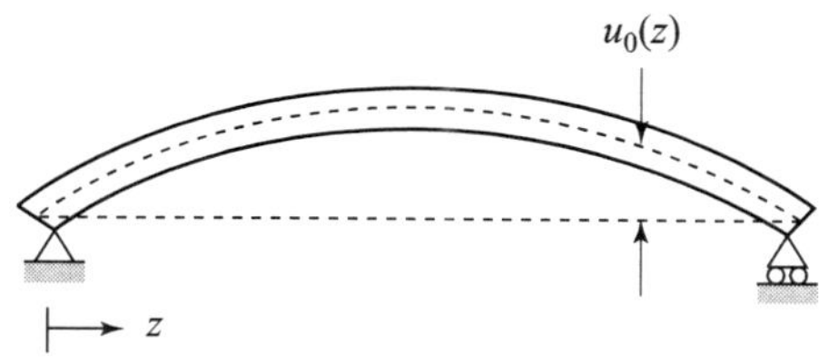

그림 7.6 불완전한 직선보의 예.

하중을 받기 전에 보이는 이러한 결함에 대하여 그림 7.6과 같이 변위량으로 측정된 함수 $u_0(z)$를 이용하여 표현할 수 있을 것이다. 이제 그림 7.7과 같이 불완전한 직선보에 압축력 P를 가해서 추가 변위량 $u(z)$를 발생시키면 임의 단면에서 다음의 굽힘모멘트가 작용한다.

$$M = P(u + u_0) \tag{7.11}$$

불완전 직선보의 변형량 $u_0(z)$은 하중이 없을 때에 이미 존재하기 때문에 굽힘모멘트와 곡률의 관계에는 추가로 생긴 변형량 $u(z)$만이 포함된다. $M = (-)EId^2u/dz^2$이므로

$$\frac{d^2u}{dz^2} + \frac{Pu}{EI} = -\frac{Pu_0(z)}{EI} \tag{7.12}$$

따라서 초기 불완전 특성의 영향은 지배방정식에 비제차항을 만든다. 식 (7.12)와 같은 비제차미분방정식의 일반해는 특수해(u_p)와 제차방정식의 해(u_h)의 합으로 쓴다. $u_0(z)$가 다항식, 삼각함수, 지수함수 등의 형식이라면 특수해는 각 경우에 부합하는 함수를 가정하여 어렵지 않게 결정될 수 있다.

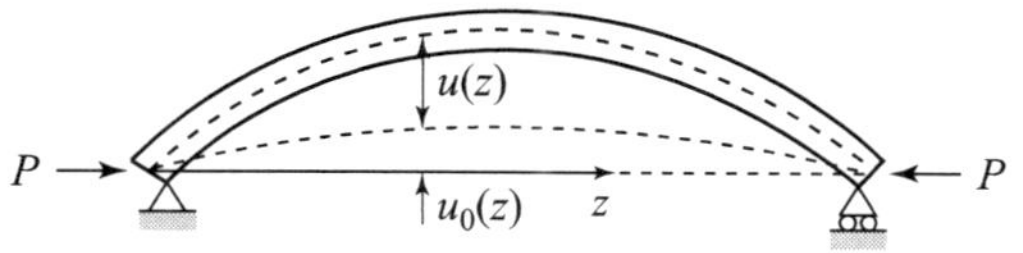

그림 7.7 불완전한 직선보에 생긴 추가 변형.

예제 7.1

초기 변위량이 다음의 식으로 주어진다.

$$u_0(z) = \frac{4\epsilon z(L-z)}{L^2}$$

여기서 $\epsilon/L \ll 1$이다. 보에 압축력 P가 작용할 때 변위곡선의 식을 구하고 최대 변위량을 P의 값에 대하여 스케치하라.

해설 지배방정식을 구하면

$$\frac{d^2u}{dz^2} + \frac{Pu}{EI} = -\frac{4P\epsilon z(L-z)}{EIL^2}$$

특수해를 가정하자.

$$u_p(z) = C_0 + C_1 z + C_2 z^2$$

특수해를 지배방정식에 대입하여 계수비교를 하면 미지의 계수를 결정할 수 있다.

$$2C_2 + \frac{P}{EI}(C_0 + C_1 z + C_2 z^2) = \frac{4P\epsilon}{EIL^2}(z^2 - zL)$$

계수비교를 하면

$$C_0 = (-)\frac{8\epsilon EI}{PL^2}; \quad C_1 = (-)\frac{4\epsilon}{L}; \quad C_2 = \frac{4\epsilon}{L^2}$$

또한 제차방정식의 해는 $u_h(z) = A\cos\lambda z + B\sin\lambda z$이므로 방정식의 일반방정식은 $u = u_p + u_h$이므로,

$$u(z) = \frac{4\epsilon}{L^2}\left(z^2 - Lz - \frac{2EI}{P}\right) + A\cos\lambda z + B\sin\lambda z$$

단순지지를 받고 있는 보의 경계조건으로부터

$$-\frac{8\epsilon EI}{PL^2} + A = 0$$

$$\frac{4\epsilon}{L^2}\left(L^2 - L^2 - \frac{2EI}{P}\right) + A\cos\lambda L + B\sin\lambda L = 0$$

경계조건으로부터 성립된 위의 두 식을 연립하여 풀면

$$A = \frac{8\epsilon EI}{PL^2}; \qquad B = \frac{8\epsilon EI}{PL^2}\frac{(1-\cos\lambda L)}{\sin\lambda L}$$

이 결과를 앞의 일반해 $u(z)$에 대입하면

$$u(z) = \frac{4\epsilon}{L^2}\left(z^2 - Lz - \frac{2EI}{P}\right) + \frac{8\epsilon EI}{PL^2}\left[\cos\lambda z + \frac{(1-\cos\lambda L)\sin\lambda z}{\sin\lambda L}\right]$$

이를 초기 결함변위 $u_0(z)$와 합하면 압축력(P)을 받는 초기 결함 직선보의 변위식을 다음과 같이 얻을 수 있다.

$$u(z) + u_0(z) = \frac{8\epsilon EI}{PL^2}\left[\frac{(1-\cos\lambda L)\sin\lambda z}{\sin\lambda L} - (1-\cos\lambda z)\right]$$

최종 변위식에서 최대변위량은 보의 중앙위치 $z = L/2$에서 일어난다. 약간의 계산을 거쳐 최대변위량은

$$u_{\max} = u\left(\frac{L}{2}\right) + u_0\left(\frac{L}{2}\right) = \frac{8\epsilon EI}{PL^2}\left(\frac{1}{\cos\frac{\lambda L}{2}} - 1\right)$$

$$= \frac{8\epsilon EI}{PL^2}\left(\frac{1}{\cos\sqrt{\frac{PL^2}{4EI}}} - 1\right)$$

식으로부터 최대변위량은 $\lambda L \rightarrow \pi$에 접근함에 따라서 제한없이 증가한다. 이는 압축력 $P \rightarrow P_c$의 의미와 동일하다. $P_c = \pi^2 EI/L^2$임을 기억하자. 이를 참고로 최대변위량의 압축력에 대한 경향의 그래프는 다음과 같다.

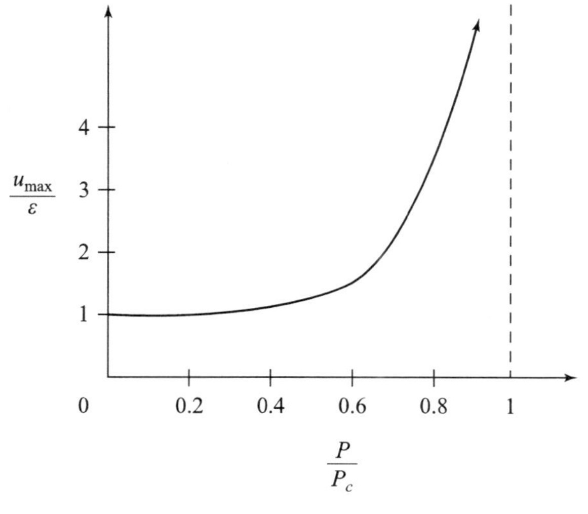

■

7.3 고유함수 전개

변수가 고유치에 가까워지면 구조물의 제작상 결함인 초기 교란에 대한 구조물의 반응형상(response shape)은 제한없이 커지게 되며 이 반응형상의 모습은 고유치의 제차방정식의 고유함수와 점차로 일치하게 된다.

이러한 현상은 초기 교란을 고유함수 전개방식으로 늘어놓으면 보다 명확해진다. 현재의 고유치문제인 좌굴의 경우에 고유함수는 $\lambda L = n\pi$에 대하여 sine 함수인 $\sin\lambda z$ 형상이므로 초기 교란을 전개하면

$$u_0(z) = \sum_{n=1}^{\infty} C_n \sin\left(\frac{n\pi z}{L}\right) \tag{7.13}$$

이 식 (7.13)을 고유치 지배방정식에 대입하면 다음의 형태로 정리된다.

$$u(z) = \sum_{n=1}^{\infty} A_n \sin\left(\frac{n\pi z}{L}\right) \tag{7.14}$$

여기서 대입한 식의 계수비교를 통하여 계수 A_n은 C_n과 다음 관계에 있어야 한다.

$$A_n = \frac{C_n}{\dfrac{n^2\pi^2 EI}{PL^2} - 1} \tag{7.15}$$

초기 교란의 식의 형태가 어떻게 주어지든 상관없이 압축력 P가 첫 임계압축력 P_c에 가까워지면 직선보의 변위량은 첫 고유함수에 의하여 지배된다.

7.4 횡하중의 영향

또 다른 주요한 구조문제에서 비제차 안정성 문제는 직선보에 압축력과 횡하중이 동시에 작용하는 경우에 발생한다. 이 절에서는 직선보에 압축력과 횡

하중이 동시에 작용하는 경우를 고려한다. 압축력이 작용하는 경우 '기둥'의 문제이고 횡하중이 작용하는 경우 '보'의 문제이다. 두 하중이 동시에 작용하면 '보 - 기둥'의 문제라고 한다.

설명을 위하여 길이가 L인 보의 굽힘강성(EI)를 고려하자. 압축력 P와 횡하중 F가 그림 7.8에 보여진 바와 같이 작용하고 있다.

보에서 최대 굽힘모멘트를 구하고 횡하중 F의 크기를 고정시키고 P의 변화에 대하여 최대 굽힘모멘트의 반응을 살펴보자. 그림 7.9에는 이 문제의 자유물체도가 있다. 이 자유물체도에서 모멘트의 평형으로부터

$$M = -P[u_L - u(z)] - F(L-z) \tag{7.16}$$

여기서 $u_L = u(L)$이다. 곡률과 모멘트의 관계로부터 식 (7.16)은

$$EI\frac{d^2u}{dz^2} = -M = P[u_L - u(z)] + F(L-z) \tag{7.17}$$

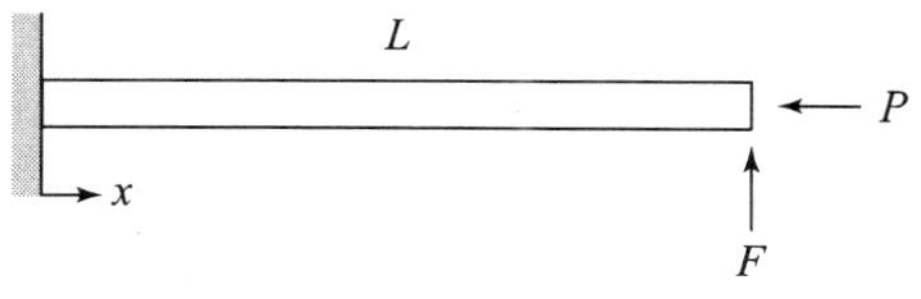

그림 7.8 보 - 기둥 문제.

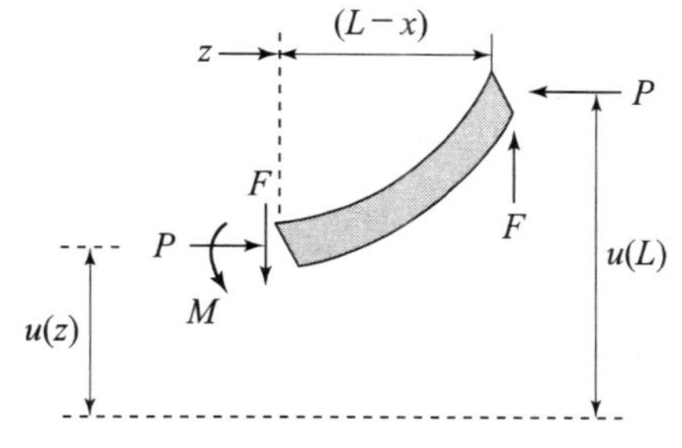

그림 7.9 보의 일부분에 대한 자유물체도.

이므로 비제차미분방정식으로 다음과 같이 정리된다.

$$\frac{d^2u}{dz^2} + \frac{Pu}{EI} = \frac{Pu_L + FL - Fz}{EI} \tag{7.18}$$

식 (7.19)의 특수해로 식 (7.18)을 만족시킬 수 있다.

$$u_p(z) = u_L + \frac{FL}{P} - \frac{Fz}{P} \tag{7.19}$$

따라서 방정식 (7.18)의 일반해의 꼴은

$$u(z) = u_L + \frac{FL}{P} - \frac{Fz}{P} + A\cos\lambda z + B\sin\lambda z \tag{7.20}$$

여기서 $\lambda = \sqrt{P/EI}$ 이고 경계조건은 좌측벽($z=0$)에서 $du/dz = u = 0$ 이다. 식 (7.20)에 경계조건을 대입하면

$$-\frac{F}{P} + B\lambda = 0, \quad u_L + \frac{FL}{P} + A = 0 \tag{7.21}$$

그리고 $z = L$에서 식 (7.20)의 값은 u_L의 정의에 의해서

$$u(L) = u_L = u_L + A\cos\lambda L + B\sin\lambda L \tag{7.22}$$

식 (7.22)에서 $A = -B\tan\lambda L$ 이고 식 (7.21)의 첫째 식에서 $B = F/P\lambda$ 이므로,

$$A = -\frac{F}{P\lambda}\tan\lambda L \tag{7.23}$$

A를 식 (7.20)에 대입하면

$$u(z) = \frac{F\tan\lambda L}{P\lambda}(1-\cos\lambda z) - \frac{F}{P\lambda}(\lambda z - \sin\lambda z) \tag{7.24}$$

$\lambda L \rightarrow \pi/2$가 되면 $P \rightarrow P_c$가 된다. 여기서 $P_c = \pi^2 EI/4L^2$ 이다. 이유는 정의에 의하여 $\lambda^2 L^2 = PL^2/EI \rightarrow (\pi/2)^2 = \pi^2/4$로부터 $P \rightarrow \pi^2 EI/4L^2$ 이

기 때문이다.

그림 7.8에 주어진 문제는 좌측이 강체벽에 고정된 외팔보 문제이다. 이 외팔보에서 최대 굽힘모멘트는 강체벽의 위치 즉 $z=0$에서 일어나며 크기는,

$$
\begin{aligned}
|M_{\max}| &= Pu_L + FL = \frac{F}{\lambda}\tan\lambda L - FL + FL \\
&= F\sqrt{\frac{EI}{P}}\tan\sqrt{\frac{PL^2}{EI}}
\end{aligned}
\tag{7.25}
$$

식 (7.25)의 양변을 FL로 나누고 무차원의 꼴로 다시 정리하면

$$
\begin{aligned}
\frac{|M_{\max}|}{FL} &\equiv \sqrt{\frac{EI}{PL^2}}\tan\sqrt{\frac{PL^2}{EI}} = \sqrt{\frac{4}{\pi^2}\frac{P_c}{P}}\tan\sqrt{\frac{\pi^2}{4}\frac{P}{P_c}} \\
&= \frac{\tan\frac{\pi}{2}\sqrt{\frac{P}{P_c}}}{\frac{\pi}{2}\sqrt{\frac{P}{P_c}}}
\end{aligned}
\tag{7.26}
$$

그림 7.10은 식 (7.26)에 대한 그래프이다.

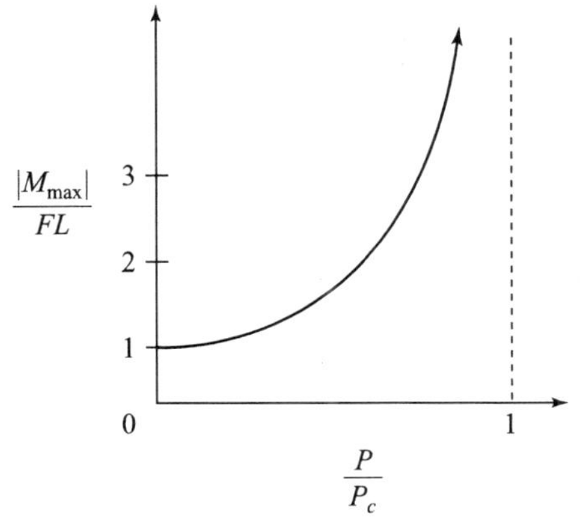

그림 7.10 **압축하중의 크기에 따른 최대 모멘트의 변화.**

7.5 세칸트 공식

세칸트(secant)는 원을 나누는 (분)할선이라는 뜻으로 할선(secant line)이 원주에 접할 때는 접선(tangent line)이 된다. 직선보가 압축하중을 받을 때 할선이라는 개념이 쓰이는 것은 직선보에 작용하는 압축하중이 중앙선을 벗어난 편심하중인 경우에 직선보는 이 편심하중에 의하여 원주 형태의 일부로 변형되는데 이때 편심하중의 연장된 작용선이 원의 할선으로 보이기 때문으로 추측된다. 여기서는 '할선공식'이라고 하지 않고 일반적으로 많이 사용되는 '세칸트 공식'이라고 명칭하겠다.

완전한 직선보(직선기둥)가 그림 7.11과 같이 외팔보로 설치되었다. 이 직선보에는 보의 중심축에서 'e' 만큼 편심된 위치에 압축력 P가 작용한다.

하중 P가 서서히 증가하면 그림 7.11(b)와 같이 굽힘모멘트에 의하여 기둥이 점차 휘어진다. 그림과 같이 좌표축을 설정하고 상부 자유단에서 y방향 변위량을 δ라고 하자. 고정위치에서 x만큼 떨어진 위치의 단면에 작용하는 모멘트의 크기는

$$M_z = P(\delta + e - y) \tag{7.27}$$

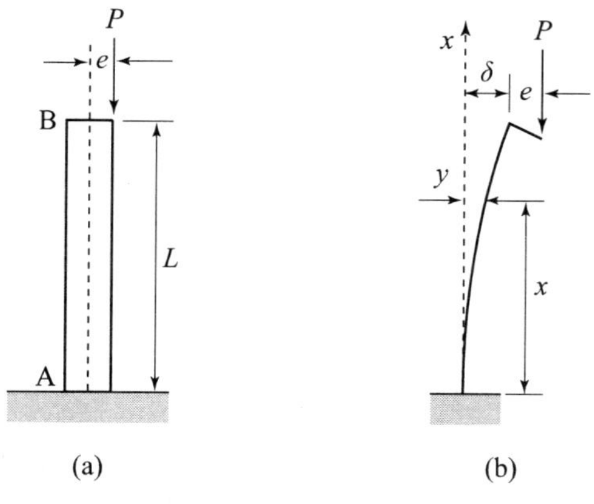

그림 7.11 외팔보에 작용하는 편심 압축력.

기둥의 재료가 소성상태에 이르지 않도록 작은 변위량으로 제한된 범위 내에서 탄성 기둥의 미분방정식을 세우면

$$EI\frac{d^2y}{dx^2} = P(\delta + e - y) \tag{7.28}$$

다시 $\lambda^2 = P/EI$로 정의하면 식 (7.28)은

$$\frac{d^2y}{dx^2} + \lambda^2 y = \lambda^2(\delta + e) \tag{7.29}$$

식 (7.29)의 일반해는

$$y = C_1 \sin\lambda x + C_2 \cos\lambda x + \delta + e \tag{7.30}$$

경계조건으로 강체에 고정된 $x = 0$에서 변형이 일어날 수 없으며 기둥의 중심선 각도 고정된다. 즉, $y = 0$, $dy/dx = 0$. 이 경계조건을 식 (7.30)에 대입하면 $C_1 = 0$, $C_2 = -(\delta + e)$를 구할 수 있다. 따라서 일반해인 식 (7.30)은

$$y = (\delta + e)(1 - \cos\lambda x) \tag{7.31}$$

그림에서 위쪽 자유단 $B(x = L)$에서 변형량은 $y = \delta$가 된다. 따라서 식 (7.31)로부터

$$\delta = e\left(\frac{1 - \cos\lambda L}{\cos\lambda L}\right) \tag{7.32}$$

편심량 e가 주어진 값이라면 식 (7.32)는 횡방향 변위량 δ와 압축력 P 사이의 관계식이다. 이 식에서 P는 $\lambda = \sqrt{P/EI}$에 내재되어 간접적으로 표현된다. 식에서 편심량 $e = 0$이면 $\lambda L < \pi/2$인 범위에서 $\delta = 0$임을 쉽게 알 수 있다. $\lambda L = \pi/2$은 $P = P_c$인 경우를 말하므로 $\lambda L < \pi/2$인 범위의 조건은 $P < P_c$의 범위 조건과 동일한 표현이다. 그러나 $\lambda L = \pi/2$ 즉, $P = P_c$이 된다면 식 (7.32)에서 분모가 '0'이 되는 경우이므로 변위량 δ은 결정할 수 없는 경우가 된다. 즉 부정정계가 된다. 그림 7.12에는 압축력(P)의 크기를 변위량(δ)에 따라서 도식하였다.

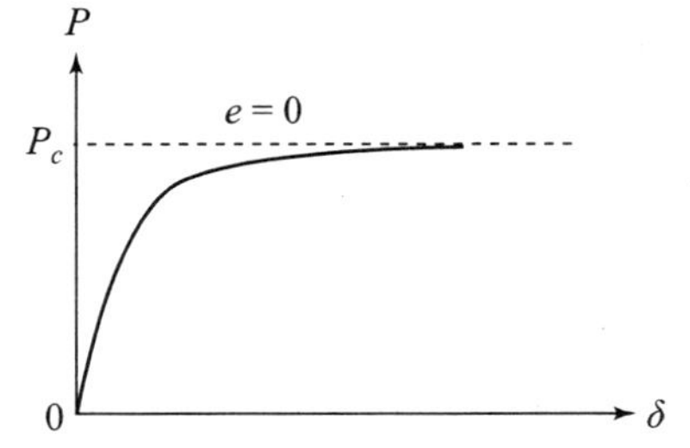

그림 7.12 변위량(δ) 대비 압축력(P)의 크기.

한편 $\lambda L \ll \pi/2$, 즉 $P \ll P_c$인 경우엔 $\cos\lambda L \approx 1-(\lambda L)^2/2$로 근사화 시킬 수 있으므로

$$\delta = e \cdot \frac{(\lambda L)^2/2}{1-(\lambda L)^2/2} \approx e \cdot \frac{(\lambda L)^2}{2} \tag{7.33}$$

또한 $\lambda = \sqrt{P/EI}$이므로 식 (7.33)에 대입하면

$$\delta \approx \frac{(Pe)L^2}{2EI} \tag{7.34}$$

식 (7.32)와 달리 그림 7.13은 그림 7.11의 길이 L이 $L/2$인 경우이므로

$$\delta = e\left(\frac{1-\cos\dfrac{\lambda L}{2}}{\cos\dfrac{\lambda L}{2}}\right) = e\left[\sec\left(\frac{\lambda L}{2}\right)-1\right] \tag{7.35}$$

$$M_{\max} = P(\delta+e) = Pe\sec\left(\frac{\lambda L}{2}\right) \tag{7.36}$$

식 (7.36)의 최대 굽힘모멘트가 작용하는 단면에서 최대 압축응력의 크기는

$$\sigma_{\max} = \frac{P}{A} + \frac{M_{\max}c}{I} \tag{7.37}$$

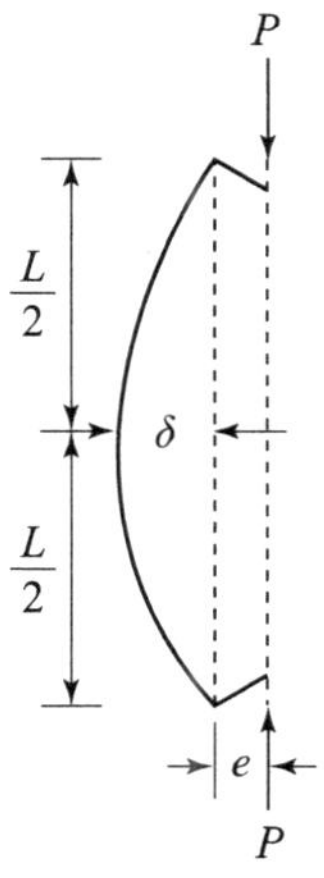

그림 7.13 압축 편심하중을 받는 단순지지보.

회전반경(radius of gyration)을 $r = \sqrt{I/A}$ 정의하여 식 (7.36)과 (7.37)에 대입하면

$$\sigma_{\max} = \frac{P}{A}\left[1 + \frac{ec}{r^2}\sec\left(\frac{\lambda L}{2}\right)\right] \tag{7.38}$$

식 (7.38)에 $\lambda = \sqrt{P/EI}$를 대입하면 최종적으로 '세칸트 공식'을 유도할 수 있다.

$$\sigma_{\max} = \frac{P}{A}\left[1 + \frac{ec}{r^2}\sec\left(\frac{L}{2r}\sqrt{\frac{P}{AE}}\right)\right] \tag{7.39}$$

식 (7.39)의 세칸트 공식은 최대 압축응력의 값을 겉보기 평균압력(P/A), 편심비(ec/r^2), 그리고 오일러의 각($\lambda L/2$)의 항으로 표현한다. 만약 기둥이 짧고 압축하중도 작다면 $\sec(\lambda L/2) \approx 1$이 되므로 최대 압축응력을 식 (7.38)로부터

$$\sigma_{\max} = \frac{P}{A}\left(1 + \frac{ec}{r^2}\right) \tag{7.40}$$

의 결과를 얻을 수 있는데 이 식의 의미는 짧은 기둥에 편심하중이 작용하는 경우의 최대 압축응력값을 산출한다.

7.6 탄성바닥 위의 보

이번 절에서는 그림 7.14에 보여진 바와 같이 바닥 위에 놓인 보가 하중을 받는 경우를 고려한다. 이때 바닥은 강체가 아닌 탄성변형체이다. 탄성바닥과 보의 밑면은 서로 접촉하는데 접촉점의 내력에 의하여 보와 바닥은 변형을 한다. 탄성바닥의 변형량이 작은 경우를 고려하면 탄성바닥에 작용하는 반력은 접촉면의 임의점에서 보의 변형량에 선형으로 비례한다고 볼 수 있다. 연속적인 탄성바닥의 가장 단순한 모델기법은 '윈클러 모델'이다. 그림 7.14에서 단위길이당 힘 q는 바닥에 의하여 빔이 지지되는 하중인데 모델에서 이 단위길이당 반력은 [F/L]의 단위이므로 kv와 같다. 여기서 'k'는 선형스프링과 유사한 바닥의 탄성계수 상수인데 'k'의 단위는 [F/L^2]이다. 또한 'v'는 보가 바닥 방향으로 처진 변형량이 '양'의 방향이다.

보의 변형이 매우 작으면 축의 기울기도 작으므로 그림 7.14에서 유도하는 보의 방정식은

$$EI\frac{d^4v}{dx^4} + kv = -p \tag{7.41}$$

식 (7.41)은 보가 바닥의 반력 q와 단위길이당 하중 p를 받고 있는 문제이다. 만일 보에 작용하는 하중 $p=0$인 경우를 우선 고려하면 제차미분방정식이 된다.

$$EI\frac{d^4v}{dx^4} + kv = 0 \tag{7.42}$$

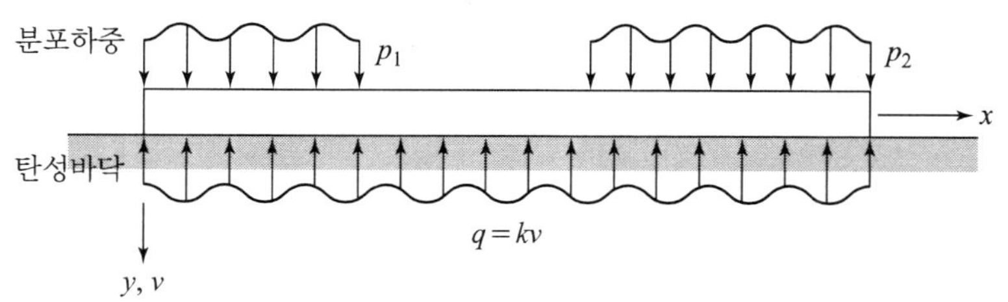

그림 7.14 탄성바닥 위의 보.

$v = e^{ax}$를 식 (7.42)에 대입하면

$$\left(a^4 + \frac{k}{EI}\right)v = 0 \tag{7.43}$$

식 (7.43)을 풀면

$$a = \pm\left(\frac{k}{4EI}\right)^{1/4}(1 \pm i) \equiv \pm\beta(1 \pm i) \tag{7.44}$$

따라서 식 (7.43)의 일반해는 다음과 같다.

$$v = e^{\beta x}(A\cos\beta x + B\sin\beta x) + e^{-\beta x}(C\cos\beta x + D\sin\beta x) \tag{7.45}$$

특수한 경우로 그림 7.15에 보인 바와 같이 중앙에 집중하중 P가 작용하는 무한 길이의 보가 탄성바닥 위에 놓여 있는 경우를 고려해보자.

$x \to \infty$인 보에서는 좌측 끝단에 작용하는 집중하중의 영향이 없으므로 하중에 관계없이 원래의 형상을 유지한다. 즉, 하중에서 멀리 떨어질수록 변위량 v와 변위량 v의 모든 미분값은 '0'이 되어야 한다. 따라서 식 (7.45)에서 $A = B = 0$이어야 하므로

$$v = e^{-\beta x}(C\cos\beta x + D\sin\beta x) \tag{7.46}$$

이 방정식의 경계조건은

$$\left|\frac{dv}{dx}\right|_{x=0} = 0, \qquad V = -EI\left(\frac{d^3v}{dx^3}\right)_{x=0} = -\frac{P}{2} \tag{7.47}$$

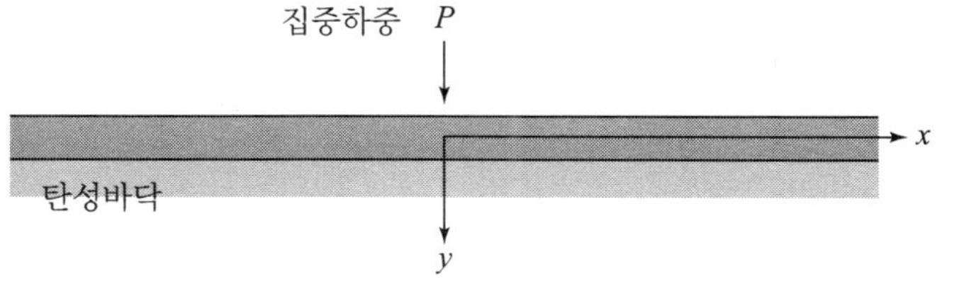

그림 7.15 탄성바닥 위의 무한 길이의 보.

경계조건을 식 (7.46)에 적용하면

$$C = D = \frac{P}{8\beta^3 EI} = \frac{P\beta}{2k} \tag{7.48}$$

식 (7.48)을 (7.46)에 대입하면

$$v = \frac{P\beta}{2k} e^{-\beta x} (\cos\beta x + \sin\beta x) \text{이므로}$$

$$v = \frac{P\beta}{2k} e^{-\beta x} \left[\sqrt{2} \sin\left(\beta x + \frac{\pi}{4}\right)\right] \tag{7.49}$$

이 문제 변위량의 특징은 다음에 주어진 sine 파장이 기하급수적으로 소멸된다.

$$\lambda = \frac{2\pi}{\beta} = 2\pi\left(\frac{4EI}{k}\right)^{1/4} \tag{7.50}$$

또 다른 특수예로서 그림 7.16(a)와 같이 탄성바닥 위에 놓은 보가 축하중을 받는 경우를 고려하자. 그림 7.16(b)의 자유물체도에서 수직방향 힘의 평형으로부터

$$\frac{dV}{dz} = q(z) + kv(z) \tag{7.51}$$

또한 모멘트의 평형으로부터

$$\frac{dM}{dz} = P\frac{dv}{dz} + V \tag{7.52}$$

식 (7.51)과 (7.52)를 병합하면

$$\frac{d^4v}{dz^4} + \frac{P}{EI}\frac{d^2v}{dz^2} + \frac{kv}{EI} = -\frac{p(z)}{EI} \tag{7.53}$$

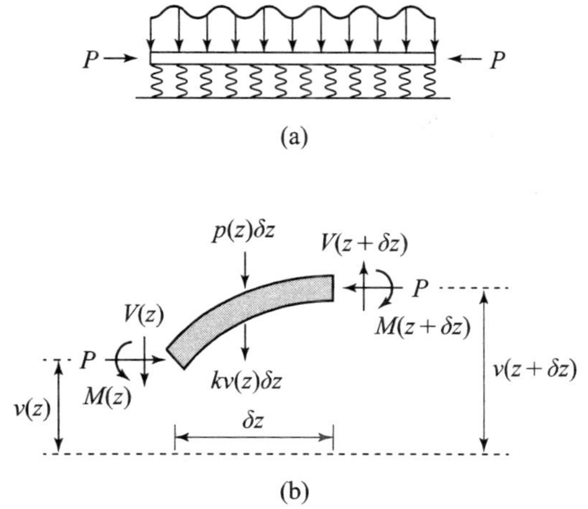

그림 7.16 **축하중을 받는 탄성바닥 위의 보.**

식 (7.53)에 $v(z) = Ae^{bz}$를 대입하여 제차방정식의 특성방정식을 구하면

$$b^4 + \frac{Pb^2}{EI} + \frac{k}{EI} = 0 \tag{7.54}$$

식 (7.54)를 풀어서 해를 구하면

$$b^2 = \frac{1}{2}\left[-\frac{P}{EI} \pm i\sqrt{\frac{4k}{EI} - \left(\frac{P}{EI}\right)^2} \right] \tag{7.55}$$

여기서 $b^2 = \rho e^{\pm i\theta}$의 모양으로 다시 표현하면

$$\rho^2 = \frac{1}{4}\left[\left(\frac{P}{EI}\right)^2 + \frac{4k}{EI} - \left(\frac{P}{EI}\right)^2 \right] = \frac{k}{EI};$$
$$\cos\theta = (-)\frac{P}{\rho EI} = (-)\frac{P}{\sqrt{4kEI}} \tag{7.56}$$

약간의 계산을 거치면 b에 대한 4개의 해를 다음과 같이 구한다.

$$b = \pm\beta_1 \pm \beta_2 i \tag{7.57}$$

여기서 β_1과 β_2는 다음으로 정의되었다.

$$\beta_1 = \sqrt[4]{\frac{k}{4EI}}\sqrt{1-\frac{P}{\sqrt{4kEI}}}\ ;\quad \beta_2 = \sqrt[4]{\frac{k}{4EI}}\sqrt{1+\frac{P}{\sqrt{4kEI}}} \tag{7.58}$$

따라서 일반적인 제차방정식의 해는

$$\begin{aligned} v_h(z) = \ & B_1 e^{\beta_1 z}\cos(\beta_2 z) + B_2 e^{\beta_1 z}\sin(\beta_2 z) \\ & + B_3 e^{-\beta_1 z}\cos(\beta_2 z) + B_4 e^{-\beta_1 z}\sin(\beta_2 z) \end{aligned} \tag{7.59}$$

이 문제에서 보의 길이는 무한대인데 이 경우엔 양단에서 만족해야 하는 조건은 없고 $P = \sqrt{4kEI} \equiv P_c$에서 제차방정식의 의미있는 해는 다음의 모양이 된다.

$$v_h(z) = A\cos(\beta_0 z) + B\sin(\beta_0 z) \tag{7.60}$$

여기서 $\beta_0 = \sqrt[4]{k/EI}$.

충분히 길이가 긴 보에 대해서 P_c은 좌굴을 일으킬 수 있는 최소 압축하중(제1 좌굴하중)이며 좌굴모드는 파장수 β_0의 정현파 형태이다. 이는 지지를 위한 보조수단이 없는 경우와 대비된다. 단순기둥의 경우 파장수($\lambda_n = n\pi/L$)와 좌굴하중($P_n = n^2\pi^2 EI/L^2$) 모두 보의 길이(L)에 영향을 받는다.

7.7 좌굴과 에너지 방법

지금까지 탄성안정의 문제에서는 중립안정상태 혹은 평형상태에 주목하여 중립적으로 안정적 평형상태를 유지하는데 필요한 임계압축력(좌굴하중)을 결정하였다. 보다 직접적인 방법으로 변형체의 상태에 대한 퍼텐셜에너지(Π)를 이용하는 방법이 있다. 이는 2장에서 소개되었다. 퍼텐셜에너지(Π)는 내부에너지(U)와 외력에 의한 일(W)의 항으로 정의된다. 2.2절의 외력에 의한 퍼텐셜 $\Omega = -W$이다.

$$\Pi = U + \Omega = U - W \tag{7.61}$$

일정 퍼텐셜에너지의 원리에 따라서 변형시스템이 평형상태일 때 평형위치의 작은 변동에 대하여 퍼텐셜에너지는 변하지 않는다. 수학적인 관점에서 말하자면 시스템의 일시평형상태에서 퍼텐셜에너지가 국부적 최소거동을 보이면 시스템은 안정적 평형상태이며 국부적 최대거동을 보이면 불안정적 평형상태라고 할 수 있다. 불안정적 평형상태에서는 평형상태 위치가 미소하게 변하는 경우에도 시스템의 형태는 직전의 형태로 회귀하지 않는다.

그림 7.17에는 스프링으로 연결된 회전이 자유로운 강체막대가 도식되어 있다. 축방향 수직하중(P)을 받는 강체막대가 수평방향으로 작은 횡하중이 가해지는 경우를 고려하자. 그림의 (a)는 스프링에 변형이 일어나지 않았을 때이고 (b)는 변형이 일어난 경우(좌굴)이다. 그림 7.17(b)의 퍼텐셜에너지를 구해보자. 외력(P)에 의한 일(W)은

$$W = PL(1-\cos\theta) \tag{7.62}$$

외력에 의한 퍼텐셜(Ω)은 $\Omega = -W$이다. 한편 내부에너지는 스프링(k)의 변형에 의한 변형에너지로 저장된다. 스프링의 변형량은 $L\sin\theta$이므로 내부에너지는

$$U = \frac{1}{2}kL^2\sin^2\theta \tag{7.63}$$

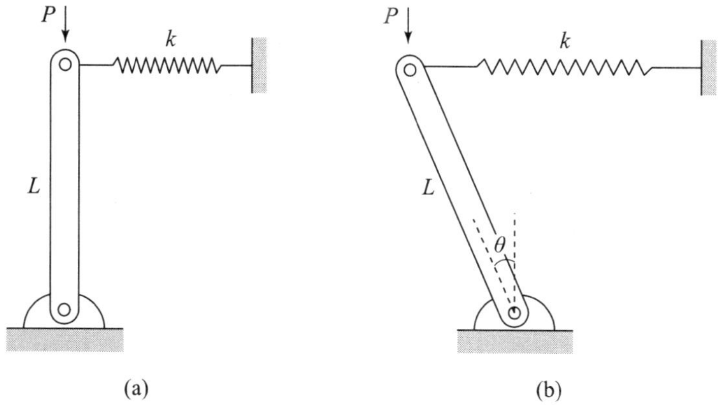

그림 7.17 스프링 구속을 받는 강체막대.

식 (7.62)와 (7.63)으로부터 총 퍼텐셜에너지는 식 (7.61)로 다음과 같다.

$$\Pi = U - W = \frac{1}{2}kL^2\sin^2\theta - PL(1-\cos\theta) \tag{7.64}$$

시스템의 평형조건은 일정 퍼텐셜에너지 원리로부터 일차미분값으로 결정된다.

$$\frac{d\Pi}{d\theta} = kL^2\sin\theta\cos\theta - PL\sin\theta = 0 \tag{7.65}$$

식 (7.65)의 평형상태가 안정($d^2\Pi/d\theta^2 > 0$)인지 불안정상태($d^2\Pi/d\theta^2 < 0$)인지 판정을 위하여 이차미분값으로 판정할 수 있다.

$$\frac{d^2\Pi}{d\theta^2} = kL^2(\cos^2\theta - \sin^2\theta) - PL\cos\theta \tag{7.66}$$

그림 7.17로부터 강체막대가 (a)와 같이 수직($\theta = 0$)의 위치에 있을 때가 평형상태의 하나라는 것은 명확하다. 이것은 $\theta = 0$를 식 (7.65)에 대입해 보면 식이 만족됨을 즉시 알 수 있다. 또한 식 (7.66)에 $\theta = 0$을 대입하면 안정한 평형인지 아닌지 알 수 있다.

$$\frac{d^2\Pi}{d\theta^2} = kL^2 - PL \tag{7.67}$$

식 (7.67)을 '0'으로 놓으면 $kL = P$이므로 $P > kL$인 경우엔 $d^2\Pi/d\theta^2 < 0$로 불안정 평형상태이고, $P < kL$이면 $d^2\Pi/d\theta^2 > 0$로 안정 평형상태가 된다. 따라서 $kL = P$이 안정과 불안정의 경계에 있으므로 $P_c = kL$이 그림 7.17에 보여진 '강체막대 - 스프링 시스템'의 임계좌굴하중(혹은 최소좌굴하중)이다.

이제 앞의 에너지방법을 보에 대한 문제에 응용해보자. 그림 7.18은 압축하중을 받는 보의 좌굴형상과 보의 일부분에 대한 자유물체도이다.

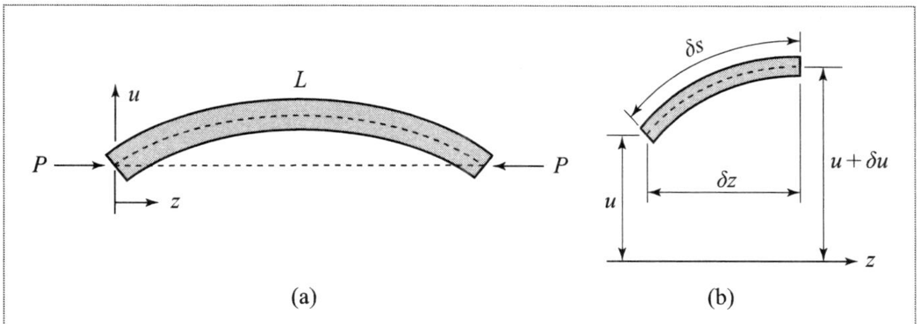

그림 7.18 보의 좌굴형상과 자유물체도.

그림 7.18(b)에서 호의 길이는

$$\delta s = \sqrt{\delta z^2 + \delta u^2} = \delta z \sqrt{1 + \left(\frac{\delta u}{\delta z}\right)^2} \approx \delta z \left[1 + \frac{1}{2}\left(\frac{\delta u}{\delta z}\right)^2\right] \tag{7.68}$$

식 (7.68)로부터 δz에 대해서 풀면

$$\delta z \approx \delta s - \frac{1}{2}\left(\frac{\delta u}{\delta z}\right)^2 \delta z \tag{7.69}$$

압축력에 의하여 줄어든 호의 변형량은

$$\delta s - \delta z = \frac{1}{2}\left(\frac{\delta u}{\delta z}\right)^2 \delta z \tag{7.70}$$

압축력에 의하여 줄어든 보의 양단 사이 거리는 식 (7.70)으로부터

$$\delta L = \int_0^L \frac{1}{2}\left(\frac{du}{dz}\right)^2 dz \tag{7.71}$$

식 (7.71)과 압축력으로부터 외력일의 퍼텐셜을 구하면

$$\Omega = -P \cdot \delta L \tag{7.72}$$

그림 7.18(a)에 저장된 변형에너지를 구해보자. 보의 변형된 모양을 레일리-리쯔의 방법으로 가정하자.

$$u(z) = C\sin\left(\frac{\pi z}{L}\right) \tag{7.73}$$

식 (7.73)의 변형된 보에 대한 변형에너지는

$$U = \frac{1}{2}EI\int_0^L\left(\frac{d^2u}{dz^2}\right)^2 dz = \frac{EIC^2\pi^4}{2L^4}\int_0^L \sin^2\left(\frac{\pi z}{L}\right)dz \tag{7.74}$$

$$= \frac{\pi^4 EIC^2}{4L^3}$$

식 (7.72)와 (7.74)에서

$$\Omega = -P\delta L = -P\int_0^L \frac{1}{2}\left(\frac{du}{dz}\right)^2 dz \tag{7.75}$$

$$= -\frac{P\pi^2 C^2}{2L^2}\int_0^L \cos^2\left(\frac{\pi z}{L}\right)dz = -\frac{P\pi^2 C^2}{4L}$$

따라서 총 퍼텐셜에너지는 식 (7.74)와 (7.75)로부터

$$\Pi = U + \Omega = \frac{\pi^4 EIC^2}{4L^3} - \frac{P\pi^2 C^2}{4L} = \frac{\pi^2 C^2}{4L}\left(\frac{\pi^2 EI}{L^2} - P\right) \tag{7.76}$$

평형상태의 변형된 보의 형태는 $d\Pi/dC = 0$에 의하여 결정할 수 있다.

$$\frac{d\Pi}{dC} = \frac{\pi^2 C}{2L}\left(\frac{\pi^2 EI}{L^2} - P\right) = 0 \tag{7.77}$$

식 (7.77)이 만족되기 위한 조건으로부터 임계좌굴하중(P_c)이 결정된다.

$$P_c = \frac{\pi^2 EI}{L^2} \tag{7.78}$$

이 결과는 식 (7.9)에서 구한 임계하중과 일치한다. 평형상태의 안정성 여부를 판단하자.

$$\frac{d^2\Pi}{dC^2} = \frac{\pi^2}{2L}\left(\frac{\pi^2 EI}{L^2} - P\right) = \frac{\pi^2}{2L}(P_c - P) \tag{7.79}$$

식 (7.79)는 $P < P_c$인 경우 양의 값이 되므로 퍼텐셜 Π는 국부 최소값이 되고 평형상태($d\Pi/dC = 0$)는 안정 평형상태의 의미이다. 한편, $P > P_c$이면 $d^2\Pi/d\theta^2 < 0$이므로 Π는 국부 최대값이 되고 이때에는 불안정 평형상태가 된다.

레일리 - 리쯔 방법은 '보 - 기둥' 문제와 같은 비제차방정식의 문제에도 적용할 수 있다. 이때 총 퍼텐셜에너지에는 자유도로서 미지수 C가 선형인 C와 이차항 C^2이 모두 포함된다. $d\Pi/dC = 0$의 계산으로 얻은 해는 $P \rightarrow P_c$으로 가까워질수록 제한없이 발산한다.

이상과 같이 레일리 - 리쯔의 방법은 안정성 문제에 매우 유용하게 적용될 수 있음을 알 수 있다. 이 방법을 사용할 때에는 변형된 형상을 직관적으로 가정해야 하므로 많은 경험에 의한 정확한 해의 예측능력은 이러한 근사해법을 활용할 때 매우 효과적이다.

Chapter 7 연습문제

01 그림은 길이 L의 단순지지된 보(굽힘강성 EI)의 양단에 압축력 P가 축방향으로 작용한다. 좌굴이 쉽게 일어나지 않도록 중앙에 스프링(k)이 추가하여 좌굴하중을 크게 만들려고 한다. 좌굴하중을 스프링 계수 k의 함수로 구하라. 그리고 이 목적을 위한 최소 스프링 계수를 계산하라.

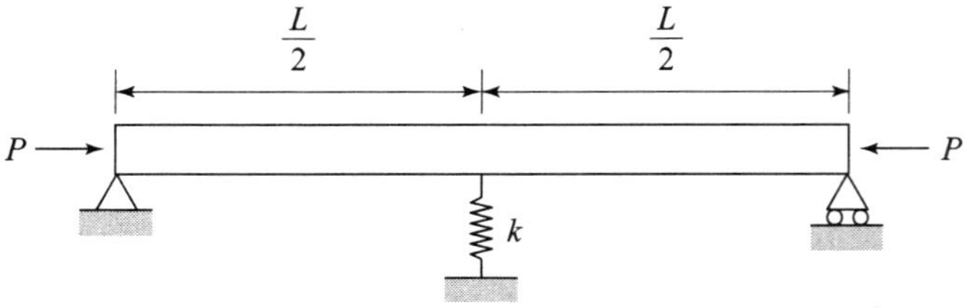

문제그림 7.1

해설

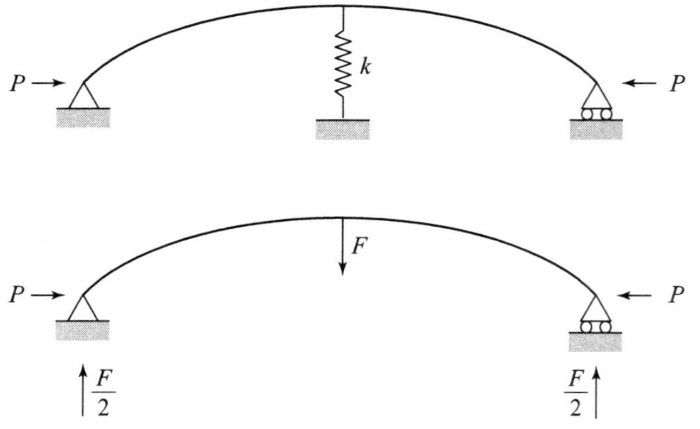

문제 참고그림 7.1.1

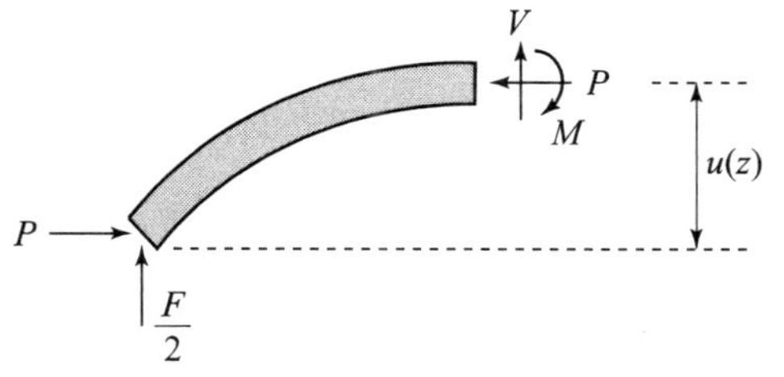

문제 참고그림 7.1.2

참고그림 7.1.2의 자유물체도로부터

$$M = Pu - \frac{Fz}{2} \qquad (0 < z < \frac{L}{2})$$

곡률과 모멘트의 관계식을 대입하면 위 식으로부터 미분방정식을 얻는다.

$$\frac{d^2u}{dz^2} + \frac{Pu}{EI} = \frac{Fz}{2EI} \qquad (0 < z < \frac{L}{2})$$

미분방정식의 일반해는 특수해와 제차방정식해의 합으로 표현되므로

$$u = \frac{Fz}{2P} + A\cos\lambda z + B\sin\lambda z \qquad (\lambda^2 = \frac{P}{EI})$$

참고그림 7.1.1로부터 문제의 경계조건은

$$u(0) = 0; \qquad \frac{du}{dz}\left(z = \frac{L}{2}\right) = 0$$

또한 중앙의 스프링 변형량과 보의 처짐량은 동일하므로 스프링의 힘과 변형량의 관계식은

$$F = ku\left(z = \frac{L}{2}\right)$$

이상 세 가지 경계조건으로부터

$$A = 0$$

$$\frac{F}{2P} - A\lambda\sin\frac{\lambda L}{2} + B\lambda\cos\frac{\lambda L}{2} = 0$$

$$F\left(\frac{L}{4P} - \frac{1}{k}\right) + A\cos\frac{\lambda L}{2} + B\sin\frac{\lambda L}{2} = 0$$

위의 세 식으로부터 의미있는 해를 얻기 위해서는 $A = 0$을 대입한 후 F와 B에 대한 계수행렬식이 '0'이어야 하므로

$$\frac{1}{2P}\sin\frac{\lambda L}{2} = \lambda\left(\frac{L}{4P} - \frac{1}{k}\right)\cos\frac{\lambda L}{2}$$

따라서 이 식을 다시 정리하면

$$\tan\sqrt{\frac{PL^2}{4EI}} = \sqrt{\frac{PL^2}{4EI}}\left(1 - \frac{4P}{kL}\right)$$

좌굴하중 P_c는 무차원 스프링 강성 kL^3/EI에 대해서 참고그림 7.1.3에 도식되었다.

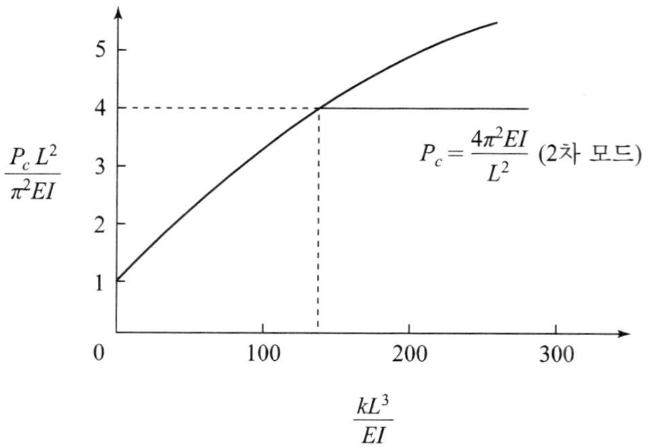

문제 참고그림 7.1.3

쉽게 예상할 수 있듯이 첫 좌굴하중 P_c은 $k=0$일 때 $P_c = \pi^2 EI/L^2$이다. 이 값은 k의 값이 커짐에 따라서 좌굴하중 P_1에 도달한다. 이때 스프링 강성은

$$k = k_0 = \frac{16\pi^2 EI}{L^3}$$

$k > k_0$인 스프링을 사용하는 경우엔 좌굴하중의 크기에 영향을 주지 않는다. 이는 $P = P_1$에서 좌굴이 반대칭모드가 되기 때문이다.

02 주어진 그림은 굽힘강성 EI, 길이 L의 외팔보에 축방향 압축력 P와 자유단에 횡하중 F가 동시에 작용하는 문제를 보여준다. 보에서 발생하는 최대 굽힘모멘트의 크기를 계산하고 F는 정해진 값일 때 압축하중 P의 변화에 따른 최대모멘트의 값을 그래프로 그리시오.

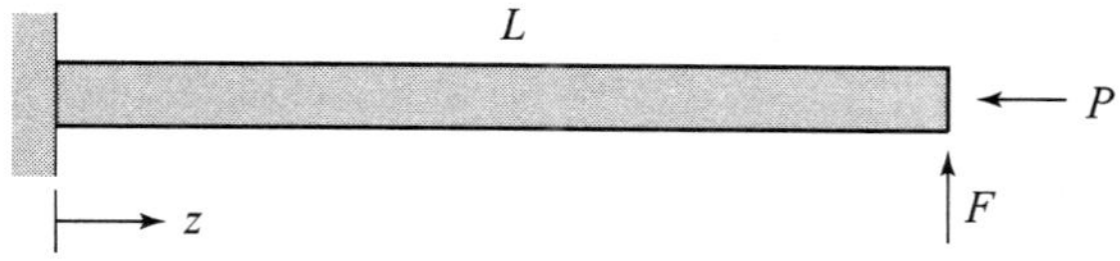

문제그림 7.2

해설

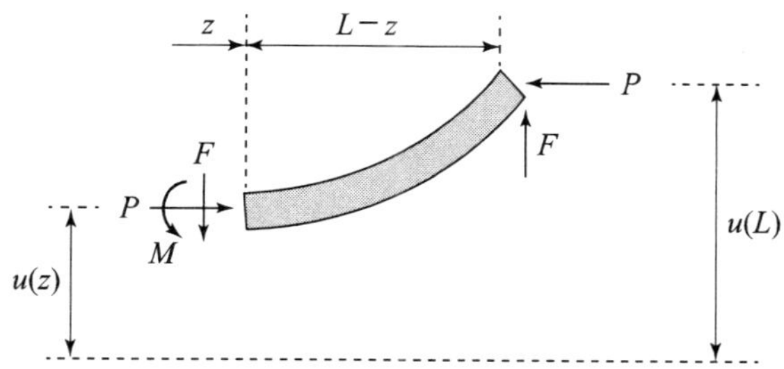

문제 참고그림 7.2.1

참고그림 7.2.1로부터 모멘트의 평형은

$$M = -P[u_L - u(z)] - F(L - z)$$

모멘트와 곡률의 관계식을 대입하고 양변을 EI로 나누면 다음의 미분방정식을 얻는다.

$$\frac{d^2u}{dz^2} + \frac{Pu}{EI} = \frac{Pu_L + FL - Fz}{EI}$$

특별해는 $u_P(z) = u_L + \dfrac{FL}{P} - \dfrac{Fz}{P}$면 위의 미분방정식을 만족한다.

$\lambda^2 = \dfrac{P}{EI}$으로 놓고 일반해를 다음과 같이 쓴다.

$$u(z) = u_L + \frac{FL}{P} - \frac{Fz}{P} + A\cos\lambda z + B\sin\lambda z$$

경계조건 $du/dz(z=0) = u = 0$과 $u(z=L) = u_L$을 위의 일반해에 대입하면

$$-\frac{F}{P} + B\lambda = 0$$

$$u_L + \frac{FL}{P} + A = 0$$

$$u_L + A\cos\lambda L + B\sin\lambda L = u_L$$

위의 세 개 연립방정식을 풀면

$$A = -\frac{F}{P\lambda}\tan\lambda L;\quad B = \frac{F}{P\lambda};\quad u_L = \frac{F}{P\lambda}(\lambda z - \sin\lambda z)$$

$\lambda L \to \pi/2$에 가까워질수록 $P \to P_c = \pi^2 EI/4L^2$.

$$\begin{aligned} |M_{\max}| &= Pu_L + FL \\ &= \frac{F}{\lambda}\tan\lambda L - FL + FL \\ &= F\sqrt{\frac{EI}{P}}\tan\sqrt{\frac{PL^2}{EI}} \end{aligned}$$

위 식으로부터 무차원 최대모멘트 $|M_{\max}|/FL$을 무차원 하중 P/P_c에 도식하면 참고그림 7.2.2와 같이 스케치할 수 있다.

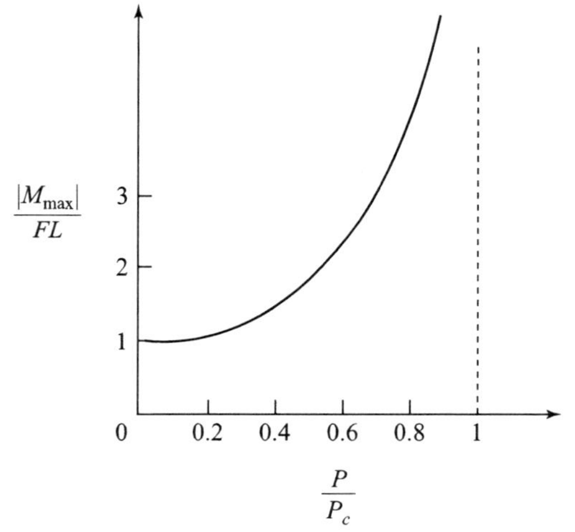

문제 참고그림 7.2.2

03 그림에는 굽힘강성 EI, 길이 L의 외팔보에 축방향 압축력 P가 작용하고 있다. 변형된 보의 형상에 대한 근사함수가 문제의 해답에 주는 영향을 검토하고자 한다. 근사함수는 각 물음에 주어진 함수로 계산하라.

(1) 보의 변형된 형상으로 $u = Cz(L-z)$를 가정하라. 임계하중 P_c를 계산하라.

(2) 양단($z = 0,\ L$)에서 단순지지된 보는 양단에서 곡률이 '0'이다. 즉 양

단에서 모멘트의 크기가 '0'이다. 보에서 모멘트의 분포를 다음으로 가정하라.

$$M = Pu = PCz(L-z)$$

이때 임계하중 P_c를 계산하라.

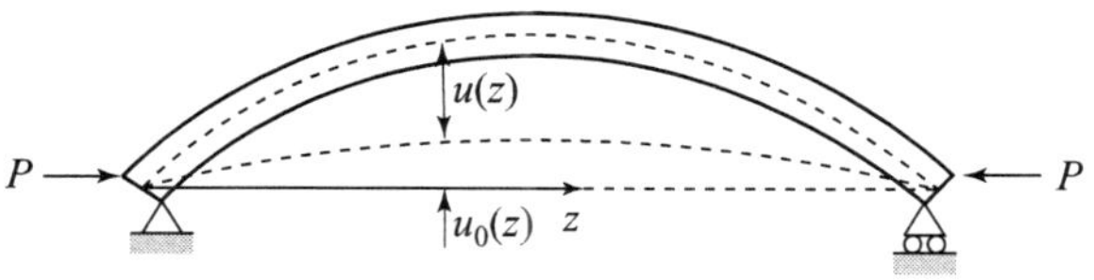

문제그림 7.3

해설

(1) $u = Cz(L-z)$

$$U = \frac{1}{2}EI\int_0^L \left(\frac{d^2u}{dz^2}\right)^2 dz = \frac{1}{2}EI\int_0^L (-2C)^2 = 2EIC^2L$$

$$\Omega = -\frac{P}{2}\int_0^L \left(\frac{du}{dz}\right)^2 dz = -\frac{1}{2}P\int_0^L C^2(L-2)^2 dz = -\frac{PC^2L^3}{6}$$

$$\Pi = U + \Omega = 2EIC^2L - \frac{PC^2L^3}{6}\left(\frac{12EI}{L^2} - P\right)$$

퍼텐셜에너지의 일차미분을 '0'으로 놓음으로써 $P_c = \dfrac{12EI}{L^2}$

(2) $U = \dfrac{1}{2EI}\displaystyle\int_0^L M^2 dz = \dfrac{1}{2EI}\displaystyle\int_0^L P^2C^2z^2(L-z)^2 dz = \dfrac{P^2C^2L^5}{60EI}$

$$\Pi = U + \Omega = \frac{P^2C^2L^5}{60EI} - \frac{PC^2L^3}{6} = \frac{PC^2L^3}{6}\left(\frac{L^2}{10EI} - P\right)$$

퍼텐셜에너지의 일차미분을 '0'으로 놓음으로써 $P_c = \dfrac{10EI}{L^2}$

04 주어진 그림의 단순지지보(EI, L)는 축방향 압축력 P와 횡하중 F가 보의 중앙에 작용하고 있다. 레일리-리츠의 방법을 사용하여 보의 중앙위치에서 굽힘모멘트를 계산하라. 보의 변형된 형상은 2차 곡선으로 가정하라.

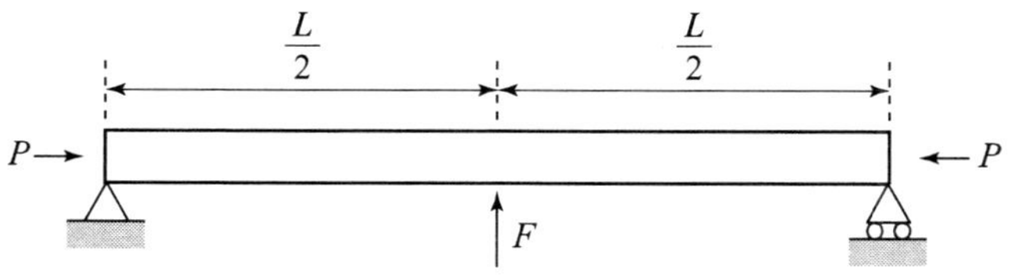

문제그림 7.4

해설

보의 중앙에서 처짐량은

$$u\left(\frac{L}{2}\right) = \frac{CL^2}{4}$$

외력에 의한 퍼텐셜에너지는

$$\Omega = -\frac{PC^2L^3}{6} - Fu\left(\frac{L}{2}\right) = -\frac{PC^2L^3}{6} - \frac{FCL^2}{4}$$

총 퍼텐셜에너지는

$$\Pi = U + \Omega = 2EIC^2L - \frac{PC^2L^3}{6} - \frac{FCL^2}{4}$$

평형조건은

$$\frac{d\Pi}{dC} = 4EICL - \frac{PCL^3}{3} - \frac{FL^2}{4} = 0$$

위 식을 풀면

$$C = \frac{FL^3}{4(4EIL - PL^3/3)} = \frac{FL}{16EI(1 - P/P_c)}$$

여기서 $P_c = \dfrac{12EI}{L^2}$

중앙에서 처짐량은

$$u\left(\frac{L}{2}\right) = \frac{FL^3}{64EI(1 - P/P_c)}$$

중앙점의 면에 작용하는 굽힘모멘트의 크기는

$$M\left(\frac{L}{2}\right) = \frac{FL}{4} + Pu\left(\frac{L}{2}\right) = \frac{FL}{4} + \frac{FPL^3}{64EI(1 - P/P_c)}$$

$$= \frac{FL}{4}\left[1 + \frac{3P/P_c}{4(1 - P/P_c)}\right]$$

05 그림과 같이 양단과 구간의 임의의 한 점에서 힌지구속 및 굴림구속 상태에서 압축하중 P를 받고 있는 보가 있다. 보의 굽힘강성은 EI일 때 아래의 물음에 답하시오.

(1) 중간 지지점의 위치가 좌측 끝단쪽에 치우친 경우($a \rightarrow 0$)에 대하여 좌굴이 일어날 수 있는 최소 한계 압축하중(P_c)을 구하시오.

(2) 중간 지지점의 위치가 정중앙에 위치한 경우($a = L/2$)에 대하여 좌굴이 일어날 수 있는 최소 한계 압축하중(P_c)을 구하시오.

(3) 중간 지지점의 위치가 임의의 위치에 있는 경우에 대하여 좌굴이 일어날 수 있는 최소 한계 압축하중(P_c)은 a에 의존한다. 이 문제에 대하여 지배방정식을 유도하고 의미있는 해를 가지는 경우 특성방정식을 $\alpha = L\sqrt{P/EI} = Lk$, $u = a/L$로 정의하는 α와 u로 표현되는 일반식으로 구하시오. (1)과 (2)의 답이 (3)의 특수한 경우임을 확인하시오.

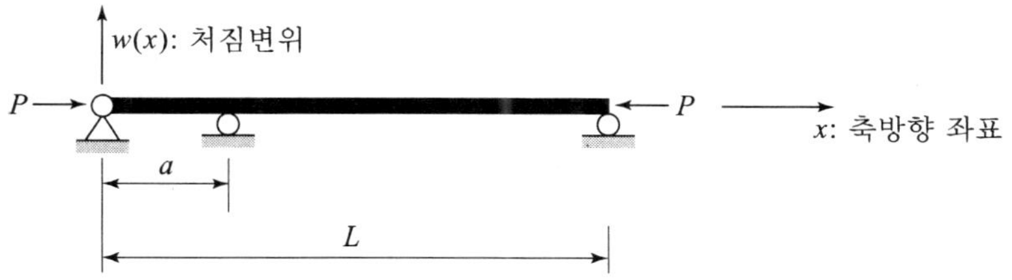

문제그림 7.5

해설

(1) $a \rightarrow 0$가 될 때 좌측단의 특징은 참고그림 7.5.1과 같이 좌측이 벽에 고정된 외팔보와 같아진다.

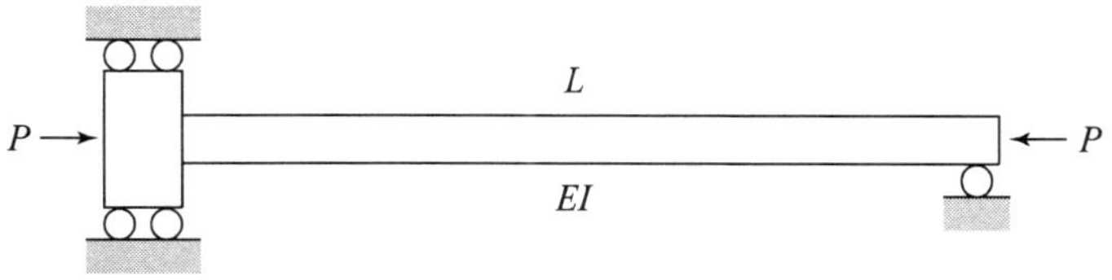

문제 참고그림 7.5.1

보의 경계조건에 따른 유효길이를 L_e로 하면 임계좌굴하중 $P_c = \pi^2 EI/L_e^2$으로부터 '고정 - 핀'의 조건인 $L_e = 0.7L$의 경우가 된다.

따라서 $P_c = \dfrac{\pi^2 EI}{(0.7L)^2} = \dfrac{20.19EI}{L^2}$

(2)

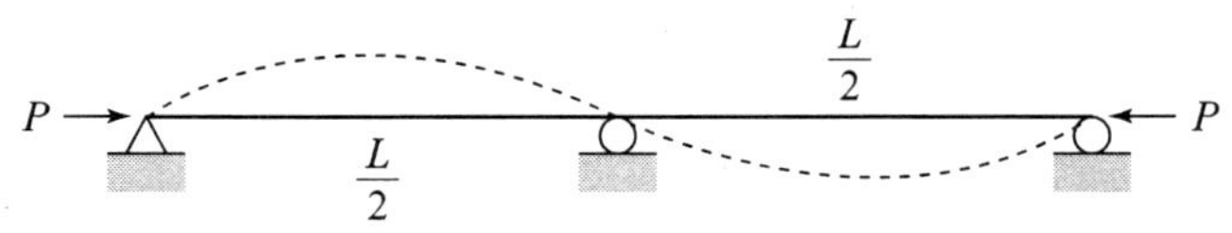

문제 참고그림 7.5.2

이때에는 $L_e = L/2$인 경우이므로

$$P_c = \frac{\pi^2 EI}{(L/2)^2} = \frac{4\pi^2 EI}{L^2}$$

(3)

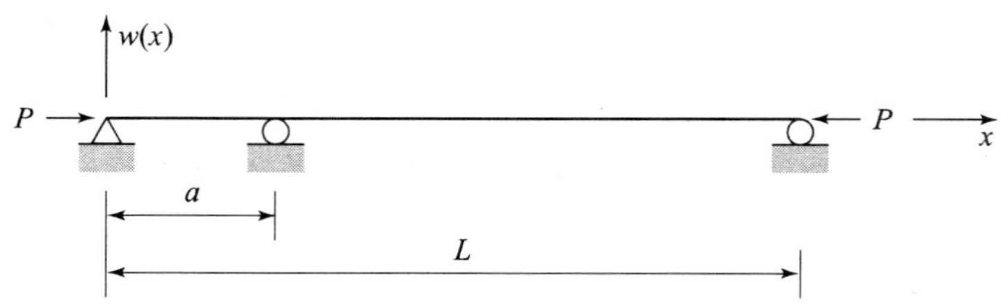

문제 참고그림 7.5.3

지배방정식은

$$EI\frac{d^4w}{dx^4} + P\frac{d^2w}{dx^2} = 0$$

$k^2 = P/EI$로 놓으면

$$\frac{d^4w}{dx^4} + k^2\frac{d^2w}{dx^2} = 0$$

경계조건은

$$w(0) = w(a) = w(L) = 0; \quad w''(0) = w''(L) = 0$$

$w_1(x)$를 구간 $0 \leq x < a$에 대한 처짐곡선으로 놓고 $w_2(x)$를 구간 $a \leq x \leq L$에 대한 처짐곡선으로 놓자. 위의 지배방정식은

$$\frac{d^4w_1}{dx^4}+k^2\frac{d^2w_1}{dx^2}=0,\qquad w_1(0)=w_1{''}(0)=0$$

$$\frac{d^4w_2}{dx^4}+k^2\frac{d^2w_2}{dx^2}=0,\qquad w_2(L)=w_2{''}(L)=0$$

$x=a$에서 $w_1(x)$과 $w_2(x)$의 연속조건으로부터

$$w_1(a)=w_2(a)=0$$

$$w_1{'}(a)=w_2{'}(a)$$

$$w_1{''}(a)=w_2{''}(a)$$

구간 $0 \leqq x < a$에서 $w_1(x)$의 일반해는

$$w_1(x)=A_1\sin kx+A_2\cos kx+A_3x+A_4$$

경계조건은

$$w_1(0)=w_1{''}(0)=0;\qquad w_1(a)=0$$

경계조건을 구해서 대입하면

$$w_1(x)=A_1\left(\sin kx-\frac{x}{a}\sin ka\right)$$

한편 구간 $a \leqq x \leqq L$에서 $w_2(x)$의 일반해는

$$w_2(x)=B_1\sin kx+B_2\cos kx+B_3x+B_4$$

경계조건은

$$w_2(L)=w_2{''}(L)=0;\qquad w_2(a)=0$$

경계조건을 구해서 대입하면

$$w_2(x)=B_1\left[\sin k(L-x)-\frac{L-x}{L-a}\sin k(L-a)\right]$$

$w_1{'}(a)=w_2{'}(a)$로부터,

$$A_1\left(k\cos ka-\frac{\sin ka}{a}\right)+B_1\left[k\cos k(L-a)-\frac{\sin k(L-a)}{L-a}\right]=0$$

또한 $w_1{'}(a)=w_2{''}(a)$으로부터

$$A_1\sin ka-B_1\sin k(L-a)=0$$

A_1과 B_1에서 의미있는 해가 되는 조건을 만족하려면

$$\sin ka\left[k\cos k(L-a)-\frac{\sin k(L-a)}{L-a}\right]+\sin k(L-a)\left(k\cos ka-\frac{1}{a}\sin ka\right)=0$$

무차원 기호를 이용하자:

$$u=a/L, \qquad \alpha=kL.$$

이와 함께 삼각함수 관계식을 이용하면

$$2\alpha\sin\alpha+\frac{1}{u-u^2}[\cos\alpha-\cos\alpha(2u-1)]=0$$

$a \to 0$의 경우에

$w_1'(a)=A_1\left(k\cos ka-\dfrac{\sin ka}{a}\right)$와 $w_2'(a)=B_1\left[k\cos k(L-a)-\dfrac{\sin k(L-a)}{L-a}\right]$를 고려하면

$$\begin{aligned}\lim_{a\to 0} w_1'(a) &= A_1\lim_{a\to 0}(k\cos ka-\frac{1}{a}\sin ka)\\ &= A_1\left(k\lim_{a\to 0}\cos ka-\lim_{a\to 0}\frac{1}{a}\sin ka\right)\\ &= A_1(k-k)=0\end{aligned}$$

$w_1'(a)=w_2'(a)$이므로 $w_2'(a)$도 $\lim_{a\to 0}w_2'(a)=0$이어야 한다. 이 의미는

$$B_1\left[k\cos(L-a)-\frac{1}{L-a}\sin k(L-a)\right]=B_1\left(k\cos kL-\frac{1}{L}\sin kL\right)=0$$

즉, $\tan kL=kL$

$\tan kL=kL$의 최소값을 구하면 $kL\approx 4.49$이므로 $\dfrac{PL^2}{EI}=(4.49)^2=20.16$이 되어서 $P=P_c=\dfrac{20.16EI}{L^2}$이 되어 (1)과 일치한다.

한편 $a=L/2$인 경우에 $u=a/L=1/2$. 그러면 특성방정식은 다음과 같이 된다.

$$2\alpha\sin\alpha+4[\cos\alpha-\cos\alpha(1-1)]=0$$

즉 $\alpha\sin\alpha+2[\cos\alpha-1]=0$

이는 2배각 공식을 써서 $2\alpha\sin\dfrac{\alpha}{2}\cos\dfrac{\alpha}{2}+2\left(-2\sin^2\dfrac{\alpha}{2}\right)=0$

정리하면 $\sin\dfrac{\alpha}{2}\left(\alpha\cos\dfrac{\alpha}{2}-2\sin^2\dfrac{\alpha}{2}\right)=0$;

이를 풀면

$$\sin\frac{\alpha}{2}=0 \rightarrow \alpha=2\pi \qquad \text{또는} \qquad \tan\frac{\alpha}{2}=\frac{\alpha}{2} \rightarrow \alpha=8.986.$$

이 중 더 작은 것은 $\alpha=2\pi$이며 이에 따른 좌굴하중의 계산은

$P_c=\alpha^2\dfrac{EI}{L^2}=\dfrac{4\pi^2 EI}{L^2}$이 되므로 (2)의 결과와 일치한다.

06 굽힘강성 EI의 무한히 긴 보가 강성 k를 가진 선형 탄성바닥 위에 있다. 여기서 탄성바닥은 u의 수직변위가 있을 때 보의 축방향 단위길이당 ku의 반발력을 지지한다. 이 보 위에 반지름 R의 강체 실린더의 중심에 수직하중 P를 받으면 강체 실린더는 d만큼 수직으로 이동하여 그림과 같이 $2a$ 길이만큼 보와 접촉을 한다. 수직하중 P와 중심의 수직변위 d를 a, E, I, k, R로 표현하는 식을 구하시오. P가 0으로부터 서서히 증가하는 경우 이 접촉문제의 현상에 대하여 설명하시오.

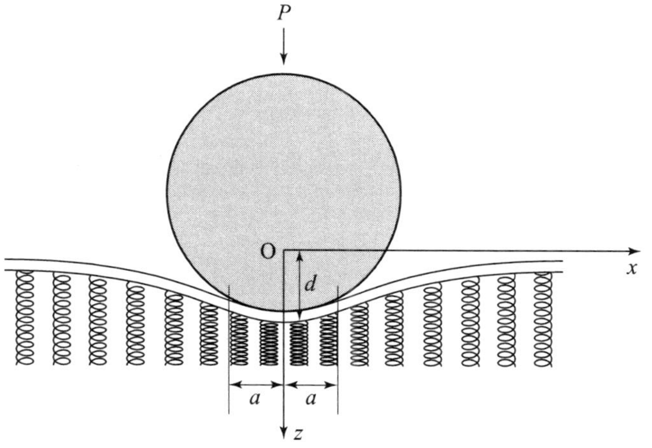

문제그림 7.6

해설

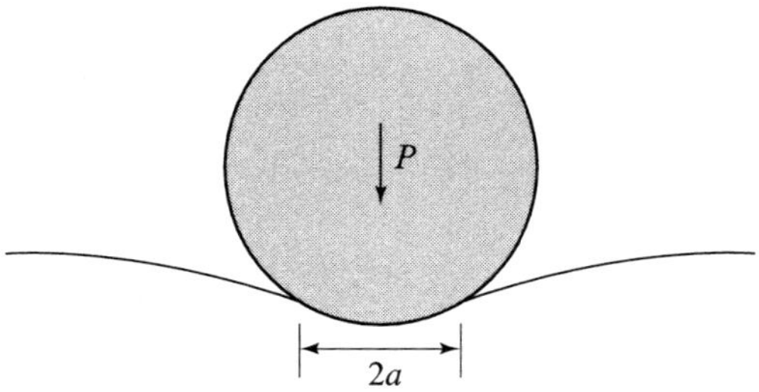

문제 참고그림 7.6.1

지배방정식은

$$EI\frac{d^4v}{dx^4}+kv=0 \qquad (0 \leqq x < \infty)$$

경계조건은

$$v(a)=d-\frac{a^2}{2R}; \quad v(0)=d; \quad M(0)=-\frac{EI}{R}=EIv''(0); \quad v(\infty)=0.$$

$\beta=(k/4EI)^{1/4}$로 놓고 위의 방정식을 단순화 시키면

$$\frac{d^4v}{dx^4}+\beta^4v=0 \qquad (0 \leqq x < \infty)$$

이 미분방정식의 일반해는

$$v(x)=e^{-\beta x}(A\cos\beta x+B\sin\beta x)+e^{\beta x}(C\cos\beta x+D\sin\beta x)$$

$v(\infty)=0$, $C=D=0$와 $v(a)=d-\frac{a^2}{2R}$로부터

$$v(a)=e^{-\beta a}(A\cos\beta a+B\sin\beta a)=d-\frac{a^2}{2R}$$

$$\begin{aligned}v''(x) &= \frac{d}{dx}[-\beta e^{-\beta x}(A\cos\beta x+B\sin\beta x)\\ &\quad +e^{-\beta x}(-A\beta\sin\beta x+B\beta\cos\beta x)]\\ &= \beta^2e^{-\beta x}(A\cos\beta x+B\sin\beta x)-\beta e^{-\beta x}(-A\beta\sin\beta x+B\beta\cos\beta x)\\ &\quad +e^{-\beta x}(-A\beta^2\cos\beta x-B\beta^2\sin\beta x)\end{aligned}$$

$$v''(0)=A\beta^2-B\beta^2-A\beta^2=-B\beta^2=-\frac{1}{R}$$

이 식을 풀면 $B=\frac{1}{R\beta^2}$.

따라서

$$A\cos\beta a + B\sin\beta a = e^{\beta a}\left(d - \frac{a^2}{2R}\right)$$

$$A\cos\beta a + \frac{1}{R\beta^2}\sin\beta a = e^{\beta a}\left(d - \frac{a^2}{2R}\right)$$

풀면 A는

$$A = -\frac{\sin\beta a}{R\beta^2\cos\beta a} + \frac{e^{\beta a}}{\cos\beta a}\left(d - \frac{a^2}{2R}\right)$$

따라서

$$v(x) = e^{-\beta x}\left\{\left[-\frac{\sin\beta a}{R\beta^2\cos\beta a} + \frac{e^{\beta a}}{\cos\beta a}\left(d - \frac{a^2}{2R}\right)\right]\cos\beta x + \frac{1}{R\beta^2}\sin\beta x\right\}$$

$$0 \leqq x < \infty$$

$v(0) = d$이므로

$$v(0) = \left[-\frac{\sin\beta a}{R\beta^2\cos\beta a} + \frac{e^{\beta a}}{\cos\beta a}\left(d - \frac{a^2}{2R}\right)\right] = d$$

$$\left(1 - \frac{e^{\beta a}}{\cos\beta a}\right)d = -\frac{\sin\beta a}{R\beta^2\cos\beta a} - \frac{a^2 e^{\beta a}}{2R\cos\beta a}$$

그러므로

$$\begin{aligned} d &= \left(\frac{e^{\beta a}}{\cos\beta a} - 1\right)^{-1}\left(\frac{\sin\beta a}{\beta^2\cos\beta a} + \frac{a^2 e^{\beta a}}{2R\cos\beta a}\right) \\ &= \frac{1}{R(e^{\beta a} - \cos\beta a)}\left(\frac{\sin\beta a}{\beta^2} + \frac{a^2 e^{\beta a}}{2}\right) \end{aligned}$$

여기서 $\beta = (k/4EI)^{1/4}$.

$$\begin{aligned} P &= 2\int_0^a kv(x)dx \\ &= 2\int_0^a ke^{-\beta x}\left\{\left[-\frac{\sin\beta a}{R\beta^2\cos\beta a} + \frac{e^{\beta a}}{\cos\beta a}\left(d - \frac{a^2}{2R}\right)\right]\cos\beta x + \frac{1}{R\beta^2}\sin\beta x\right\}dx \end{aligned}$$

$P \to \infty$이면 $a \to R,\ d \to R + \cdots$

또 다른 경우로

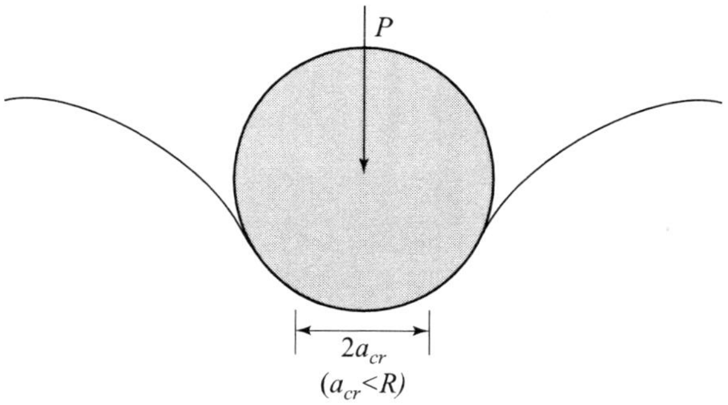

문제 참고그림 7.6.2

$P \to \infty$이면 $a \to a_{cr}$, $d \to \infty$

07 문제그림 7.7(a)에 보여진 그림에는 길이 L이고 무게 W인 사각형 보가 물 위에 떠있다. 그림과 같이 보에는 크기 F의 집중하중이 작용하고 있다. 보가 짧다고 가정하고 즉 $\beta L \ll 1$인 경우라면 (1) 보의 임의 단면에 작용하고 있는 최대 모멘트의 크기를 계산하라. 여기서 β는 아래의 식과 같다.

$$\beta = \left(\frac{k}{4EI}\right)^{1/4}$$

식에서 k는 보가 놓인 바닥(수면)의 스프링상수이고 EI는 보의 굽힘강성이다. 또한 (2) 문제그림 7.7(b)에 예시한 바와 같이 보의 한쪽 끝이 수면 위치에 도달하려면 요구되는 최소한의 힘 F를 결정하라.

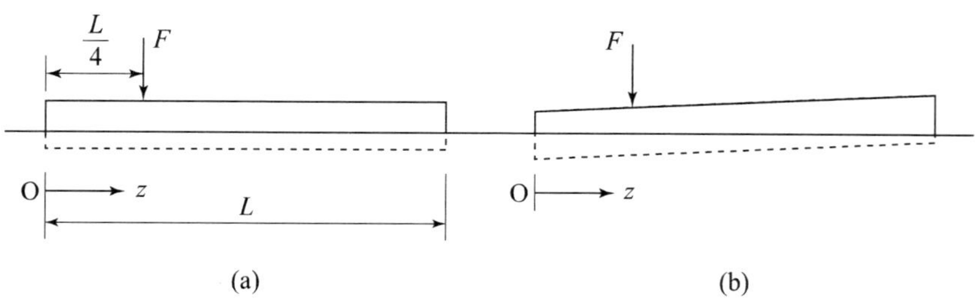

문제그림 7.7

해설

보를 강체로 고려하면, 변위는 z의 선형함수이므로

$$u(z) = A + Bz$$

문제그림 7.7(b)는 보의 변위 분포에 대한 형상이다.

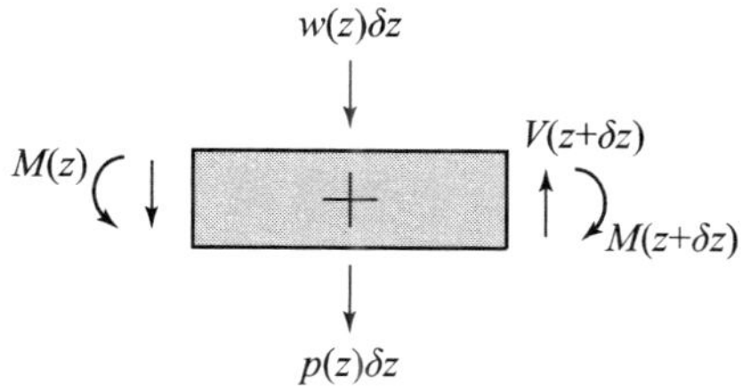

문제 참고그림 7.7.1 **부호의 정의.**

부력은 $p(z) = k(A + Bz)$의 함수꼴이 되어야 하므로 수직방향의 힘의 평형으로부터

$$F + W + \int_0^L p(z)dz = 0$$

그리고 모멘트 평형은

$$\frac{FL}{4} + \frac{WL}{2} + \int_0^L zp(z)dz = 0$$

$p(z) = k(A + Bz)$를 힘과 모멘트 평형식에 대입하면

$$kAL + \frac{kBL^2}{2} = -F - W \quad \text{(힘)}$$

$$\frac{kAL^2}{2} + \frac{kBL^3}{3} = -\frac{FL}{4} - \frac{WL}{2} \quad \text{(모멘트)}$$

로부터 $A = -\dfrac{5F}{2kL} - \dfrac{W}{k}$, $B = -\dfrac{3F}{kL^2}$.

따라서 $p(z) = -\dfrac{F}{L}\left(\dfrac{5}{2} - \dfrac{3z}{L}\right) - \dfrac{W}{L}$

만일 $p > 0$이면 보가 물과 접촉하지 않는다는 뜻이므로 물에 일부 잠겨 있을 땐 $p < 0$가 되어야 한다. 수면에서 떨어질 때 최초부위는 문제그림 7.7(b)의 우측하단이므로 $z = L$일 때 $F = 2W$면 이 경우가 된다.
식의 마지막 항 $(-W/L)$은 자중 $w(z) = W/L$을 상쇄시키는 것이므로 보의 굽힘모멘트에는 기여하지 않는다. 따라서 나머지 항을 가지고 전단력 선도와 굽힘모멘트 선도를 그릴 수 있다.

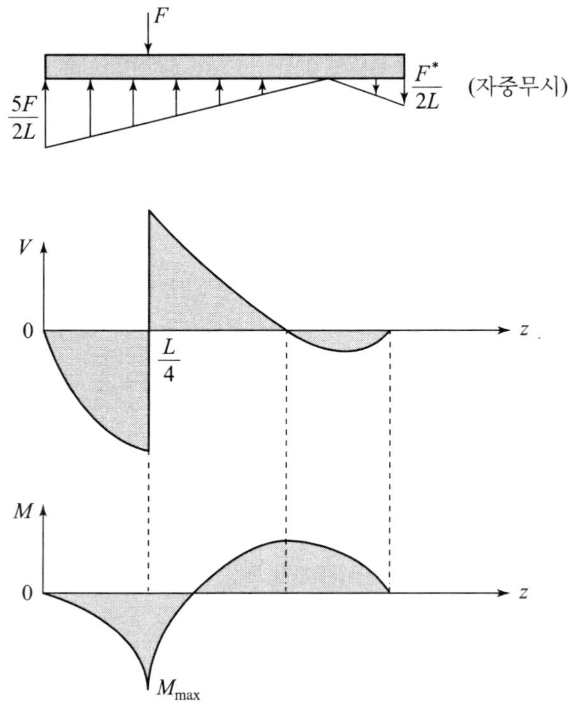

문제 참고그림 7.7.2

$$|M_{\max}| = \int_0^{L/4} zp(z)dz = \frac{F}{2}\int_0^{L/4}\left(\frac{5z}{2} - \frac{3z^2}{L}\right)dz = \frac{FL^2}{32}$$

답을 정리하면 (1) $\frac{FL^2}{32}$; (2) $F_{\min} = 2W$.

원통좌표계에서 변형률 성분

변형체에 변형이 일어나기 전 설정하는 세 축방향(n, t, s)이 서로 직교하는 원통좌표계 기준 변형률 성분을 변위벡터(u)의 관점에서 정의하자.

$$\epsilon_{nn} = n \cdot \frac{\partial u}{\partial s_n}$$

$$\epsilon_{tt} = t \cdot \frac{\partial u}{\partial s_t}$$

$$\epsilon_{ss} = s \cdot \frac{\partial u}{\partial s_s}$$

$$\gamma_{nt} = n \cdot \frac{\partial u}{\partial s_t} + t \cdot \frac{\partial u}{\partial s_n}$$

(이하 생략)

직교좌표계(x, y, z)와 원통좌표계(n, t, s) 사이의 관계는 그림 A.1에 보여져 있으며 변형률 성분은 어떤 좌표계 간에도 좌표변환을 통해서 약간의 연산으로 구할 수 있다.

그림 A.1의 경우에 변환을 진행하면

$$\partial s_n = \partial r$$

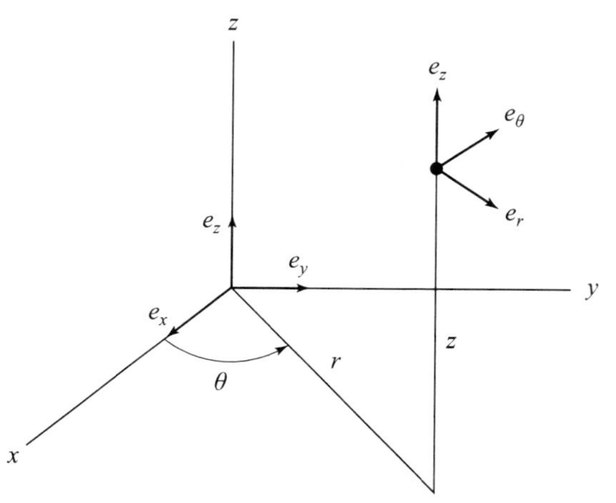

그림 A.1 직교좌표계(x, y, z)와 원통좌표계(n, t, s).

$$\partial s_t = r\,\partial\theta$$

$$\partial s_z = \partial z$$

그리고

$$n = e_r = (\cos\theta)e_x + (\sin\theta)e_y$$

$$t = e_\theta = -(\sin\theta)e_x + (\cos\theta)e_y$$

$$s = e_z$$

여기서 변위벡터(u)는 다음과 같이 주어진다.

$$u = u_r e_r + u_\theta e_\theta + u_z e_z$$

r방향으로 수직변형률을 고려하면

$$\begin{aligned}\epsilon_{rr} &= e_r \cdot \frac{\partial u}{\partial r}\\ &= e_r \cdot \left(\frac{\partial u_r}{\partial r}e_r + \frac{\partial u_\theta}{\partial r}e_\theta + \frac{\partial u_z}{\partial r}e_z\right)\\ &= \frac{\partial u_r}{\partial r}\end{aligned}$$

θ방향에 대해서는

$$\begin{aligned}\epsilon_{\theta\theta} &= e_\theta \cdot \frac{1}{r}\frac{\partial u}{\partial\theta}\\ &= e_\theta \cdot \frac{1}{r}\left(\frac{\partial u_r}{\partial\theta}e_r + \frac{\partial u_\theta}{\partial\theta}e_\theta + \frac{\partial u_z}{\partial\theta}e_z + u_r\frac{\partial e_r}{\partial\theta} + u_\theta\frac{\partial e_\theta}{\partial\theta}\right)\\ &= \frac{1}{r}\frac{\partial u_\theta}{\partial\theta} + \frac{u_r}{r}\end{aligned}$$

여기서 다음과 같이 단위벡터의 미분을 고려하라.

$$\frac{\partial e_r}{\partial \theta} = e_\theta; \qquad \frac{\partial e_\theta}{\partial \theta} = -e_r$$

반경방향 변위로 인하여 추가되는 변형률의 항은 변형 전 θ방향의 선분요소 길이가 바뀌는 것과 관련이 있다고 생각할 수 있다.

그림 A.2로부터 반지름방향 변위(u_r)는 θ방향의 변형률($\epsilon_{\theta\theta}$)에 영향을 주는 것을 알 수 있다. 이와 관련하여 θ방향의 변형률에 대한 수식은

$$(\epsilon_{\theta\theta})_{u_r} = \frac{(r+u_r)\partial\theta - r\partial\theta}{r\partial\theta} = \frac{u_r}{r}$$

또한 z방향에 대해서

$$\begin{aligned}
\epsilon_{zz} &= e_z \cdot \frac{1}{r}\frac{\partial u}{\partial \theta} + e_\theta \cdot \frac{\partial u}{\partial r} \\
&= e_r \cdot \frac{1}{r}\left(\frac{\partial u_r}{\partial \theta}e_r + \frac{\partial u_\theta}{\partial \theta}e_\theta + \frac{\partial u_z}{\partial \theta}e_z + u_r\frac{\partial e_r}{\partial \theta} + u_\theta\frac{\partial e_\theta}{\partial \theta}\right) \\
&\quad + e_\theta \cdot \left(\frac{\partial u_r}{\partial r}e_r + \frac{\partial u_\theta}{\partial r}e_\theta + \frac{\partial u_z}{\partial \theta}e_z\right) \\
&= \frac{1}{r}\frac{\partial u_r}{\partial \theta} + \frac{\partial u_\theta}{\partial r} - \frac{u_\theta}{r}
\end{aligned}$$

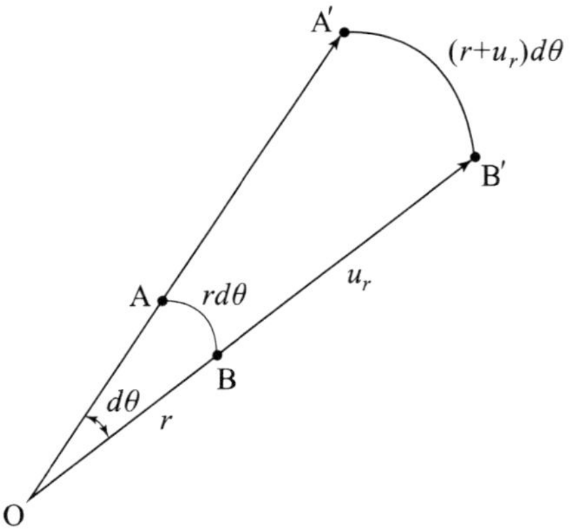

그림 A.2 반지름방향 변위가 θ방향의 선분요소에 미치는 영향.

마지막 식에서 처음 두 개 항은 카티잔직교좌표계에서 보이는 항과 동일한 형태로 생각할 수 있지만 마지막 항은 θ방향의 변위가 그림 A.3에 보여진 바와 같이 전단변형률과 관련이 있음을 알 수 있다.

여기서 $(\gamma_{r\theta})_{u_\theta} = -\beta = -\dfrac{u_\theta}{r}$ 인데 음의 부호가 있는 이유는 그림 A.3에서 볼 수 있듯이 r과 θ방향의 변위 사이의 각이 변형 후에 90°보다 큰 둔각이 되기 때문이다.

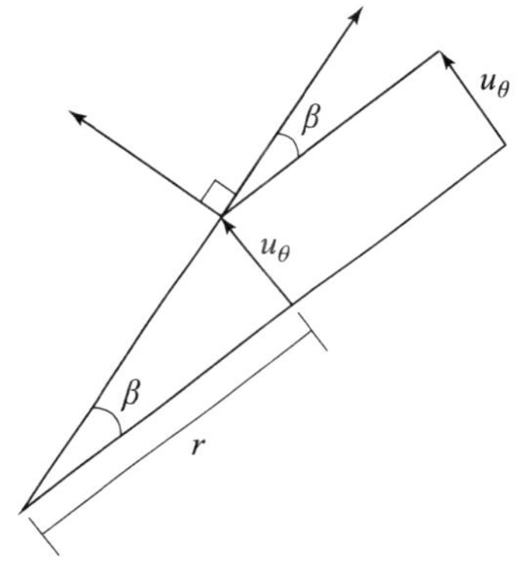

그림 A.3 θ**방향의 변위에 의한 전단변형률.**

찾아보기

기타

저자 : **조 종 두**

- 서울대학교 공과대학 기계공학과 학사
- KAIST 기계공학과 석사
- 미국 미시간대학교 기계공학과 공학박사
- 현재 인하대학교 기계공학과 교수

라이프니쯔의 **재료역학** 정가 15,000원

발　행　2018년 7월 10일 2판 1쇄
저　자　조종두
발행인　정우용
발행처　도서출판 **동 화 기 술**
경기도 파주시 광인사길 201(문발동, 파주출판도시)
Tel (031)955-4211~6　donghwapub@nate.com
Fax (031)955-4217　www.donghwapub.co.kr
(등록) 1977년 12월 19일/9-16호

ISBN 978-89-425-9182-4